工業通風

洪銀忠　著

全華圖書股份有限公司

國家圖書館出版品預行編目資料

工業通風/洪銀忠著. -- 初版. -- 新北市 :全華圖書股
　份有限公司, 2022.07
　　面；　公分
　ISBN 978-626-328-251-3(平裝)

1.CST: 空調工程

446.73　　　　　　　　　　　　　　111010597

工業通風

作者／洪銀忠

發行人／陳本源

執行編輯／林昱先

封面設計／楊昭琅

出版者／全華圖書股份有限公司

郵政帳號／0100836-1 號

印刷者／宏懋打字印刷股份有限公司

圖書編號／06489

初版一刷／2022 年 07 月

定價／新台幣 480 元

ISBN／978-626-328-251-3

全華圖書／www.chwa.com.tw

全華網路書店 Open Tech／www.opentech.com.tw

若您對本書有任何問題，歡迎來信指導 book@chwa.com.tw

臺北總公司(北區營業處)
地址：23671 新北市土城區忠義路 21 號
電話：(02) 2262-5666
傳真：(02) 6637-3695、6637-3696

南區營業處
地址：80769 高雄市三民區應安街 12 號
電話：(07) 381-1377
傳真：(07) 862-5562

中區營業處
地址：40256 臺中市南區樹義一巷 26 號
電話：(04) 2261-8485
傳真：(04) 3600-9806(高中職)
　　　(04) 3601-8600(大專)

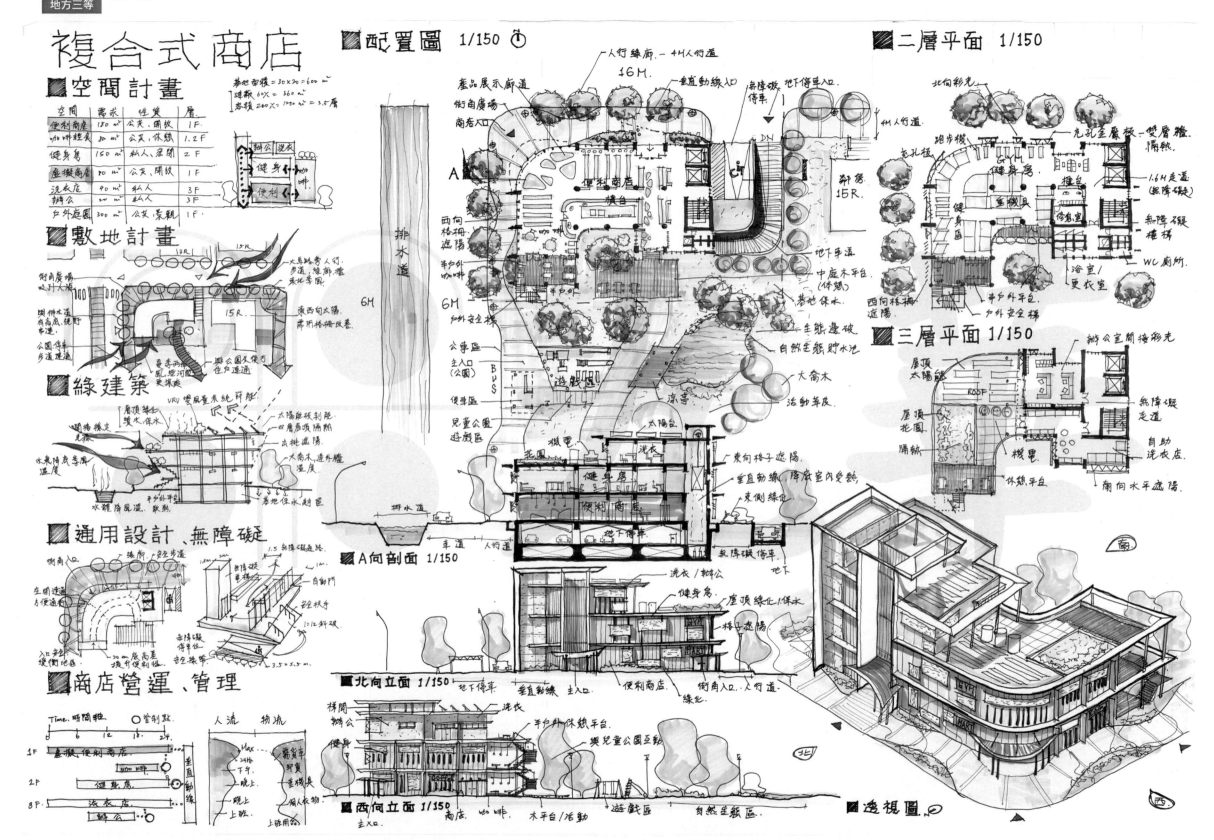

複合式商店

■空間計畫

空間	需求	性質	層
便利商店	180 ㎡	公共、開放	1F.
咖啡輕食	80 ㎡	公共、休閒	1.2F.
健身房	150 ㎡	私人、密閉	2F.
座擬商場	80 ㎡	公共、開放	1F.
洗衣店	90 ㎡	私人	3F.
辦公	20 ㎡	私人	3F.
戶外庭園	300㎡	公共、景觀	1F.

■敷地計畫

■綠建築

■通用設計、無障礙

■商店營運、管理

■配置圖 1/150

■二層平面 1/150

■三層平面 1/150

■A向剖面 1/150

■北向立面 1/150

■西向立面 1/150

■透視圖

複合式商店

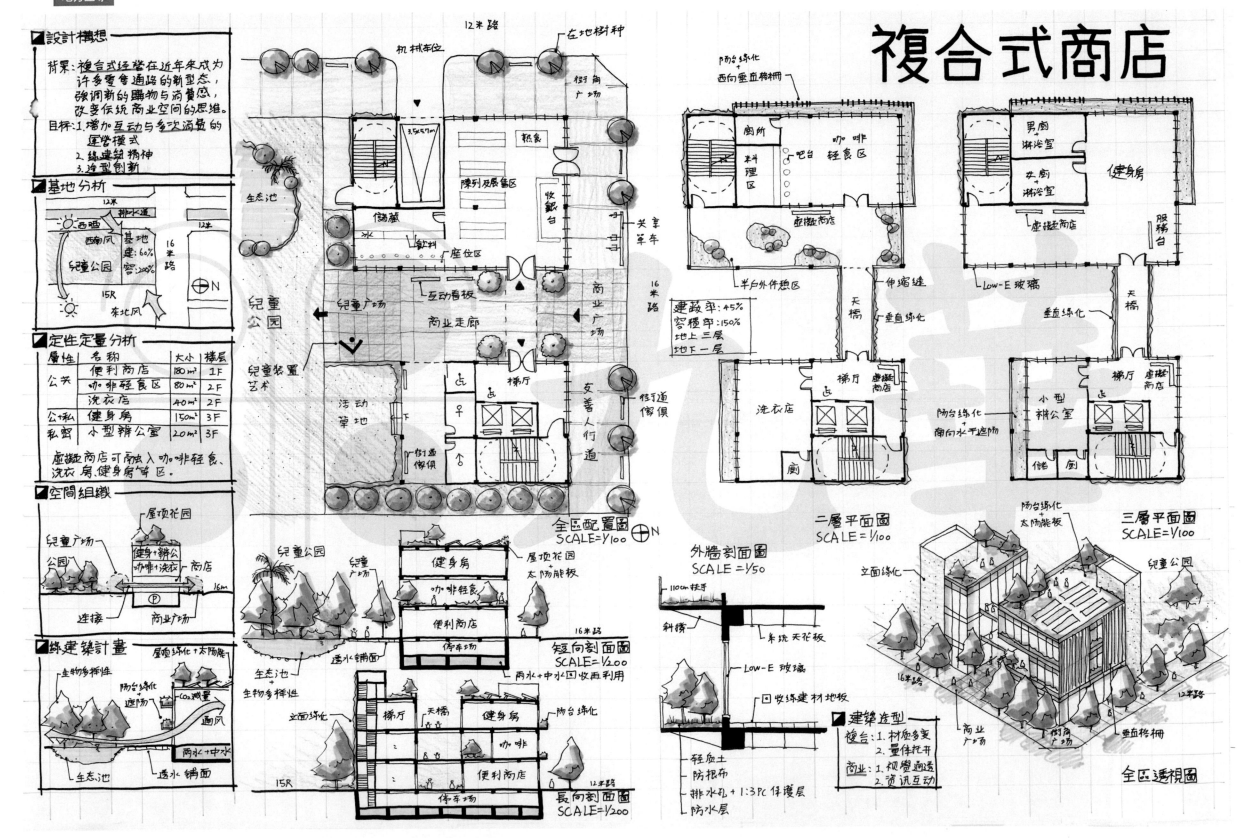

■設計構想
背景：複合式經營在近年來成為許多零售通路的新型態，強調新的購物與消費感，改變傳統商業空間的思維。
目標：1.增加互動與多次消費的運營模式
2.綠建築精神
3.造型創新

■基地分析

■定性定量分析

屬性	名稱	大小	樓層
公共	便利商店	180m²	1F
	咖啡輕食區	80m²	2F
	洗衣店	40m²	2F
公+私	健身房	150m²	3F
私密	小型辦公室	20m²	3F

虛擬型商店可融入咖啡輕食、洗衣房、健身房等區。

■空間組織

■綠建築計畫

全區配置圖
SCALE=1/100

二層平面圖
SCALE=1/100

三層平面圖
SCALE=1/100

短向剖面圖
SCALE=1/200

長向剖面圖
SCALE=1/200

外牆剖面圖
SCALE=1/50

建築造型
複合：1.材應多變 2.量體拆開
商業：1.視覺通透 2.資訊互動

全區透視圖

建蔽率：45%
容積率：150%
地上三層
地下一層

110年特種考試地方政府公務人員建築設計 【鄉野書屋設計】

設計說明

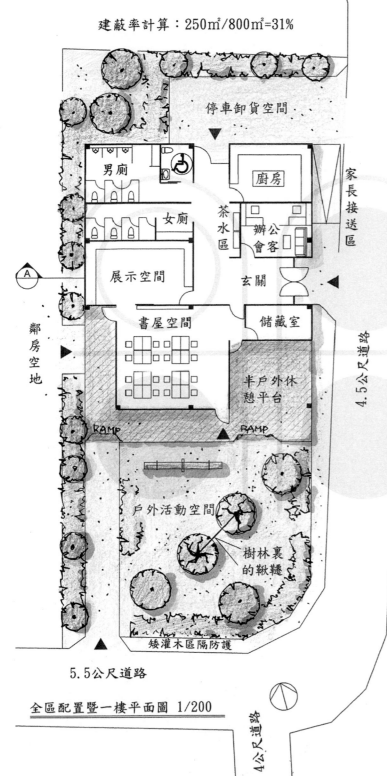

建蔽率計算：250㎡/800㎡=31%

全區配置暨一樓平面圖 1/200

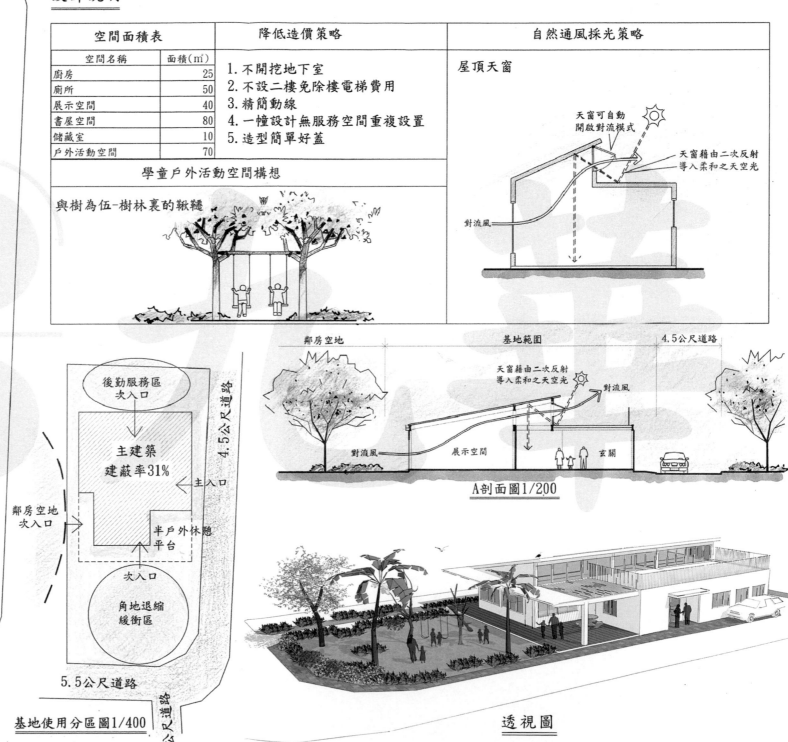

空間面積表		降低造價策略	自然通風採光策略

空間面積表

空間名稱	面積(㎡)
廚房	25
廁所	50
展示空間	40
書屋空間	80
儲藏室	10
戶外活動空間	70

降低造價策略

1. 不開挖地下室
2. 不設二樓免除樓電梯費用
3. 精簡動線
4. 一幢設計無服務空間重複設置
5. 造型簡單好蓋

學童戶外活動空間構想

與樹為伍-樹林裏的鞦韆

自然通風採光策略

屋頂天窗

天窗可自動開啟對流模式

天窗藉由二次反射導入柔和之天空光

對流風

基地使用分區圖1/400

A剖面圖1/200

透視圖

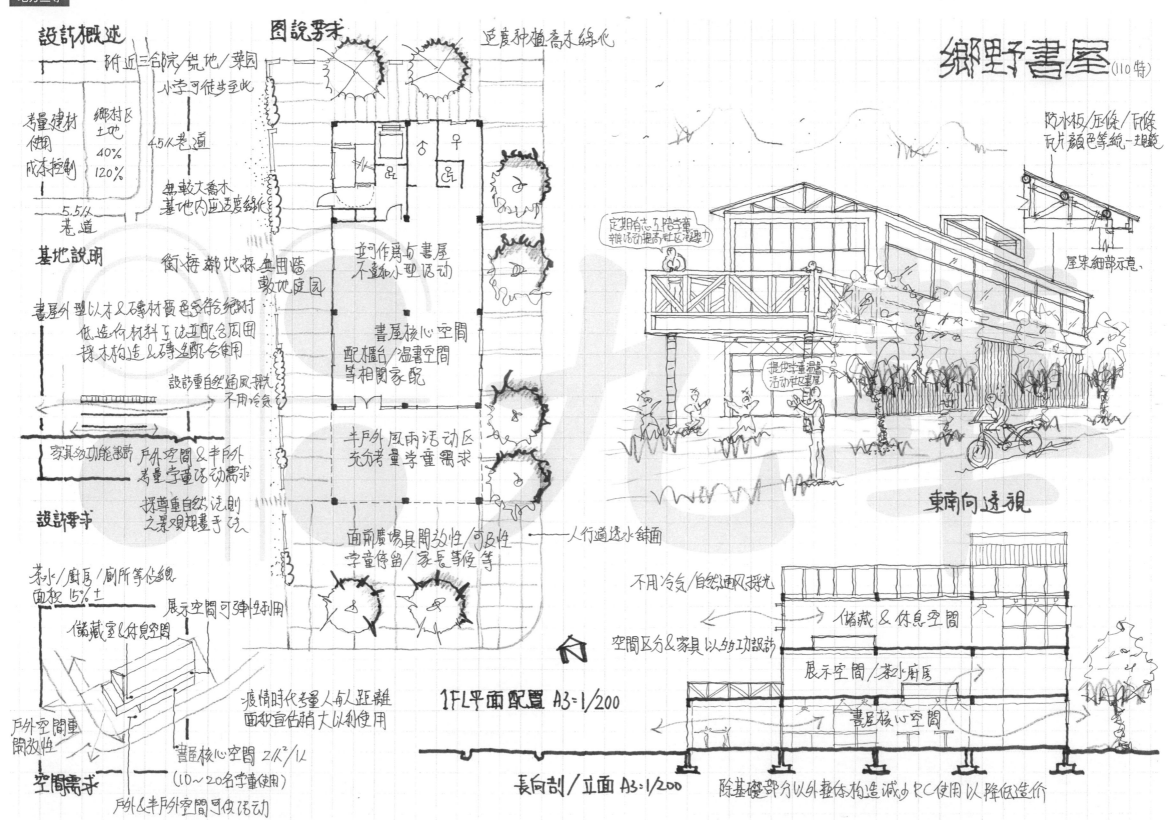

設計概述
　附近三合院/兒地/菜園
　小學可徒步至此
考量建材 鄉村區土地
使用 40%
成本控制 120%
　無載大喬木 基地內適度綠化
　4.5M巷道
　5.5M巷道

基地說明
　街梅鄰地採無圍牆 敷地庭園
書屋外型以木&磚材質色系鄉土對
低造行材料工法並配合周圍
採木構造&磚造搭合使用
　設計重自然通風採光
　不用冷氣

設計要求
　家具多功能設計 戶外空間&半戶外
　考量學童活動需求
　採尊重自然法則之景觀規畫手法

空間需求
　茶水/廚房/廁所等佔總
　面積 15%±
　儲藏室&休息空間
　展示空間可彈性利用
　戶外空間重開放性
　疫情時代考量人身距離
　面積宜估稍大以利使用
　書屋核心空間 2M²/人
　(10~20名學童使用)
　戶外&半戶外空間可供活動

圖說要求
　適度種植高木綠化
書屋核心空間
　配櫃台/溫書空間 等相關家配
　並作為向書屋 不定期小型活動
　半戶外風雨活動區 充分考量學童需求
　面前廣場具間效性/可及性 學童待留/家長等候等
　人行道透水鋪面

鄉野書屋 (110特)
　防水板/壓條/T條 瓦片顏色等統一規範
　屋架細部示意
定期有志工陪學童 辦活動提高社區凝聚力
提供學童滑梯 活動社故屋
東南向透視

不用冷氣/自然通風採光
　儲藏&休息空間
　展示空間/茶水廚房
　書屋核心空間
空間區分&家具以多功設計

1FL平面配置 A3=1/200

長向剖/立面 A3=1/200
除基礎部分以外整体構造減少RC使用以降低造价

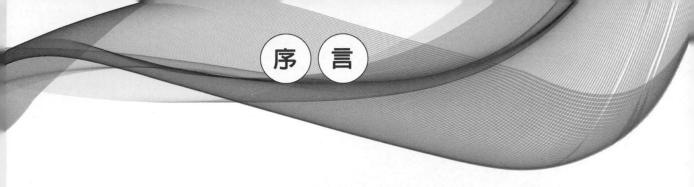

　　工業通風是一門有趣又實用的科目，有趣的是它需要物理和數學方面的邏輯思考能力；實用的是它從高科技公司到傳統產業、不論是工廠還是住家處處都應用得到。話雖如此，根據個人三十年來的教學經驗，工業通風對相關科系的學子來說卻也是最傷透腦筋的一門課。其之所以無法融會貫通並予以活用的最大原因，其實主要還是因為流體力學等的基礎不夠扎實的緣故。解決之道除了需要有位引領進入工業通風殿堂的好老師之外，更需要有本取材豐富、內容深入淺出的好書。而本書的最初理念也正是植基於此，既能作為入門的讀物又可作為未來進入業界從事設計、按裝及驗收參考的工具書。

　　本書之編寫從最開始到完稿，前後歷經了將近十年的時間，至於初步有編寫工業通風專書的構想，則是早在三十年前剛開始任教這門課的時候就已經有了。初接這門課的時候便深深覺得，作為職業安全衛生方面的核心專業科目，國內工業通風方面的相關書籍真是少得可憐，當然適合大學部作為教科書之用的可說幾乎沒有。因此，從最早期使用 ACGIH 所出版的「Industrial Ventilation, A manual of Recommended Practice」第 20 版作為教科書開始，到後來自編教材，並歷經數年的試教與無數次的修改，本書於焉成形。在本書編寫期間，筆者也參酌了為數不少職業衛生甲級技能檢定術科試題與工礦/職業衛生技師的考題並詳加解析，並將之融入本書之中。另本書各章所附的習題，多半也是高普特考的歷屆試題，因此本書不僅可作為相關課程之教科用書，亦可作為有志於從事職業安全衛生相關工作之有志之士作為自修、準備技能檢定和就業考試的參考用書。

　　本書得以順利出版要感謝的人實在太多了，在此對在整個過程中給過我任何協助的人致上我的誠摯謝意，特別是全華圖書的出版團隊，沒有你們的充分理解和付出，就沒有辦法用最佳的方式把本書的特點呈現給讀者。最後謹以此書獻給我的家人，你們是我一切努力動力的來源，因為你們的體諒我才可以無後顧之憂的專心寫作，辛苦你們了。

　　本書雖歷經多次校閱，但個人才疏學淺，疏漏在所難免，期盼各界先進不吝指正。

洪銀忠

西元 2022 年夏　謹識於苗栗

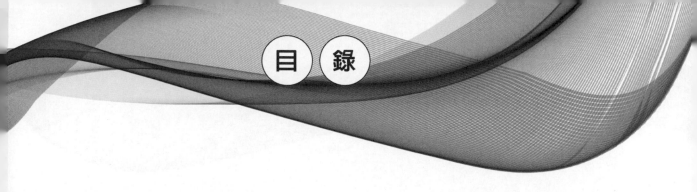

目 錄

第 5 章　導管設計

第 6 章　風機之理論與應用

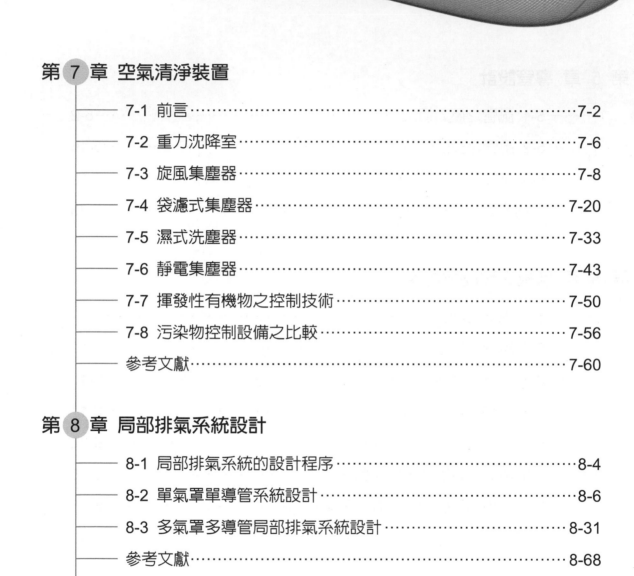

第 9 章 工業通風系統測定與維護

附錄

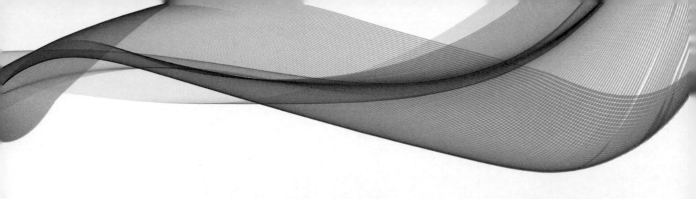

Chapter 1

通風基本原理

1-1 連續方程式

如圖 1-1 所示爲一導管的某一部份，其內流體由管的一端流向另一端。若此一流動爲穩定流動(亦即流體中任一點的性質不隨時間而改變)，那麼管內的質量就不會隨著時間而改變。依據質量守恆原則，在某一段時間內通過截面①的流體質量要等於通過截面②的流體質量。

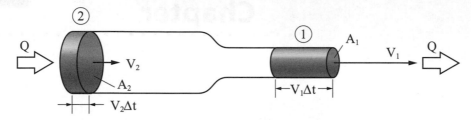

圖 1-1　流體連續性(質量不滅定律)

假設 A_1 表示截面①的面積，V_1 表示流體通過截面①時的平均速度，則單位時間內通過截面①的流體體積等於 V_1A_1，稱爲體積流率(Q)。體積流率乘以流體的密度 ρ_1，即 $\rho_1V_1A_1$ 爲單位時間內通過截面①處的流體質量，稱爲質量流率(Mass flow rate, $\dot{m}$)。依質量不滅定律：

$$\rho_1A_1V_1 = \rho_2A_2V_2 \tag{1-1}$$

對一不可壓縮流而言(即密度保持定值)，因 $\rho_1 = \rho_2$，故

$$A_1V_1 = A_2V_2$$

同樣地，當導管有分支時(如圖 1-2)，質量不滅定律亦一樣適用：

$$Q_1 + Q_2 = Q_3 \quad 或 \quad A_1V_1 + A_2V_2 = A_3V_3$$

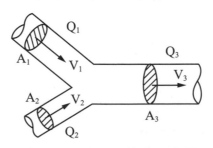

圖 1-2　歧管的質量不滅定律

◎例題 1-1

空氣流經一交叉管如下圖所示,各管之截面均為圓形。管①的直徑為 30cm,平均流速為 1.5m/s,管②直徑為 20cm,平均流速為 2.0m/s,管③直徑為 40cm,若在穩定情況下,其平均流速為若干?

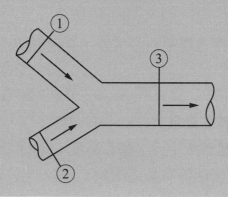

解

$$A_1 = \frac{\pi}{4}d_1^2 = \frac{\pi}{4}(0.3)^2 = 0.0707m^2$$

$$A_2 = \frac{\pi}{4}d_2^2 = \frac{\pi}{4}(0.2)^2 = 0.0314m^2$$

$$A_3 = \frac{\pi}{4}d_3^2 = \frac{\pi}{4}(0.4)^2 = 0.126m^2$$

由連續方程式:$A_1V_1 + A_2V_2 = A_3V_3$

$$\therefore V_3 = \frac{1}{A_3}(A_1V_1 + A_2V_2)$$

$$= \frac{1}{0.126}(0.0707 \times 1.5 + 0.0314 \times 2)$$

$$= 1.34m/s$$

1-2 伯努利方程式(Bernoulli's Equation)

在流動的流體中，我們最為熟知的能量有兩種即動能(Kinetic energy)和位能(Potential energy)。但是我們卻常忽略流體在流動狀態下所作的功也就是流功(Flow energy)。

1. 位能：當流體對某一參考點具有高度時，其位能(PE)為：

$$PE = Wz \qquad (1-2)$$

其中 W = 流體之重量

z = 距離參考平面之垂直高度

2. 動能：具有速度之流體便擁有動能(KE)：

$$KE = \frac{1}{2}mv^2 + \frac{Wv^2}{2g} \qquad (1-3)$$

其中 m = 流體之質量

v = 流體之速度

3. 流功：有時亦稱壓力能(Pressure energy)或流動能(Flow energy)。由於流體具有壓力，當流體要由一端流向另一端時，必須克服另一端的壓力，克服此一壓力所做的功即為流功。流功之大小可用圖 1-3 來說明，圖中壓力 P 可提供一力 F 使某體積之流體流入管內一段距離 L，此即表示壓力 P 對前面的流體作功，其大小為 F × L 或 pAd。其中 AL 即為此流體之體積，它可用流體之重量 W 除以流體之比重量 γ 以代之，故流功可寫成：

$$FE = \frac{PW}{\gamma} \qquad (1-4)$$

由(1-2)、(1-3)、(1-4)知，流體所具有之總能量 E：

$$E = KE + PE + FE = \frac{Wv^2}{2g} + Wz + \frac{PW}{\gamma} \qquad (1-5)$$

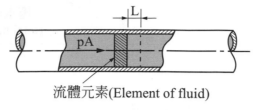

流體元素(Element of fluid)

圖 1-3 流體之流功

在實務上，常喜歡用水頭(head)來表示能量之大小。所謂水頭就是單位重量之流體所具有的能量，是故將(1-5)中的各項除以流體重量 W 後，可得總水頭(Total head)

$$H = \frac{P}{\gamma} + z + \frac{v^2}{2g}$$

其中 z = 高度水頭(elevation head)，m

$\dfrac{v^2}{2g}$ = 速度水頭(velocity head)，m

$\dfrac{P}{\gamma}$ = 壓力水頭(pressure head)，m

假設在截面①與截面②間(參考圖 1-4)沒有對流體加入或取出能量，則依據能量不滅定律：

$$\frac{P_1}{\gamma} + \frac{v_1^2}{2g} + z_1 = \frac{P_2}{\gamma} + \frac{v_2^2}{2g} + z_2 \tag{1-6}$$

其中 P_1、P_2 = ①、②兩點之壓力

γ = 流體之比重(假設為不可壓縮流)

v_1、v_2 = ①、②兩點之速度

g = 重力加速度

z_1、z_2 = ①、②兩點距離參考平面的高度

式(1-6)即是一般所謂的伯努利方程式(Bernoulli's Equation)。亦可以下式表示之：

$$\frac{P}{\gamma} + \frac{v^2}{2g} + z = 常數 \quad 或 \quad P + \frac{\rho v^2}{2} + \rho gz = 常數 \tag{1-7}$$

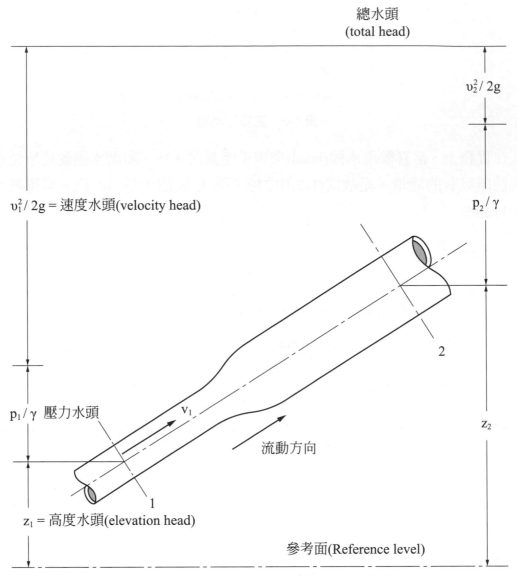

圖 1-4　壓力水頭、高度水頭、速度水頭和總水頭

🔅 例題 1-2

　　比重 1.25 的流體，流量為 700L/s，流體由 60cm 管徑流向 30cm 管徑，在 60cm 管徑段的壓力為 200kN/m²，其位置較 30cm 管段高 1m。試求 30cm 管段的壓力為若干？

解

設 30cm 管段部分為②，60cm 管段部分為①，取②為基準高度，則：

$$\frac{P_1}{\gamma} + \frac{v_1^2}{2g} + z_1 = \frac{P_2}{\gamma} + \frac{v_2^2}{2g} + z_2$$

$$\gamma = 1.25 \times 9.81 = 12.23 \text{kN/m}^3$$

$$Q = 700 \text{L/s} = 0.7 \text{m}^3/\text{s} = A_1 V_1 = A_2 V_2$$

$$V_1 = \frac{0.7}{\frac{\pi}{4} \times (0.6)^2} = 2.476 \text{m/s}$$

$$V_2 = \frac{0.7}{\frac{\pi}{4} \times (0.3)^2} = 9.903 \text{m/s}$$

$$\therefore \frac{200}{12.26} + 1 + \frac{(2.476)^2}{2 \times 9.81} = \frac{P_2}{12.26} + 0 + \frac{(9.903)}{2 \times 9.81}$$

$$P_2 = 154.75 \text{kN/m}^2$$

1-3 壓力

1-3-1 壓力的單位

以真空狀態時的零壓力為基準所測出之差值稱為絕對壓力(Absolute pressure)。但若是以當地的大氣壓力為基準所測出之差值稱為錶壓力(Gauge pressure)。二者之關係為：

$$p_{abs} = p_{atm} + p_g \tag{1-8}$$

其中 p_{abs} = 絕對壓力

p_{atm} = 當地的大氣壓力

p_g = 錶壓力

如果所測之壓力大於當地的大氣壓力時，錶壓力為正，反之則為負值。而負的錶壓力通常稱為真空壓力(Vacuum pressure)。至於當地的大氣壓力通常要視其位置及其天氣狀況而定，但若沒有特別聲明，通常是指標準大氣壓而言。其值為：

$$1atm = 1.01325 \times 10^5 N/m^2 \ (Pa = N/m^2)$$
$$= 1.03329 kgf/cm^2$$
$$= 1.01325 bar(1bar = 10^5 N/m^2)$$
$$= 1013.25 mbar$$
$$= 14.7 psi$$
$$= 2116.224 lbf/ft^2$$
$$= 33.914 ftH_2O$$
$$= 10.3329 mH_2O$$
$$= 760 mmHg \tag{1-9}$$

1-3-2 壓力的型式

壓力是單位面積上力量大小的一種量度($p = \dfrac{F}{A}$)，也等於單位體積內能量的多寡，此乃因為能量等於力乘以位移(W = F × L)。在靜止的空氣中，壓力在各個方向的大小都相等，且其量可用理想氣體方程式(p = ρRT)來求得。然而，對通風工程師而言，所處理的往往不是靜止的空氣，因此尚需針對氣體流動所產生的壓力加以考慮，除此之外，如何量度這些壓力也都是我們所關心的。

(一) 靜壓(Static pressure，P_s 或 SP)

在一流動的氣流中，靜壓所代表的是流體本身所具有的位能(Potential energy)，且不論流體流動的方向及大小為何，靜壓在各個方向的大小皆相同。靜壓是氣體密度與溫度的函數，在工業上較注重其與大氣壓力間的大小關係，因此通常都用表壓來表示。

在日常生活中，以腳踏車或汽車用的胎壓計量出的壓力便是靜壓。在通風系統中，靜壓的量測方法是將 U 型管的一端連接至管壁，另一端則開放至大氣，再量出 U 型管兩端的水柱高差即可，如圖 1-5(a)所示。

(二) 動壓(Dynamic pressure，P_v 或 VP)

動壓與氣流運動產生的動能有密切的關聯，其作用方向恆與氣流流動的方向相同。動能是氣流速度的函數，當氣流速度爲零時，動壓也等於零。動壓的量測方式是將 U 型管的一端接至導管壁，另一端則接至導管中央，且正對著氣流的來向，如圖 1-5(c)所示，再讀出 U 型管兩端的水柱高差，即可知道動壓大小，另外也可將全壓值減去靜壓值來獲得，且其值一定爲正。

(三) 全壓(Total pressure，P_t 或 TP)

通風系統必須有一壓力驅使空氣由靜止開始流動(靜壓)及維持其繼續流動(動壓)，此一壓力便是全壓。因此，全壓便是靜壓與動壓的和，亦即

$$P_t = P_s + P_v \tag{1-10}$$

全壓與靜壓類似，其值可能爲正也可能爲負。在一流動的氣流中，全壓大於靜壓，而在靜止的氣體中，全壓等於靜壓。在通風系統中，全壓的量測如圖 1-5(b)所示，U 型管的一端接至導管中心軸處，開口正對著氣流的來向，另一端則開放至大氣，再讀出之 U 型管兩端的水柱高差便是全壓值的大小。

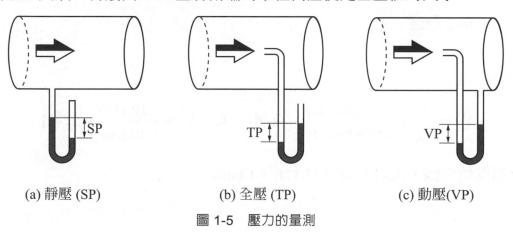

(a) 靜壓 (SP)　　　　　(b) 全壓 (TP)　　　　　(c) 動壓(VP)

圖 1-5　壓力的量測

　　一般工業通風系統之動力來源(驅動空氣流動者)是排氣機,在排氣機上游(吸氣端)的導管稱為吸氣導管;在排氣機下游(吹氣端)的導管稱為排氣導管。靜壓與全壓的大小、正負會因量測的位置不同而不同,如圖 1-6 所示,在風扇左側的導管中,空氣因被吸出而使管內為負壓,因此靜壓、全壓皆為負,而在排氣機右側因空氣被吹進導管而使其內壓力為正,因此靜壓、全壓皆為正。

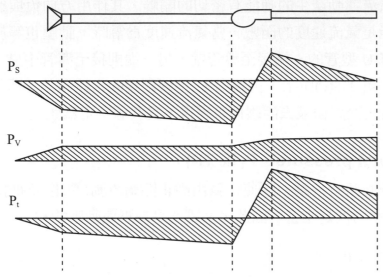

圖 1-6　　一典型局部排氣系統導管中的靜壓(P_s)、動壓(P_v)、全壓(P_t)之變化關係

(四) 動壓與流速之關係式

　　就如前面所述,動壓是流體流速與密度之函數,亦即

$$P_v = \frac{\rho_{air} V^2}{2} \tag{1-11}$$

重新整理如下:

$$V^2 = \frac{2P_v}{\rho_{air}} = \frac{2P_v (inH_2O)}{0.075(lbm/ft^3)} (英制) \quad 或 \quad V^2 = \frac{2P_v (Pa)}{1.2(kg/m^3)} (公制)$$

以英制單位為例,因為 1 lbf = 32.17ft × 1 bm/s^2

$$V^2 = P_v \left[\frac{(2)(32.17)(3,600)}{0.075} \right] \frac{ft^4 \text{-} s^2}{min^2 \text{-} s^2 \text{-} lbf}$$

$$= P_v \left[\frac{(2)(32.17)(3,600)(5.2)}{0.075} \right] \frac{ft^4}{min^2 \text{-} ft^2 \text{-} in.H_2O} \qquad (\because 1"H_2O = 5.2 lbf/ft^2)$$

$$= 1.606 \times 10^7 P_v \left(\frac{ft^2}{min^2 \text{-} in.H_2O} \right)$$

得

$$V = 4,005\sqrt{P_v(inH_2O)} \tag{1-12}$$

同理可得

$$V = 1.29\sqrt{P_v(Pa)} \quad 或 \quad V = 4.04\sqrt{P_v(mmH_2O)} \tag{1-13}$$

表 1-1 為動壓與流速之關係。

表 1-1　動壓與流速之關係

$$P_v = \frac{\rho V^2}{2g} \qquad P_v：(mmH_2O) \qquad V：(m/s) \qquad \rho = 1.2014 kg/m^3$$

V(m/s)	0.0	0.1	0.2	0.3	0.4	0.5	0.6	0.7	0.8	0.9
1.0	0.0615	0.0739	0.0882	0.1036	0.1204	0.1376	0.1568	0.1772	0.1989	0.2209
2.0	0.2450	0.2704	0.2970	0.3237	0.3528	0.3831	0.4147	0.4462	0.4802	0.5155
3.0	0.5520	0.5882	0.6272	0.6670	0.7081	0.7503	0.7939	0.8385	0.8845	0.9326
4.0	0.9801	1.0302	1.0816	1.1326	1.1859	1.2409	1.2973	1.3525	1.4113	1.4713
5.0	1.5326	1.5926	1.6563	1.7213	1.7875	1.8523	1.9209	1.9909	2.0621	2.1316
6.0	2.2052	2.2792	2.3547	2.4311	2.5091	2.5879	2.6683	2.7496	2.8325	2.9162
7.0	3.0016	3.0878	3.1755	3.2642	3.3544	3.4455	3.5382	3.6317	3.7268	3.8228
8.0	3.9204	4.0188	4.1177	4.2197	4.3222	4.4256	4.5305	4.6363	4.7437	4.8519
9.0	4.9618	5.0724	5.1847	5.2978	5.4126	5.5281	5.6454	5.7634	5.8831	6.0035
10.0	6.1256	6.2485	6.3731	6.4984	6.6255	6.7532	6.8828	7.0130	7.1449	7.2776
11.0	7.4120	7.5421	6.6840	7.8215	7.9609	8.1009	8.2426	8.3851	8.5293	8.6742
12.0	8.8209	8.9682	9.1174	9.2672	9.4188	9.5710	9.7250	9.8797	10.0362	10.1933
13.0	10.3523	10.5119	10.6733	10.8353	10.9992	11.1636	11.3300	11.4968	11.6656	11.8350
14.0	12.0062	12.1780	12.3517	12.5259	12.7021	12.8788	13.0574	13.2365	13.4176	13.5991
15.0	13.7827	13.9667	14.1526	14.3391	14.5275	14.7164	14.9073	15.0987	15.2920	15.4858
16.0	15.6816	15.8778	16.0761	16.2748	16.4755	16.6767	16.8798	17.0833	17.2890	17.4950
17.0	17.7031	17.9115	18.1220	18.3330	18.5459	18.7593	18.9747	19.1905	19.4084	19.6262
18.0	19.8470	20.0677	20.2905	20.5137	20.7389	20.9645	21.1922	21.4202	21.6504	21.8809
19.0	22.1135	22.3464	22.5815	22.8168	23.0544	23.2922	23.5322	23.7725	24.0149	24.2578
20.0	24.5025	24.7476	24.9950	25.2426	25.4924	25.7424	25.9949	26.2472	26.5019	26.7566
21.0	27.0140	27.2713	27.5310	27.7908	28.0529	28.3152	28.5797	28.8444	29.1114	29.3786
22.0	29.6480	29.9176	30.1895	30.4616	30.7359	31.0104	31.2872	31.5641	31.8434	32.1228
23.0	32.4046	32.6864	32.9706	33.2548	33.5414	33.8182	34.1173	34.4064	34.6980	34.9896
24.0	35.2836	35.5776	35.8741	36.4961	36.4695	36.7685	37.0698	37.3712	37.6750	37.9789
25.0	38.2852	38.5914	38.9002	39.2089	39.5201	39.8312	40.1449	40.4585	40.7746	41.0907
26.0	41.4092	41.7277	42.0487	42.3697	42.6931	43.0165	43.3424	43.6683	43.9569	44.3250
27.0	44.6558	44.9879	45.3198	45.6543	45.9887	46.3257	46.6626	47.0020	47.3413	47.6832
28.0	48.0249	48.3692	48.7134	49.0602	49.4068	49.7561	50.1052	50.4569	50.8084	51.1625
29.0	51.5165	51.8731	52.2295	52.5886	52.9475	53.3090	53.6703	54.0343	54.3980	54.7644
30.0	55.1306	55.4995	55.8685	56.2395	56.6106	56.9844	57.3579	57.7342	58.1101	58.4888
31.0	58.8673	59.2484	59.6293	60.0129	60.3962	60.7823	61.1680	61.5566	62.0156	62.3358
32.0	62.7264	63.1198	63.5129	63.9728	64.3044	64.7027	65.1007	65.5015	65.9019	66.3052
33.0	66.7081	67.1138	67.5191	67.9273	68.3350	68.7457	69.1559	69.5689	69.9816	70.3971
34.0	70.8122	71.2302	71.6478	72.0682	72.4882	72.9111	73.3335	73.7589	74.1838	74.6116
35.0	75.0389	75.4692	75.8989	76.3317	76.7639	77.1991	77.6337	78.0714	78.5085	78.9486
36.0	79.3881	79.8307	80.2726	80.7176	81.1621	81.6095	82.0564	82.5972	82.9557	83.4084
37.0	83.8598	84.3146	84.7688	85.2261	85.6828	86.1425	86.6016	87.0638	87.5754	87.9900
38.0	88.4540	88.9211	89.3876	89.8571	90.3260	90.7980	91.2694	91.7438	92.2176	92.6945
39.0	93.1708	93.6501	94.1288	94.6106	95.0918	95.5760	96.0596	96.5463	97.0324	97.5216
40.0	98.0100	98.5017	98.9926	99.4867	99.9800	100.476	100.972	101.471	101.969	102.471

例如：風速 2.1m/s 時，$P_v = 0.2704mmH_2O$

1-4 管流內的能量損失

在 1-3 節(1-6)式中我們所論及的伯努利方程式只適用於沒有能量的加入或損失時。但是實際上流體在管路內流動時，其能量必然會有所損失，因而在使用伯努利方程式時要將①、②點間的能量損失 h_L 加入，式(1-6)即變為：

$$\frac{P_1}{\gamma} + \frac{V_1^2}{2g} + z_1 = \frac{P_2}{\gamma} + \frac{V_2^2}{2g} + z_2 + h_L \tag{1-14}$$

等號兩邊各乘以 ρg，得

$$P_1 + \frac{\rho V_1^2}{2} + \rho g z_1 = P_2 + \frac{\rho V_2^2}{2} \rho g z_2 + \rho g h_L \tag{1-15}$$

當 $z_1 = z_2$ 時：

$$P_{s,1} + P_{v,1} = P_{s,2} + P_{v,2} + \Delta P_t \tag{1-16}$$

流體在管路內流動時能量損失的來源有二：(1)因流體摩擦而產生的摩擦損失(friction loss)，又稱為主要損失(major loss)；(2)因流動之速度或方向改變而造成之動力損失(dynamic loss)，又稱為次要損失(minor loss)。通常它都是因為管路突然擴大、縮小、彎曲、通過閥(valve)或管件(fittings)、由一小直徑管路流入較大的空間亦或由一大空間流入一小直徑管路而產生。

管路內流體與管壁間因摩擦力或流動之速度、方向改變而造成流體之能量損失，故壓力下降，此下降壓力之多寡稱為壓力降或壓力損失，為維持流體在管路內之流動，管路或整體迴路之源頭必須使用幫浦(pump)或風機(blower)供給推動力，以克服此壓力損失。

1-4-1 摩擦損失

在分析管路中摩擦損失時，確定流動的型式是層流或紊流相當重要，通常分辨的方法是利用雷諾數(Reynolds number)來判定，其定義如下：

$$Re = \frac{\rho VD}{\mu} \qquad\qquad (1\text{-}17)$$

其中 ρ = 流體的密度

　　V = 流體之流速

　　μ = 流體之動力黏度

　　D = 管徑

通常雷諾數在 2,000 以下時爲層流，4,000 以上爲紊流，而介於 2,000～4,000 時則無法確定一定是層流或紊流，要視當時管流之狀況而定，所以通常稱爲過渡區(transition flow)。在管流中，其速度分布剖面有很大的差異，如圖 1-7 所示。

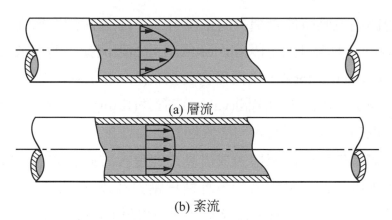

(a) 層流

(b) 紊流

圖 1-7　管流的速度分布

10℃的水在 150mm 直徑之管內流動，速度爲 5.5m/s，問此流動之型式爲層流或紊流？

解

因爲 10℃水之 $\rho = 1,000\text{kg/m}^3$，$\mu = 1.30 \times 10^{-6}\text{N-s/m}^2$

∴雷諾數

$$\text{Re} = \frac{\rho v D}{\mu} = \frac{(1,000\text{kg/m}^3)(5.5\text{m/s})(1.5\text{m})}{1.3 \times 10^{-6}(\text{N-s/m}^2)} = 635,000 > 4,000$$

故可確定爲紊流。

在層流管路中，計算局部排氣系統導管或中央空調風管中的摩擦損失大小可利用達西方程式(Darcy-Weisbach equation)來求得：

$$\Delta P_L = f \frac{L}{D}(\frac{\rho V^2}{2}) = f \frac{L}{D} P_v \tag{1-18}$$

其中 $\Delta P_L =$ 摩擦損失，mmH_2O

　　　L = 管子的長度，m

　　　D = 管子的直徑，m

　　　V = 流體之流速，m/s

　　　f = 摩擦因子

由式(1-18)可知，壓力降與管路長度 L 成正比，與管路直徑 D 成反比，與流體動能 $\frac{\rho V^2}{2}$(即流體「動壓(dynamic pressure)」)成正比。壓力降亦可用壓力頭損失 h_L 表示(其單位爲公尺)：

$$h_L = \frac{\Delta P_L}{\rho g} = f \frac{L}{D}(\frac{\rho V^2}{2}) \tag{1-19}$$

係數 f 稱爲達西摩擦因子(Darcy friction factor)：

$$f = \frac{8\tau_w}{\rho v^2} \tag{1-20}$$

此方程式可適用於任何完全發展區之流場(層流或紊流、圓管或非圓管、平滑或粗糙管壁、水平或傾斜管路等)。

摩擦因子亦可用范甯摩擦因子(Fanning friction factor) f'表示，其定義爲：

$$f' = \frac{\tau_w}{\frac{1}{2}\rho v^2} = \frac{\Delta PD}{2L\rho v^2} = \frac{f}{4} \tag{1-21}$$

亦即達西摩擦因子爲范甯摩擦因子之 4 倍，范甯摩擦因子一般廣泛使用於化工業界。f 的大小只與雷諾數有關，而與管壁之粗糙度無關。如果是層流，則

$$f = \frac{64}{Re} \quad 或 \quad f' = \frac{16}{Re} \tag{1-22}$$

如果是紊流，則可以查圖 1-8 Moody 圖來求得。

在圖 1-8 中，橫座標是雷諾數，縱座標爲摩擦因子，由圖知，摩擦因子除了爲雷諾數的函數之外，尙有相對粗糙度(如圖 1-9 所示，即爲 $\frac{\varepsilon}{D}$)，而 ε 之值可查表 1-2。在高雷諾數、高相對粗糙度時(此時稱爲完全粗糙區)，摩擦因子則與雷諾數無關(即爲平行橫軸的直線)。

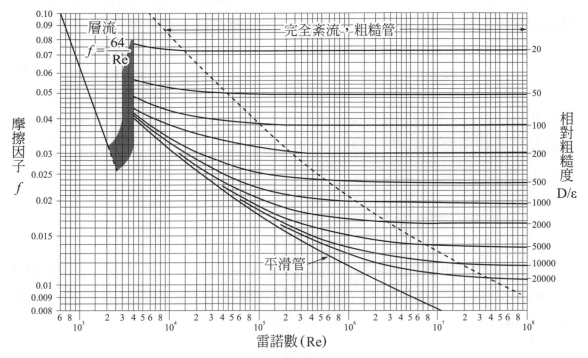

圖 1-8 穆迪(Moody)圖(商業用管的摩擦因子與雷諾數、粗糙度之間的關係)

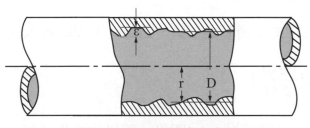

圖 1-9 管壁粗糙度示意圖

用 Moody 圖來求 f 雖方便，但若欲使用電腦程式計算之，則利用摩擦因子方程式較方便。在 Moody 圖中有三個不同的區域，當雷諾數小於 2,000 時，$f = 64 / Re$；在雷諾數介於 2,000 到 4,000 時，屬臨界流區(critical zone)，f 值無法預測；超過雷諾數 4,000 時則為紊流區，紊流區有兩個區域必須加以注意，在圖右上方是完全粗糙區(full rough zone)其 f 值與雷諾數無關，只與 ε/D 有關，此時可用下列公式求 f

$$\frac{1}{\sqrt{f}} = 2\log(\frac{3.7D}{\varepsilon}) \tag{1-23}$$

圖中的虛線稱為 Rouse 界線(Rouse limit)，其 f 值可用下式來求：

$$\frac{1}{\sqrt{f}} = \frac{\text{Re}(\epsilon/D)}{200} \tag{1-24}$$

介於 Rouse 界線和平滑管間的區域稱為過渡區(transition zone)，此區域的摩擦因子為雷諾數和相對粗糙度的函數，C.F. Colebrook[1]曾推導求得該區之方程式為：

$$\frac{1}{\sqrt{f}} = -2\log[\frac{\epsilon}{3.7D} + \frac{2.51}{\text{Re}\sqrt{f}}] \tag{1-25}$$

在上式中由於須用試誤法求解，因此對 f 值的計算相當不方便，於是 1976 Swamee 和 Jain [2]就建議將 f 值的方程式改寫成下面的顯性表示式(explicit expression)：

$$f = \frac{0.25}{[\log(\frac{\epsilon}{3.7D}) + \frac{5.74}{0.9\text{Re}}]} \tag{1-26}$$

至於 Moody 圖中的平滑管之 f 值，則可以下面的近似式求之：

$$\frac{1}{\sqrt{f}} = 2\log[\frac{\text{Re}\sqrt{f}}{2.51}] \tag{1-27}$$

後來 Churchill [3]則將 Moody 圖以一簡單的方程式表示，且其結果適用於層流區、過渡區與紊流區：

$$f = 8[(\frac{8}{\text{Re}})^{12} + (A+B)^{\frac{-3}{2}}]^{\frac{1}{12}} \tag{1-28}$$

其中 $A = \left\{-2.457\ln[(\frac{7}{\text{Re}})^{0.9} + (\frac{\epsilon}{3.7D})]\right\}^{16}$ ； $B = (\frac{37,530}{\text{Re}})^{16}$

表 1-2　管壁粗糙度-設計用值

導管材料	粗糙度，ε(mm)
玻璃管或塑膠管	光滑
抽拉管	0.0015
鑄鐵–未用護面層	0.24
鑄鐵–用瀝青護面層	0.12
商用鋼管或熟鐵管	0.045
鍍鋅鐵管	0.15
鉚接鋼管	0.9～9.0
混凝土管	0.3～3.0
木製管	0.18～0.9

在第八章的局部排氣系統設計中，如以動壓法(Velocity pressure method)作計算，則以 Loeffler[3]所提出的計算式較為方便：

$$\Delta P_f = (12\frac{f}{D}) \cdot L \cdot P_v = H_f \cdot L \cdot P_v = (\frac{aV^b}{Q^c}) \cdot L \cdot P_v \tag{1-29}$$

上式中，常數 a 和指數 b、c 之值隨著導管材料的不同而異，如表 1-3。

表 1-3　Loeffler 關係式之常數與指數值

導管材料	a	b	c
鋁，熟鐵，不鏽鋼 (Aluminum, black iron, stainless steel)	0.0425	0.465	0.602
鍍鋅薄鐵板(Galvanized sheet duct)	0.0307	0.533	0.612
具絲織護面層之撓管 (Flexible duct, fabric wires covered)	0.0311	0.604	0.639

ΔP_f 之單位長度值可由直線圓形導管之壓力損失圖(如圖 1-10、圖 1-11)獲得。即以風量、搬運速度、導管直徑三者中之二者決定一點，即可獲得單位長度之壓力損失。

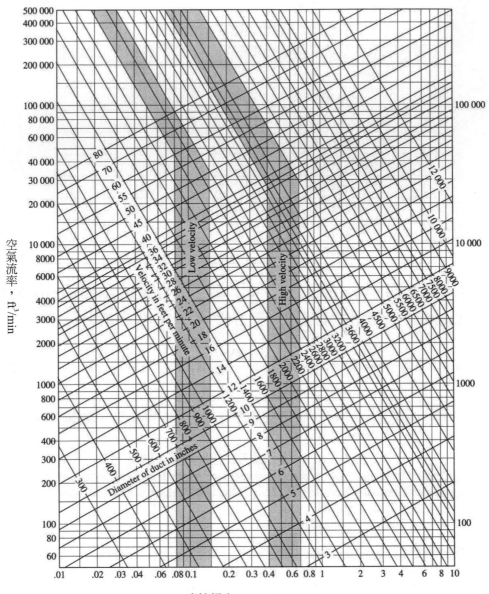

空氣流率，ft³/min

摩擦損失，inch H₂O/100ft

圖 1-10 風管中摩擦損失－英制單位

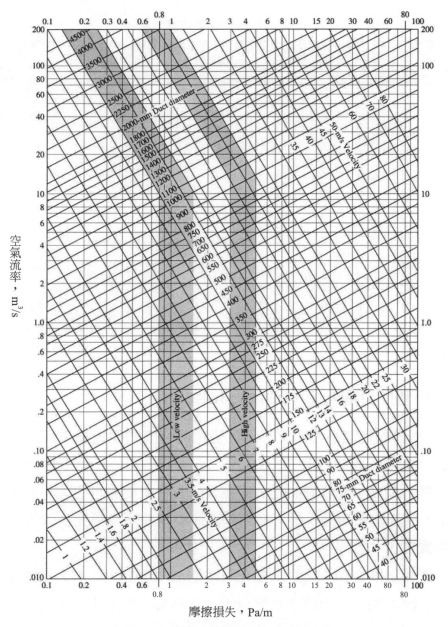

圖 1-11　風管中摩擦損失–國際單位

如非圓形風管時,則可利用(1-30)式或表 1-4,求得等效圓管直徑(Equivalent diameter) d_e 當導管直徑後,以相同之方法求取 ΔP_f。

$$d_e = 1.3 \sqrt[8]{\frac{(ab)^5}{(a+b)^2}} \tag{1-30}$$

表 1-4 矩形風管之等效圓管直徑

a 邊	b 邊 (in)											
(in)	6	8	10	12	14	16	18	20	22	24	26	28	30
6	6.6												
8	7.6	8.7											
10	8.4	9.8	10.9										
12	9.1	10.7	12.0	13.1									
14	9.8	11.5	12.9	14.2	15.3								
16	10.4	12.2	13.7	15.1	16.4	17.5							
18	11.0	12.9	14.5	16.0	17.3	18.5	19.7						
20	11.5	13.5	15.2	16.8	18.2	19.5	20.7	21.9					
22	12.0	14.1	15.9	17.6	19.1	20.4	21.7	22.9	24.0				
24	12.4	14.6	16.5	18.3	19.9	21.3	22.7	23.9	25.1	26.2			
26	12.8	15.1	17.1	19.0	20.6	22.1	23.5	14.9	26.1	27.3	28.4		
28	13.2	15.6	17.7	19.6	21.3	22.9	24.4	25.8	27.1	28.3	29.5	30.6	
30	13.6	16.1	18.3	20.2	22.0	23.7	25.2	26.6	28.0	29.3	30.5	31.7	32.8

1-4-2 動力損失(Dynamic losses)

　　因流體流動的速度或方向突然產生變化而造成的能量損失稱為動力損失或次要損失(minor losses)。包括：

1. 彎管之壓力損失：彎管彎曲之角度愈大，其壓力損失也愈大。曲率半徑為直徑之 2.5 倍時壓力損失或壓力損失係數最小，曲率半徑變小或增大時，壓力損失均變大。

2. 縮管、擴管之壓力損失：直徑變化或縮擴之角度愈大，壓力損失愈大。

3. 合流管之壓力損失：合流之角度愈大，支導管之壓力損失愈大。

4. 排氣口之壓力損失：由風管之輸送風速減速至近於零風速造成之壓力損失。

5. 進入氣罩壓力損失(h_e)：空氣由靜止狀態被加速進入氣罩或導管等開口部，因流速、流向改變及擾流引起之壓力損失，隨著氣罩型式及開口型式不同而不同。

6. 通過空氣清淨裝置之壓力損失。

由於以上所述管件(fittings)之存在所造成之靜壓差(ΔP_s)可以下式計算之：

$$\Delta P_s = - (\Delta P_{loss} + \Delta P_v)$$

其中 $\Delta P_s = P_{s,2} - P_{s,1}$

$\Delta P_v = P_{v,2} - P_{v,1}$

動力損失的計算通常亦是用經驗式求之，其表示方法有二：一是以等效直管長度表示，另一則是以動壓的倍率表之。一般以後者較常用，即：

$$\Delta P_{loss} = K(\frac{\rho V^2}{2}) = KP_v \qquad (1\text{-}31)$$

在此，K 稱為次要損失係數(minor loss coefficient)乃由實驗求得。在不同的情況下，K 值亦有所不同：

(一) 突縮導管(sudden contraction)

當導管管徑突然收縮時，其壓損為：

$$\Delta P_{loss} = KP_{v,2} \qquad (1\text{-}32)$$

其 K 值與直徑比($\frac{D_1}{D_2}$)及流速有關，如圖 1-12 及表 1-5 所示。值得注意的是，要利用(1-32)式計算壓損時，動壓要用較小管徑中的值 $P_{v,2}$。

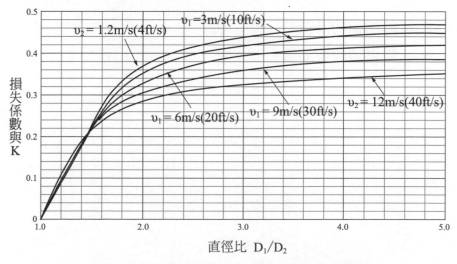

圖 1-12　突縮導管之損失係數與直徑比之關係

表 1-5　突縮導管之損失係數與直徑比及流速之關係

D_2 / D_1	流　速								
	0.6m/s	1.2m/s	1.8m/s	2.4m/s	3m/s	4.5m/s	6m/s	9m/s	12m/s
1.0	0.0	0.0	0.0	0.0	0.0	0.0	0.0	0.0	0.0
1.1	0.03	0.04	0.04	0.04	0.04	0.04	0.05	0.05	0.06
1.2	0.07	0.07	0.07	0.07	0.08	0.08	0.09	0.10	0.11
1.4	0.17	0.17	0.17	0.17	0.18	0.18	0.18	0.19	0.20
1.6	0.26	0.26	0.26	0.26	0.26	0.25	0.25	0.25	0.24
1.8	0.34	0.34	0.34	0.33	0.33	0.32	0.31	0.29	0.27
2.0	0.38	0.37	0.37	0.36	0.36	0.34	0.33	0.31	0.29
2.2	0.40	0.40	0.39	0.39	0.38	0.37	0.35	0.33	0.30
2.5	0.42	0.42	0.41	0.40	0.40	0.38	0.37	0.34	0.31
3.0	0.44	0.44	0.43.	0.42	0.42	0.40	0.39	0.36	0.33
4.0	0.47	0.46	0.45	0.45	0.44	0.42	0.41	0.37	0.34
5.0	0.48	0.47	0.47	0.46	0.45	0.44	0.42	0.38	0.35
10.0	0.49	0.48	0.48	0.47	0.46	0.45	0.43	0.40	0.36
∞	0.49	0.48	0.48	0.47	0.47	0.45	0.44	0.41	0.38

　　在截面 2 處，除了壓力的損失之外，靜壓值也會降低，以便使動壓值由 $P_{v,1}$ 升高為 $P_{v,2}$，靜壓值的降低量：

$$\Delta P_s = - (\Delta P_{loss} + \Delta P_v) \tag{1-33}$$

　　其中 $\Delta P_s =$ 靜壓值的降低量，$P_{s,2} - P_{s,1}$

　　　　$\Delta P_v =$ 動壓值的增加量，$P_{v,2} - P_{v,1}$

突縮導管中，全壓(P_t)、靜壓(P_s)、動壓(P_v)間的變化關係，如圖 1-13 所示。

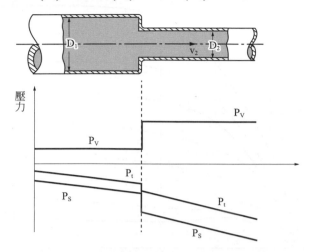

圖 1-13　突縮導管及其壓力隨位置之變化

(二) 漸縮導管(Gradual contraction)

圖 1-14 為一圓形截面漸縮導管，其 K 值：

$$K = \frac{\Delta P_{loss}}{P_{v,2} - p_{v,1}} = \frac{P_{t,2} - P_{t,1}}{P_{v,2} - P_{v,1}} \tag{1-34}$$

圖 1-15 及表 1-6 所示為漸縮導管的 K 值。

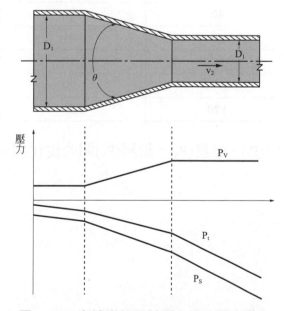

圖 1-14　漸縮導管及其壓力隨位置之變化

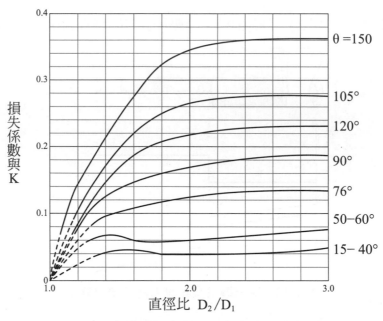

圖 1-15　漸縮導管之損失係數與直徑比之關係

表 1-6　漸縮導管之損失係數與擴張角之關係

θ	K
10	0.05
20	0.06
30	0.08
40	0.10
50	0.11
60	0.13
90	0.20
120	0.30

　　漸縮導管中，全壓(P_t)、靜壓(P_s)、動壓(P_v)間的變化關係，如圖 1-14 所示。

⚙例題 1-4

有一漸縮導管，如圖 1-14，設 $P_{v,1} = 15mmH_2O$，$P_{v,2} = 20mmH_2O$，且 $\theta = 20°$，試求其壓力損失 ΔP_{loss} 及漸縮導管之靜壓 $P_{s,2}$。

解

由表 1-6 得 $\theta = 20°$時，$K = 0.06$

$\therefore \Delta P_{loss} = K(P_{v,2} - P_{v,1}) = 0.06(20 - 15) = 0.3mmH_2O$

設較大管徑中的靜壓為 $P_{s,1}$

則 $P_{s,2} = P_{s,1} - (P_{v,2} - P_{v,1}) - K(P_{v,2} - P_{v,1}) = P_{s,1} - (20 - 15) - 0.3$

$\qquad = P_{s,1} - 5.3mmH_2O$

(三) 突擴導管(Sudden expansion)

當流體流經突擴的管路(如圖 1-16)時，在截面突然擴張處因有擾動漩渦 (turbulent eddies)的產生，因而會有能量上的耗損。如將動量方程式、連續方程式與伯努利方程式聯立，則可導出因截面突然擴張所產生的壓力損失：

$$\Delta P_{loss} = \frac{\rho(V_1 - V_2)^2}{2} \tag{1-35}$$

此即著名的波塔－卡諾方程式(Borda-Carnot equation)。

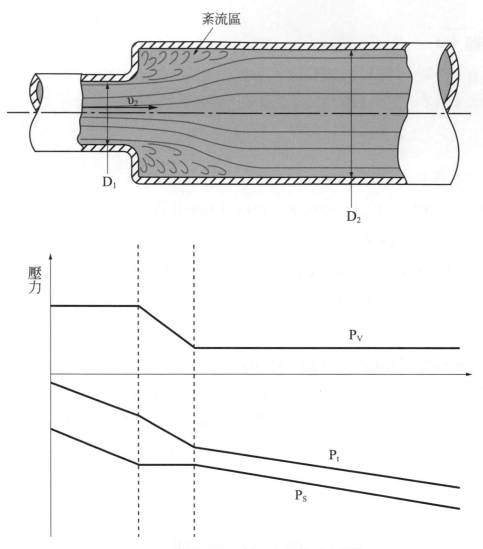

圖 1-16　突擴導管及其壓力隨位置之變化

又因 $A_1V_1 = A_2V_2$(連續方程式)，所以式(1-35)可改寫成：

$$\Delta P_{loss} = \frac{\rho}{2}(V_1 - \frac{A_1}{A_2}V_1)^2 = \frac{\rho V_1^2}{2}(1 - \frac{A_1}{A_2})^2 = P_{V,1}(1 - \frac{A_1}{A_2})^2 \tag{1-36}$$

圖 1-16 所示為突擴導管內 P_s、P_v 及 P_t 間的變化情形。突擴導管之損失係數 K 則如圖 1-17 及表 1-7 所示。

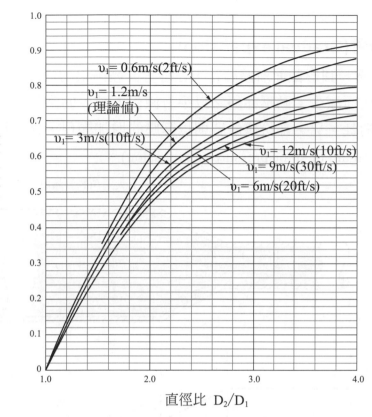

圖 1-17　突擴導管之損失係數與直徑比之關係

表 1-7　突擴導管之損失係數與直徑比及流速之關係

D_2/D_1	流 速						
	0.6m/s	1.2m/s	3m/s	4.5m/s	6m/s	9m/s	12m/s
1.0	0.0	0.0	0.0	0.0	0.0	0.0	0.0
1.2	0.11	0.10	0.09	0.09	0.09	0.09	0.08
1.4	0.26	0.25	0.23	0.22	0.22	0.21	0.20
1.6	0.40	0.38	0.35	0.34	0.33	0.32	0.32
1.8	0.51	0.48	0.45	0.43	0.42	0.41	0.40
2.0	0.60	0.56	0.52	0.51	0.50	0.48	0.47
2.5	0.74	0.70	0.65	0.63	0.62	0.60	0.58
3.0	0.83	0.78	0.73	0.70	0.69	0.67	0.65
4.0	0.92	0.87	0.80	0.78	0.76	0.74	0.72
5.0	0.96	0.91	0.84	0.82	0.80	0.77	0.75
10.0	1.00	0.96	0.89	0.86	0.84	0.82	0.80
∞	1.00	0.98	0.91	0.88	0.86	0.83	0.81

(四) 漸擴導管(Gradual expansion)

　　圖 1-18 為一圓形截面漸擴導管，在導管直徑擴張的過程中，氣流速度恰與截面積成反比而減少。動壓亦隨之以平方減少，減少的動壓中一部份以壓力損失的型態被消耗，另一部份殘餘者則以靜壓的增加顯現，吾人稱此為漸擴導管之靜壓回復(regain of static pressure at expansion)。

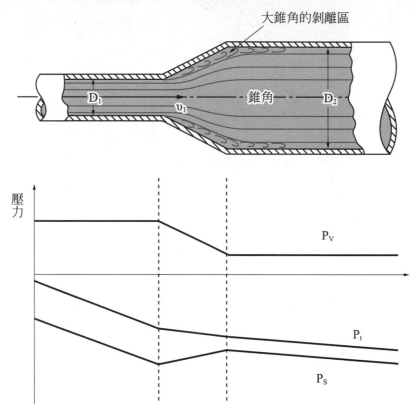

圖 1-18　漸擴導管及其壓力隨位置之變化

　　假設漸擴導管的壓損與靜壓回復量分別為 ΔP_{loss} 及 $\Delta P_{s,2} - \Delta P_{s,1}$，則可先求出擴張角 θ 之後，再從圖 1-19 或表 1-8 求出其壓損係數 K，以此乘以擴張前後之動壓差便可得 ΔP_{loss} 之值，即：

$$\Delta P_{loss} = K(P_{v,1} - P_{v,2}) \tag{1-37}$$

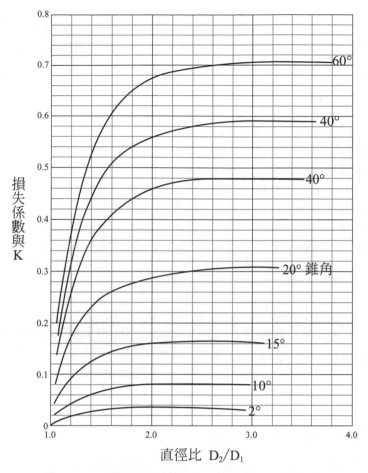

圖 1-19　漸擴導管之損失係數與直徑比之關係

另靜壓回復量$(P_{s,2}-P_{s,1})$之求法如下：

$$\because \Delta P_{loss} = P_{t,1} - P_{t,2} = K(P_{v,1} - P_{v,2})$$

$$(P_{s,1} + P_{v,1}) - (P_{s,2} + P_{v,1}) = K(P_{v,1} - P_{v,2})$$

$$\therefore P_{s,2} - P_{s,1} = P_{v,1} - P_{v,2} - K(P_{v,1} - P_{v,2})$$

$$= (1 - K)(P_{v,1} - P_{v,2})$$

$$= K'(P_{v,1} - P_{v,2}) \tag{1-38}$$

其中 $K' =$ 靜壓回復係數，$1-K$

亦即靜壓回復量為動壓之變化量$(P_{v,1} - P_{v,2})$減去壓力損失量$(K(P_{v,1} - P_{v,2}))$。

圖 1-18 為漸擴導管之 P_s、P_v 及 P_t 的變化情形。

表 1-8　漸擴導管之損失係數與直徑比及流速之關係

D_2/D_1	錐面角 θ											
	2°	6°	10°	15°	20°	25°	30°	35°	40°	45°	50°	60°
1.1	0.01	0.01	0.03	0.05	0.10	0.13	0.16	0.18	0.19	0.20	0.21	0.23
1.2	0.02	0.02	0.04	0.09	0.16	0.21	0.25	0.29	0.31	0.33	0.35	0.37
1.4	0.02	0.03	0.06	0.12	0.23	0.30	0.36	0.41	0.44	0.47	0.50	0.53
1.6	0.03	0.04	0.07	0.14	0.26	0.35	0.42	0.47	0.51	0.54	0.57	0.61
1.8	0.03	0.04	0.07	0.15	0.28	0.37	0.44	0.50	0.54	0.58	0.61	0.65
2.0	0.03	0.04	0.07	0.16	0.29	0.38	0.46	0.52	0.56	0.60	0.63	0.68
2.5	0.03	0.04	0.08	0.16	0.30	0.39	0.48	0.54	0.58	0.62	0.65	0.70
3.0	0.03	0.04	0.08	0.16	0.31	0.40	0.48	0.55	0.59	0.63	0.66	0.71
∞	0.03	0.05	0.08	0.16	0.31	0.40	0.49	0.56	0.60	0.64	0.67	0.72

例題 1-5

　　圖 1-18，設 $P_{v,1} = 20 \text{mmH}_2\text{O}$，$P_{v,2} = 15 \text{mmH}_2\text{O}$，且 θ = 20°時，試求其壓力損失 ΔP_{loss} 及擴大側之靜壓 $P_{s,2}$。

解

(1) 由表 1-3 得 θ = 20°時，K = 0.44

　　∴ $\Delta P_{loss} = K(P_{v,1} - P_{v,2}) = 0.44(20 - 15) = 2.2 \text{mmH}_2\text{O}$

(2) 設較大管徑側之靜壓為 $P_{s,2}$，且由表 1-8 知 K' = 0.56

　　則 $P_{s,2} = P_{s,1} + K'(P_{v,1} - P_{v,2})$

　　　　　$= P_{s,1} + 0.56(20 - 15)$

　　　　　$= P_{s,1} + 2.8 \text{ mmH}_2\text{O}$

◎ 例題 1-6

　　某通風管線，在 A 截面時之靜壓(P_s)爲 50mmH$_2$O，全壓(P_t)爲 100mmH$_2$O，設 A → B 之摩擦損失爲 10mmH$_2$O，在 B 處之突擴擾動損失爲 5mmH$_2$O，$\overline{AB}$ 段之直徑爲 $\overline{BC}$ 段之 1/2，B → C 之摩擦損失爲 5mmH$_2$O，(1)試求 C 截面之全壓(P_t)、靜壓(P_s)及動壓(P_v)；(2)試繪出本通風管線自 A 至 C 之 P_s、P_t 及 P_v 之分布圖。

解

(1) C 截面之全壓(P_t)、靜壓(P_s)及動壓(P_v)：

壓力 ＼ 位置	A	B−	B＋	C
P_s(mmH$_2$O)	50	35	81.875	76.875
P_v(mmH$_2$O)	50	50	3.125	3.125
P_t(mmH$_2$O)	100	85	85	80

(2) 自 A 至 C 之 P_s、P_t 及 P_v 之分布圖：

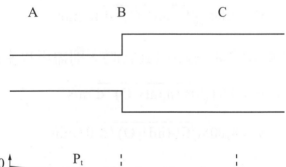

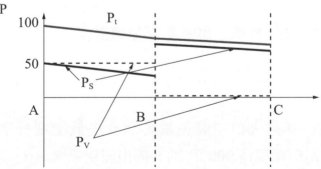

1-5 空氣密度的校正

在 1-3-2 節中我們曾經導出在標準空氣中空氣的速度與動壓的關係如下：

$$V = 4.04\sqrt{P_v(mmH_2O)} \ m/sec \quad 或 \quad V = 4,005\sqrt{P_v(inH_2O)} \ ft/min \quad (1-39)$$

但如導管中所輸送者非為標準狀態下(1atm，20℃，RH = 70%)之空氣，則空氣之密度必須加以校正如下：

① 公制：$d = \dfrac{293}{273+t(℃)} \times \dfrac{P(mmHg)}{760}$ (1-40)

① 英制：$d = \dfrac{530}{460+t(℃)} \times \dfrac{P(in.Hg)}{29.92}$ (1-41)

其中 d = 空氣密度校正係數

此時，風速與動壓之關係必須重寫如下：

① 公制：$V = 4.04\sqrt{P_v(mmH_2O)/d} \ m/s$ (1-42)

② 英制：$V = 4,005\sqrt{P_v(inH_2O)/d} \ ft/min$ (1-43)

又如導管中所輸送者非空氣(如氮氣)時，則需再以密度係數 f 校正之，亦即

① 公制：$V = 4.04\sqrt{fP_v(mmH_2O)/d} \ m/s$ (1-44)

② 英制：$V = 4,005\sqrt{fP_v(inH_2O)/d} \ ft/min$ (1-45)

其中 f = 密度係數，標準氣體密度/某氣體密度

例題 1-7

　　有一高溫爐，其進入口空氣流量(Q_{in})及空氣密度分別為 1,000cfm 及 0.075lb/ft³，如排出口溫度為 300℉，則其排出口空氣流量(Q_{out})應為多少 cfm？(設未對空氣加水)

解

$\therefore \rho_{in} Q_{in} = \rho_{out} Q_{out}$，且 $\rho_{in} = 0.075 lb/ft^3$，$Q_{in} = 1,000 cfm$

空氣密度校正係數 $d = \dfrac{530}{460+300} \times \dfrac{29.92}{29.92} = 0.7$

$\therefore \rho_{out} = d \times \rho_{in} = 0.7 \times 0.075 lb/ft^3$

故 $Q_{out} = \dfrac{\rho_{in}}{\rho_{out}} \times Q_{in} = \dfrac{1}{0.7} \times 1,000 = 1,429 cfm$

1-6 污染有害物

1-6-1 污染有害物的種類

污染有害物包括兩大類：粒狀有害物和氣態有害物。粒狀有害物包括粉塵、燻煙、霧滴、煙霧等；氣態有害物則包括氣體和蒸氣，以下是其定義(Hinds, 1999)：

(一) 粉塵(dust)：因研磨、粉碎等機械作用而由岩石、礦石、金屬、煤塊、木材、穀類等大型物體分裂而成的固態粒狀物，其粒徑在 100μm 以下者均屬之，但粒徑在 10μm 以上者，由肺部吸入機會不大，因此對人體健康較無大礙，粒徑在 10μm 以下者，鼻孔無法截流，會進入呼吸器官，少部分附著於氣管，可藉纖毛運動排出，但 0.1μm 左右之粉塵則會進入肺部沉著。

(二) 燻煙(Fume)：係由昇華、揮發、蒸餾、燃燒或化學反應所產生之蒸氣再凝結形成之固體顆粒，通常是一種金屬氧化物。如鋅和鉛的氧化物燻煙便是在高溫下被蒸發的金屬氧化及凝結的產物。燻煙的顆粒很小，其粒徑經常小於 1μm，約在 0.03μm 到 0.3μm 之間。

(三) 霧滴(Mist)：由蒸氣凝結或化學反應形成的液體顆粒。硫酸霧滴便是一例：

$$SO_3(氣態) \xrightarrow{22°C} SO_3(液態)$$

$$SO_3(氣態) + H_2O \rightarrow SO_3(液態)$$

因為 SO_3 之露點(dew-point)在 22℃，故可由氣體變成液體，SO_3 顆粒如水分子般大小。典型的霧滴粒徑約為 0.5μm 到 3.0μm 之間。

(四) 煙霧(Smoke)：係經由不完全燃燒所產生的固態或液態之顆粒。煙塵本身亦由許多小顆粒聚結而成，其聚結後之煙塵形狀常十分複雜(如長鏈狀、網狀)，其整體大小經常小於 1μm。

(五) 氣體(Gas)：無定形之流體，如氨、二氧化硫。

(六) 蒸氣(Vapor)：常態下由固體或液體所發生之氣態物稱之。如有機溶劑蒸氣。

(七) 生物氣膠(bioaerosol)：係指含有活的微生物(如濾過性病毒、細菌、真菌)的懸浮性固態或液態粒子，其大小範圍為幾近 1μm 至 100μm 以上。

　　人類的呼吸系統大略可分為三個部分：頭部(包括口、鼻、咽、喉等)、支氣管區與肺泡區。懸浮微粒所造成的危害與微粒在呼吸系統內的沈積位置有相當密切的關係，而微粒的沈積位置又與微粒本身的粒徑有關，因此微粒的大小是微粒對人體健康危害程度的關鍵因素之一。一般而言，微粒空氣動力直徑(aerodynamical diameter)在 10μm 以上的微粒幾乎全部沈積於口鼻部，無法進入呼吸道內，因此這種微粒所造成的危害僅限於口鼻部；空氣動力直徑在 4 至 10μm 的微粒較傾向沈積於位於上呼吸道的支氣管區；而空氣動力直徑在 4μm 以下的微粒則主要沈積於肺泡區。

1-6-2 有害物之濃度表示法

一、氣態有害物

　　氣態有害物的濃度表示法包括 ppm 及 mg/m^3，茲說明如下：

(一) ppm：在 25℃、1 大氣壓下，每立方公尺空氣中有害物的立方公分(c.c.)數。即百萬分之一單位(parts per million)的意思。

$$\therefore 1ppm = \frac{1c.c \text{ 之氣狀有害物}}{1m^3 \text{ 體積之空氣}}$$

(二) mg/m³：在 25℃、1 大氣壓下，每立方公尺空氣中有害物的毫克數。
ppm 與 mg/m³ 間的單位轉換如下：

$$C_{mg/m^3} = C_{ppm} \times \frac{M}{V_M} \qquad\qquad (1\text{-}46)$$

或

$$C_{ppm} = C_{mg/m^3} \times \frac{V_M}{M} \qquad\qquad (1\text{-}47)$$

式中 C_{ppm} 為以 ppm 表示的濃度；C_{mg/m^3} 為以 mg/m³ 表示的濃度；M 為該化學物質之分子量；V_M 為該化學物質的克分子體積，25℃、1 大氣壓時為 24.45L/g-mole。

二、粒狀有害物

粒狀有害物(包括石綿、棉塵等纖維性物質)的濃度表示法有 mg/m³、f/c.c.、MPPCM、MPPCF 等，其意義如下：

1. mg/m³：在 25℃、1 大氣壓下，每立方公尺空氣中有害物質的毫克數。
2. f/c.c.：每毫升空氣所含的纖維根數，一般用於石綿。
3. MPPCM：每立方公尺空氣中粒狀有害物之百萬顆粒數。
4. MPPCF：每立方英呎空氣中粒狀有害物之百萬顆粒數。

例題 1-8

試計算甲苯濃度 100mg/m³，相當於多少 ppm？
(甲苯分子量 92，環境條件 25℃、760mmHg)

解

$$100(mg/m^3) = 100 \times \frac{24.45}{92}(ppm) = 26.85ppm$$

例題 1-9

假設在一密閉空間內，有一瓶苯(C_6H_6)被打破，苯蒸汽逸散在室內，當達到平衡後，室內環境中仍有苯溶劑殘留，請問常溫常壓下密閉空間內的苯濃度為多少 ppm？相當於若干 g/m^3？(25℃溫度下，苯飽和蒸汽壓為 75mmHg)

解

設大氣壓力 $= 760mmHg$

$$C = \frac{75}{760} \times 10^6 (ppm) = 98,684(ppm)$$

$$= 98,684 \times \frac{78}{24.45} (mg/m^3)$$

$$= 314,820(mg/m^3)$$

$$= 314.8g/m^3$$

例題 1-10

假設在一密閉空間內，空間容積為 1,000m^3，有一含 100mL 甲苯(C_7H_8)之容器被打破，甲苯逸散在室內，當達到平衡後，室內環境中沒有甲苯溶劑殘留，請問溫度 25℃，大氣壓 760mmHg 下，密閉空間內的甲苯濃度最大為多少 ppm？(25℃溫度下，甲苯飽和蒸汽壓為 21mmHg，分子量為 92.1。甲苯溶劑密度(ρ)為 0.87g/mL)

解

在甲苯逸散而沒有殘留的情況下，甲苯之最大濃度為

$$C = \frac{100(mL) \times 0.87(g/mL) \times 1,000(mg/g)}{1,000m^3}$$

$$= 87(mg/m^3) = 87 \times \frac{24.45}{92.1} = 23.1ppm$$

⊘ 1-6-3 作業環境中危害因子之預防

　　作業環境中危害物的預防可由發生源、傳播路徑及暴露者三方面著手(如圖 1-20)：

(一) 發生源

1. 以低毒性、低危害性物料取代。
2. 作業方法、作業程序之變更。
3. 製程之隔離，包括時間與空間。
4. 製程之密閉。
5. 抑制，如濕式作業。
6. 局部排氣裝置之設置。
7. 控制設備之良好維護保養計畫，維持有效控制能力。

(二) 傳播路徑

1. 廠場整潔，立即清理，避免二次發生源之發生。
2. 整體換氣裝置之設置，稀釋有害物濃度。
3. 供給必要之新鮮空氣稀釋。
4. 擴大發生源與暴露者之距離如自動化、遙控，減少不必要之人員暴露。
5. 自動監測裝置之設置以提出警訊，減少人員暴露。
6. 作業場所之整理整頓，減少作業振動再發散。

(三) 暴露者

1. 教育及訓練，使作業勞工知所應為。
2. 輪調以減少暴露時間。
3. 使用空氣簾幕等以保護作業者，使作業勞工不致暴露。
4. 個人劑量計之使用，使勞工知悉自己暴露情形，而能小心謹慎。
5. 個人防護具之使用，緊急處理時亦能保障安全無虞。
6. 適當的維護保養計畫，使個人防護具能發揮應有之保護效果。

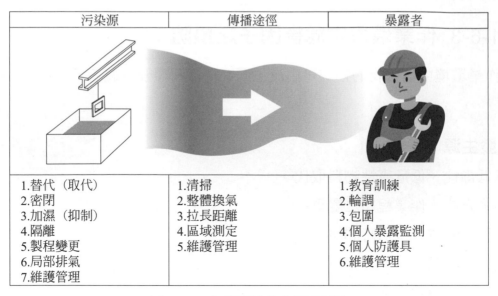

污染源	傳播途徑	暴露者
1.替代（取代） 2.密閉 3.加濕（抑制） 4.隔離 5.製程變更 6.局部排氣 7.維護管理	1.清掃 2.整體換氣 3.拉長距離 4.區域測定 5.維護管理	1.教育訓練 2.輪調 3.包圍 4.個人暴露監測 5.個人防護具 6.維護管理

圖 1-20　作業環境危害預防對策

　　作業環境危害因子之預防措施評估需符合比例原則(如圖 1-21)，當危害風險在評估後屬於低等時，則過濾循環或整體換氣裝置等低成本之工程控制設施即足以因應；但若危害高至不採取密閉作業方式不足以防範其危害時，如放射性核種、劇毒化學物質以及高感染性生物材料等之操作，若的確有該等作業之需求，則應採用如圖 1-22 之手套箱等密閉裝置。工業上常用的噴砂箱(Blast Box)也是一種密閉作業的方法，如圖 1-23 所示。所謂噴砂(珠擊法)是針對工件表面進行的一種破壞性的加工方式，利用細小的研磨砂材顆粒對工件表面衝擊，讓表面產生像顆粒化般的凹陷使之形成霧面或侵蝕面，而達到除鏽、去毛刺、去氧化層等之功能。

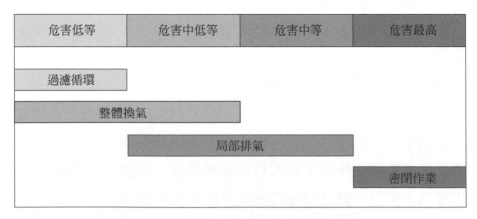

圖 1-21　作業環境空氣性危害預防策略

圖 1-22　手套箱(Glove Box)(引用自網路)

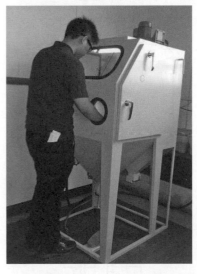

圖 1-23　利用噴砂箱(左圖)進行噴砂作業(右圖)(引用自網路)

1-6-4 局限空間與缺氧危險作業場所

　　所謂局限空間(confined space)，依我國勞動部職業安全衛生署的定義為：非供勞工在其內部從事經常性工作、進出方法受限制、且無法以自然通風來維持充分、清淨空氣之空間(職業安全衛生設施規則第十九條之一)。局限空間之危害一般可分為空氣性危害(atmospheric hazards)和物理性危害(physical hazards)，主要有缺氧、中毒、感電、塌陷、被夾、被捲及火災、爆炸等。

　　局限空間包括：人孔、下水道、溝渠、涵洞、地下管道、水井、集液(水)井、反應器、蒸餾塔、蒸煮槽、生(消)化槽、儲槽、穀倉、船艙、地窖、施工中之地下室、沉箱高壓室內部、混凝土車桶等，如圖 1-24 所示。

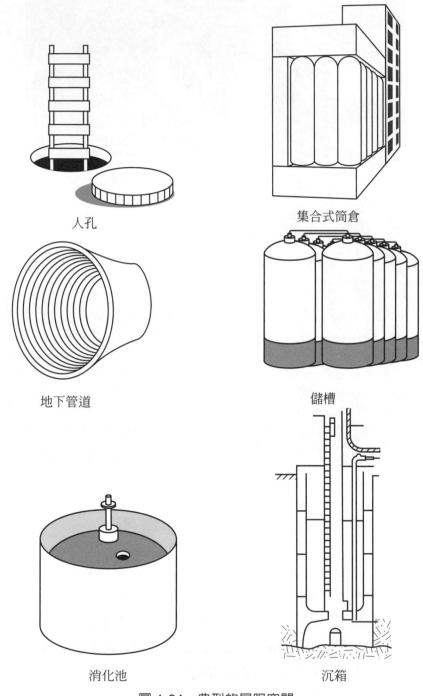

圖 1-24　典型的局限空間

依美國職業安全衛生署(OSHA)之規定，窒息性空氣是指氧氣含量低於 19.5%之空氣(正常大氣中氧氣佔 20.9%)；我國缺氧症預防規則則將缺氧危險作業場所界定為空氣中氧氣濃度未達 18%之場所。於此狀態下之空氣並無足夠的氧氣供進入局限空間之勞工從事體力工作。空氣中氧氣含量對人體的影響如圖 1-25 所示。會造成作業場所缺氧，除通風不良外，若還有空氣以外氣體之置換或空氣中的氧氣消耗，就容易形成缺氧環境。

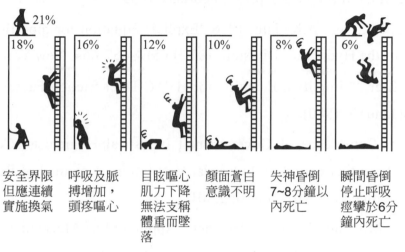

| 21% | 18% | 16% | 12% | 10% | 8% | 6% |

安全界限但應連續實施換氣　　呼吸及脈搏增加，頭疼嘔心　　目眩嘔心肌力下降無法支稱體重而墜落　　顏面蒼白意識不明　　失神昏倒7~8分鐘以內死亡　　瞬間昏倒停止呼吸痙攣於6分鐘內死亡

圖 1-25　不同氧氣濃度時相對應之生理反應

◎例題 1-11

有一局限空間，氣積 100m³，原本含氧氣 20%，其餘為氮氣。現有一氧化碳發生源以每分鐘 0.5m³ 速率產生至此局限空間內，且僅排出原本空氣。請問此局限空間幾分鐘後會使氧氣濃度降至 18%？

解

假設需時 t 分鐘可使氧氣濃度降至 18%，依題意：

$$\frac{18}{100} = \frac{20 - \frac{1}{5} \times (0.5t)}{100}$$

$$18 = 20 - \frac{1}{5} \times (0.5t) = 20 - 0.1t$$

$$\therefore t = 20\text{min}$$

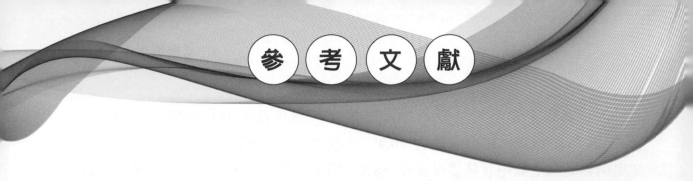

1. Colebrook, C.F. "Turbulent flow in pipes with particular reference to the transition region between the smooth and rough pipe laws" Journal of the Institute of Civil Engineers, p.133, February 1939.

2. Swamee, P.K., and A.K. Jain, 1976 "Explicit Equation for pipe flow problem" Journal of the Hydraulics Division, 102(HY5)：657-664, New York, ASCE.

3. J.J. Loeffler, "Simplified Equation for HVAC Duct friction Factors" ASHRAE J., p.76(January 1980).

4. American Conference of Governmental Industrial Hygienists, Committee on Industrial Ventilation(2004), Industrial Ventilation, A manual of Recommended Practice 25th ed., ACGIH, Lansing, MI.

5. Robert L. Mott, and Joseph A. Untener, "Applied Fluid Mechanics" 7th Edition, Pearson, 2015.

6. Yunus A. Çengel, and John M. Cimbala, "Fluid Mechanics Fundamentals and Applications" 3rd Edition, McGraw-Hill, 2015.

7. Hinds, William C., Aerosol Technology: Properties, Behavior, and Measurement of Airborne Particles, 2nd Edition, Wiley-Interscience, 1999.

8. http://www.glovebox-systems.com/Images/Gallery/g-a-3.jpg

9. https://encrypted-tbn0.gstatic.com/images?q=tbn:ANd9GcR6TEfR8hi0ALNfE_2ZvImC3ErAw9tGi40xPg&usqp=CAU

整體換氣(General Ventilation)

2-1 整體換氣之目的及方法

2-1-1 整體換氣之目的

作業環境中危害因子的預防對策，如圖 1-20 所示。其中，通風技術是控制作業環境中有害物濃度最有效的方法之一。所謂工業通風，最簡單的定義就是「利用空氣的流動來控制作業環境」。工業通風系統可分為整體換氣(或稀釋通風，General or dilution ventilation)與局部排氣(Local exhaust ventilation)兩大類，但無論是整體換氣或是局部排氣其目的都在於：

(一) 防止火災或爆炸事故之發生

易燃液體之蒸氣或可燃性氣體擴散至作業場所空氣中，當濃度達到其最低能夠引起火災或爆炸之濃度時(即爆炸下限)，如有火源等能量之供給，即有可能引起火災、爆炸，適當的通風換氣以控制可燃性氣體之濃度於爆炸下限以下(一般是以爆炸下限之 30%為標準)，即可避免該等物質引起之火災或爆炸。

(二) 排除作業場所空氣中之有害物質

當有害物質在發生源以粉塵、霧滴、燻煙、纖維、霧、蒸氣或氣體發生時，將其控制住不使其外逸擴散，或將其吸入一開口之結構或氣罩內，經輸送管路、空氣清淨裝置等加以處理排除，以避免有害物或危險物等擴散於作業環境中，亦即於各發生源設置局部排氣裝置，將有害物質或危險物等加以控制，唯最重要的是所設置之局部排氣裝置，應具備足夠之抽引能力或控制風速，始能有效控制。

(三) 稀釋作業產生之有害物

因為作業或作業設備、作業程序之限制，無法裝置密閉設備、局部排氣裝置等加以控制，因此應在該等有害物質等在尚未到達作業者呼吸域前，利用未被污染之空氣加以稀釋，以降低有害物質之濃度，亦即設置整體換氣裝置加以控制。

(四) 維持作業場所之舒適

維持適當溫度、濕度、必要之冷卻能力及必要之換氣量,可利用濕空氣圖(Psychrometric Chart)及質能平衡原理等,由室外之溫度、濕度暨室內欲維持之溫度、濕度等,及各種不同環境狀況下水蒸汽之含量、熱焓、須移走之水分等獲取。體熱在一作業條件或環境之平衡與蒸發、新陳代謝速率、作業環境溫度、濕度有關外,對流等靠空氣之流動以達成,因此通風亦會左右體熱之平衡,作業之舒適。

(五) 維持作業場所空氣之良好品質

除作業場所空氣中之有害物或危險物應予控制,使其不超過容許濃度或無發生火災、爆炸之虞外,作業場所氧氣含量之保證、特殊作業品質之要求,如無塵室等之設置,其換氣、處理或清淨之過程,即是通風換氣原理之應用。

(六) 供給補充之新鮮空氣

雖然大部分之作業場所由於空氣之滲入(Infiltration)可提供足量之新鮮空氣,然而平時抽排氣量很大之作業場所,除非有極大之開口可讓外部新鮮空氣進入作業場所,否則該作業場所空氣中有害物之濃度會急劇上昇,並造成作業場所之負壓,如中央空調冷卻方式之作業場所應導入足量之新鮮空氣以維持良好的空氣品質。

2-1-2 整體換氣的方法

整體換氣,係指作業場所有害物發生源產生之有害物質在尚未到達作業者呼吸帶之前,利用未被污染之空氣加以稀釋,使其濃度降低至容許濃度以下之換氣方式。有機溶劑中毒預防規則對於整體換氣裝置之定義為藉動力稀釋已發散有機溶劑蒸氣之設備。依驅動力之不同,整體換氣可分為自然通風與機械通風兩種:

一、自然通風

所謂自然通風是利用室內外溫差、風力、氣體擴散及慣性力等自然現象為原動力,實施換氣的方法。其方法如下:

(一) 利用室內外溫差

在廠房頂部及牆壁上方開以空氣流出口，而在牆壁下方開設空氣流入口，當室內因製程或人員活動而產生熱量時，室內溫度高於室外溫度，室內熱空氣因浮力作用而經流出口排出室外，而室外冷空氣將自流入口進入補充，而達通風之目的，如圖 2-1 所示。

(二) 利用風力

將通風口(如窗戶)打開，讓空氣自然進出室內的方法，雖很經濟，但因易受風向、風速、開口大小及通風口方位之影響，而很難獲致穩定的換氣效果。

(三) 利用氣體擴散

氣體會自濃度高的地方往濃度低的地方擴散，但因其速度慢，故較少作為通風之用。

(四) 利用慣性力

利用有害物從其發生源產生時，其本身所具有之動力，如熱浮力或離心力等，將排出口設置於該動力作用之方向，即可排除。

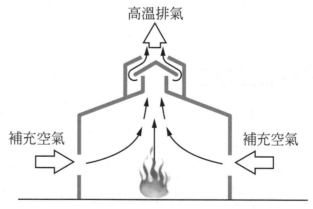

圖 2-1　利用室內外溫差換氣(氣樓)

二、機械通風

係利用機械動力強制實施通風之方法。有以下三種方式：

(一) 排氣法

在排氣方面以機械動力實施，而進氣則利用窗口等開口部分自然流入之方法。此法較適用於有害物之排除，如圖 2-2(a)。

(二) 供氣法

在供氣部分利用機械動力，排氣部分則利用開口部分之自然流出。此法對於有害物之排除效果較差，但較適合於供給勞工新鮮空氣或是引入室外低溫空氣以降低高溫作業環境之溫度。如圖 2-2(b)。

(三) 供排氣並用法

供排氣均以機械動力實施，其效果較前兩者為大，如圖 2-2(c)。

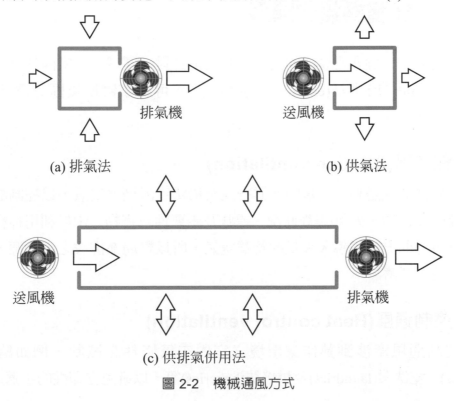

圖 2-2　機械通風方式

整體換氣裝置使用上有下列幾點限制：

1. 適用於有害污染物毒性低的作業場所。

2. 適用於有害物產量少之作業場作。

3. 適用於有害污染物發生源分佈均勻且廣泛之作業場作。

4. 適用於有害污染物發生源遠離作業者呼吸帶之作業場作。

整體換氣裝置通常不適合使用於粉塵或燻煙之作業場所，此乃因：

1. 粉塵或燻煙對人體的危害甚大，因此容許濃度極低，若要符合如此低濃度的要求，通常需要很大的換氣量、不僅技術上很難達成，也不符合經濟效益。

2. 一般而言，粉塵及燻煙的產生速度及量都很大，比重也較空氣重，不易稀釋或排除，因此可能會沈積於某處，造成局部濃度較高的情形。

3. 粉塵及燻煙的產生率及量均難以估計、因此很難據以求出其所需之換氣量。

2-2 整體換氣的類型

整體換氣是一個非常廣泛的用語，其泛指針對一區域、一室內甚至一建築物實施供氣(supply)或排氣(exhaust)。依功能分，可將整體換氣區分為下列兩種類型[1]：

一、稀釋通風(Dilution ventilation)

所謂稀釋通風是利用大量的新鮮空氣來稀釋受污染之空氣，以控制潛在的氣媒傳播健康危害物，火災/爆炸狀況、異味及厭惡性有害物。由於利用稀釋的方式以控制有害物的方式需導入大量的新鮮空氣，所以對局部排放之污染源，使用稀釋通風則較不經濟。

二、熱控制通風(Heat control ventilation)

熱控制通風牽涉到熱作業環境之室內空氣條件之控制，例如鑄造工廠(foundries)、乾洗業(laundries)及烘培坊(bakeries)等，以避免立即性的不適或傷害。

稀釋通風系統之設計原則如下：

1. 必須有足夠的通風量，以便將作業環境中危害物質之濃度稀釋至容許濃度以下(參考"勞工作業場所容許暴露標準")。其所需通風量之計算方式可參考 2-3 節，但 2-3 節中之計算式是在該空間空氣充分混合(well-mixing)的假設下所導出的，然此所需空氣量會隨著通風口的配置不同而不同，若該作業空間之空氣非屬充分混合之狀況，則需再乘以一常數 K。各種不同通風口之配置，其 K 值之大小可參考圖 2-3。

2. 有害物在作業空間內行經之路徑越短越好，因此排氣口之設置應儘量靠近污染源。

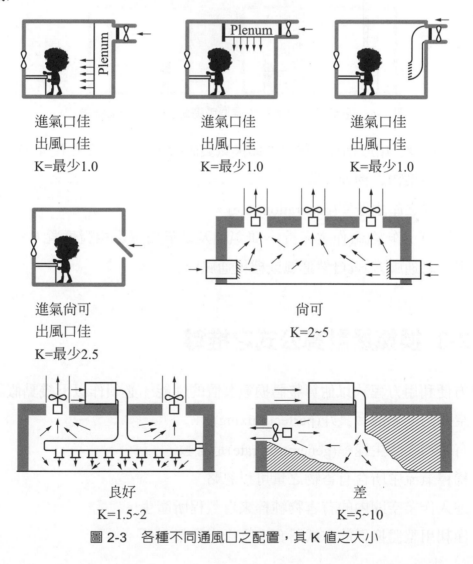

圖 2-3　各種不同通風口之配置，其 K 值之大小

3. 操作者所在位置應位於進氣口與排氣口之間，且其氣流流向應為進氣口→操作者→排氣口。

4. 稀釋通風系統常使用低壓風扇，以提供大風量之空氣。

5. 空氣排放口應高於屋頂或遠離窗戶及通風進氣口，以免所排放之廢氣再度進入作業環境中，如圖 2-4。

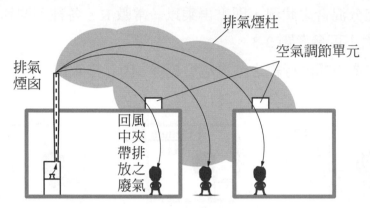

圖 2-4　空氣排放口應高於屋頂或遠離窗戶及通風進氣口

因此，在設計用於稀釋通風之整體換氣裝置時，必須先蒐集下列資料：

(1) 有害污染物之物理性質。

(2) 有害物之產生速率(generation rate)。

(3) 污染源、作業區(作業人員)、進氣口及排氣口等之相對位置。

(4) 現存之通風方式(自然通風或機械通風)。

2-3　換氣量計算公式之推導

為方便利用方程式以估算整體換氣裝置的性能，必須作以下幾點假設：

(1) 空間內空氣混合良好(perfect mixing)。

(2) 有害物之產生速率(generation rate)是常數。

(3) 稀釋氣流中所含有害物之量可以忽略。

(4) 進入作業空間內的有害物純粹來自製程所產生。

(5) 僅利用整體換氣的方式將有害物排出作業場所。

　　如圖 2-5 所示，欲計算作業空間中有害物濃度隨時間變化的情形，其產生率 G、通風換氣率 Q、空間體積 V 必須為已知或可估計。任何在時間 Δt 內濃度的變化 ΔC 是來自製程所產生或經由整體換氣裝置所排除。在 Δt 時間內進入空間的有害物之量為 GΔt，然而排除量為 QCΔt，因此空間內有害物的淨質量變化量(ΔM)為

　　　　滯留於作業空間內之有害物量 ＝ 有害物產生量－有害物排除量　　(2-1)

　　　　即 $\Delta M = G\Delta t - QC\Delta t$　　(2-2)

　　此變化量亦可表示成空間內有害物濃度變化量，亦即，將式(2-2)等號兩側各除以空間體積之 V：

$$\Delta C = \frac{\Delta M}{V} = \frac{G\Delta t}{V} - \frac{QC\Delta t}{V}$$　　(2-3)

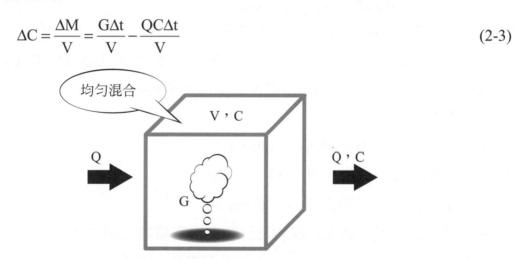

均勻混合

V，C

Q

Q，C

G

圖 2-5　以換氣裝置排除有害物之作業空間幾何模型
(有害物產生率為 G、空間體積 V、換氣量為 Q)

將上式表示成微分方程式，可得

$$dC = \frac{G}{V}dt - \frac{QC}{V}dt$$　　(2-4)

在穩定狀態(steady-state)下，dC = 0。

　　　　$Gdt = QCdt$　　(2-5)

　　　　$\int_{t_1}^{t_2} Gdt = \int_{t_1}^{t_2} QCdt$　　(2-6)

在濃度(C)不隨時間變化、有害物產生速率(G)假設固定的情況下：

$$G(t_2 - t_1) = QC(t_2 - t_1)$$

$$Q = \frac{G}{C} \tag{2-7}$$

若作業空間內空氣混合情形並非很完全時，則設計之換氣量便需考慮乘以一安全係數 K：

$$Q' = KQ \tag{2-8}$$

其中 Q' ＝ 實際通風換氣量(m^3/min)

Q ＝ 有效通風換氣量(m^3/min)

K 值之選擇是基於以下幾點考量：

1. 空氣混合效率、進入作業空間的新鮮空氣之分配狀況或通風口佈置之狀況。

2. 有害污染物的毒性。雖然容許濃度與毒性並不相同，底下的原則可供選定 K 值之參考：

   (1) 微毒性物質：容許濃度 ＞500ppm

   (2) 中毒性物質：容許濃度 ≦100～500ppm

   (3) 高毒性物質：容許濃度 ＜100ppm

3. 來自職業衛生專家個人之經驗及對個別作業環境狀況之判斷。包括以下原則：

   (1) 製程之持續時間、操作週期以及平常操作者相對於污染源之相對位置。

   (2) 作業環境內污染源之位置或數量。

   (3) 自然通風時之季節變化情形。

   (4) 機械通風所使用之空氣驅動裝置操作效率之下降情形。

   (5) 其它可能影響作業人員呼吸帶有害污染物濃度變化之狀況。

此 K 值之範圍一般是介於 1 至 10 之間。如前一節之圖 2-3 所示。

將(2-4)加以重新整理，可得

$$\frac{VdC}{G-QC} = dt \qquad (2-9)$$

針對上式加以積分，即可獲得由時間 t_1 至 t_2 間，濃度之變化值：

$$V\int_{C_1}^{C_2} \frac{1}{G-QC} dC = \int_{t_1}^{t_2} dt \qquad (2-10)$$

$$-\frac{V}{Q}\ln(\frac{G}{V}-\frac{QC_2}{V}) - \frac{-V}{Q}\ln(\frac{G}{V}-\frac{QC_1}{V}) = t_2 - t_1 \qquad (2-11)$$

$$\ln\frac{G-QC_2}{G-QC_1} = -\frac{Q}{V}(t_2-t_1) \qquad (2-12)$$

$$\frac{G-QC_2}{G-QC_1} = \exp[-\frac{Q}{V}(t_1-t_2)] \qquad (2-13)$$

$$C_2 = \frac{G}{Q} - \frac{(G-QC_1)}{Q}\exp[-\frac{Q}{V}(t_2-t_1)] \qquad (2-14)$$

(2-10)式為描述濃度隨時間、有害氣體產生率、空間體積(氣積)及換氣量改變的情形之通式。此式在下列幾種特殊狀況下可以加以簡化。

狀況一：$C_1 = 0$，$G > 0$(即有害物的累積過程(Build-up))

如圖 2-6 所示，假設有害污染物之初始濃度為 0，則在任意時間時有害物之濃度為：

$$C_2 = \frac{G}{Q}[1-\exp(-\frac{Q}{V})\Delta t] \qquad (2-15)$$

(2-15)式求得之值再乘以 10^6，單位為 ppm。

若 C_2 已知，也就是要估算達到某一設定濃度 C_2 所需耗費之時間為

$$\Delta t = -\frac{V}{Q}[\ln(\frac{G-QC_2}{G-QC_1})] = -\frac{V}{Q}[\ln(\frac{G-QC_2}{G})] \qquad (2-16)$$

在求解時，若 C_2 濃度為 1ppm，則上式中 C_2 之值則代入 $C_2 \times 10^{-6}$。

由於圖 2-6 為(2-15)式之濃度分布曲線。由(2-15)式可知，當 $\Delta t \to \infty$ 時，濃度 C 最終會趨近於一穩定值，即漸近線 $C = C_{max}$。

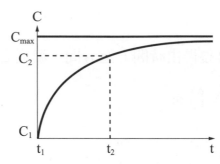

圖 2-6　假設有害污染物之初始濃度為 $0(C_1 = 0)$ 時，有害物的累積過程

例題 2-1

氯仿(三氯甲烷)在下列情況下蒸發，求(1)濃度達 200ppm 時所需時間？(2)1 小時後蒸氣濃度為多少？假設：$G = 2.04 m^3/hr$，$Q = 3,400 m^3/hr$，$V = 2,832 m^3$，$C_1 = 0$，$K = 3$。

解

(1) $\Delta t = -\dfrac{V}{Q}[\ln(\dfrac{G - QC_2}{G})] = -\dfrac{2,832}{3,400}[\ln(\dfrac{2.04 - 3,400 \times 200 \times 10^{-6}}{2.04})]$

$\quad = 0.338 \, hr = 1,218 \, sec$

(2) $C_2 = \dfrac{G(1 - e^{-\frac{Q}{V}\Delta t})}{Q} \times 10^6 = \dfrac{2.04(1 - e^{\frac{3,400}{2,832} \times 1})}{3,400} \times 10^6 = 419 \, ppm$

狀況二：$t \gg 0$，$G \neq 0$

當作業空間經過一段長時間的通風後，有害污染物濃度將趨於穩定(steady state)，即濃度不再變化，也就是說 $\Delta C = 0$，所以在(2-15)式中 $\exp(-Q\Delta t/V)$，趨近於零，所以 C_2 濃度將會趨近於一最大值 C_{max}，如圖 2-6 所示。

$$C_{max} = \dfrac{G}{Q} \tag{2-17}$$

或者，考慮(2.4)式，若有害物濃度趨近於穩定，即 dC = 0

$$C = \frac{G}{Q} \qquad\qquad (2\text{-}18)$$

液體溶劑之產生(揮發)速率估算方法如下：

$$G = \frac{24.45 \times SG \times ER}{M}(m^3/min) \qquad\qquad (2\text{-}19)$$

式中 SG = 溶劑比重

24.45 = 在 STP 下，1 公升溶劑揮發時所佔之體積(m^3)

ER = 揮發速率(L/min)

M = 溶劑分子量

因此

$$Q = \frac{G}{C} = \frac{24.45 \times SG \times ER}{M} \times 10^6 \qquad\qquad (2\text{-}20)$$

◎例題 2-2

裝有氯仿(三氯甲烷)的表面開放槽體，其蒸發速率為 0.7L/min，試問欲維持作業空間內濃度於容許濃度(350ppm)下所需之有效通風量(Q)及實際通風量(Q')至少為多少？(假設：三氯甲烷之 SG = 1.32，M = 133.4，K = 5)

解

在混合良好的情況下

$$Q = \frac{24.45 \times 1.32 \times 0.7}{133.4 \times (350 \times 10^{-6})} = 8.3 m^3/min$$

由於不完全混合，需考慮 K 值

$$Q' = K\,Q = 5 \times 8.3 = 41.5 m^3/min$$

由(2.18)式可知，該式與作業空間(V)無關。作業空間大小只會影響穩態濃度達成速率之快慢，而與最終濃度無關。

狀況三：G = 0

當有害物已存在於作業環境中，且在有害物停止產生的狀態下，而欲以未受污染空氣迫淨(purging)之，其迫淨速率(rate of purging)可由下式計算之：

$$VdC = -QCdt \Rightarrow \int_{C_1}^{C_2} \frac{dC}{C} = -\frac{Q}{V} \int_{t_1}^{t_2} dt$$

$$\ln(\frac{C_2}{C_1}) = -\frac{Q}{V}(t_2 - t_1)$$

或

$$C_2 = C_1 \exp[-\frac{Q}{V}(t_2 - t_1)] \tag{2-21}$$

如圖 2-7 所示，在有害物停止產生的情況下，有害物濃度將以指數方式遞減，最後趨近於 0。

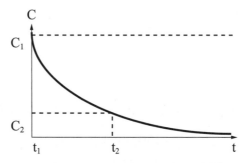

圖 2-7　在有害物停止產生的情況下，有害物濃度之變化過程

將上述三種狀況做一整併，可得如圖 2-8 之濃度變化曲線。

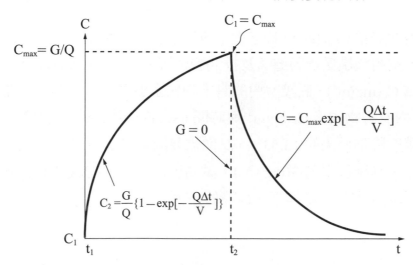

圖 2-8　有害物在累積及迫淨過程中，濃度隨時間之變化過程

迫淨時間(purging time)係指在污染源停止產生有害物的情況下，使其濃度降至某一特定值所需的時間，此時間亦可計算而得知。迫淨時間通常以半生值(half-lives，$t_{1/2}$)來量度，所謂半生值是指在有害物停止產生的情況下($G = 0$)，將有害物濃度降至其初始值的 50% (即 $C_2 = 0.5C_1$)所需的時間。在經歷兩個半生值後，有害物濃度應降至初始值的 25%，三個半生值後降至 12.5%。半生期是空間容積(V)與換氣量的函數。

假設式(2-21)中之 $t_2 - t_1 = t_{1/2}$，則

$$\frac{C_2}{C_1} = \exp[-\frac{Q}{V}t_{1/2}]$$　　　　　　　　(2-22)

因在經歷 $t_{1/2}$ 時間後，$C_2 = 0.5C_1$。所以

$$\frac{0.5C_1}{C_1} = \exp[-\frac{Q}{V}t_{1/2}]$$

$$t_{1/2} = -\frac{V}{Q}\ln(0.5) = 0.693\frac{V}{Q}$$

例題 2-3

　　一室內的體積為 $V(m^3)$，有害物不會沈積於室內的地面或表面且無化學反應發生，室內通風系統的進氣及排氣體積流率均為 Q (m^3/sec)，有害物的初始濃度為 $C_0(mg/m^3)$，假設室內的有害物完全混合。(1)若是室內無污染來源，試問室內有害物濃度 $C(mg/m^3)$ 與時間 $t(sec)$ 的關係為何？(2)若欲使室內有害物的濃度降為原來的 13.53 %，試問需要經過多少時間？(3)若室內有一污染源存在，其排放率為 $S(mg/sec)$，試寫出描述有害物濃度 C 的微分方程式並求解？(4)又在穩定狀態下，C 等於多少？

解

(1) 室內有害物濃度(C)與經過時間(t)之關係：

$$\frac{C}{C_0} = \exp[-\frac{Qt}{V}]$$

(2) 若欲使室內有害物的濃度降為原來的 13.53%，即

$$C = C_0 \times 13.53\%，\quad t = -\frac{V}{Q}\ln(\frac{13.53\% \times C_0}{C_0}) = \frac{2V}{Q} \text{ sec}$$

(3) 若室內一污染源之排放率為 $S(mg/sec)$：

$$V\frac{dC}{dt} = S - QC \Rightarrow VdC = (S - QC)dt$$

所以 $\dfrac{dC}{S-QC} = \dfrac{dt}{V}$ 積分之得 $\ln[\dfrac{S-QC}{S-QC_0}] = -\dfrac{Qt}{V}$

解之得 $C = \dfrac{1}{Q}\left\{ S - (S - QC_0)\exp[-\dfrac{Qt}{V}] \right\}$

(4) 達到穩定狀態時，$\dfrac{dC}{dt} = 0$

$$V\frac{dC}{dt} = S - QC = 0 \Rightarrow C = \frac{S}{Q}(mg/m^3)$$

例題 2-4

設有一甲苯儲存槽於歲修勞工欲進入歲修前，經測定結果發現甲苯濃度為 2,000ppm，該儲存槽容積為 20m³，隨即實施換氣，換氣裝置換氣能力為 20m³/min，若該儲存槽內部已無液態之甲苯及其他揮發性物質且均勻換氣，試問多久槽內甲苯濃度可降至 1,000ppm？

解

由(2-21)式知

$$\frac{C}{C_0} = \exp[-\frac{Q}{V}(t-t_0)] \quad , \quad \ln\frac{C}{C_0} = -\frac{Q}{V}(t-t_0) = -\frac{Q}{V}\Delta t$$

$$\Delta t = -\frac{V}{Q}\ln\frac{C}{C_0} = -\frac{20}{20}\ln(\frac{1,000}{2,000}) = 0.69\min \quad 或 \quad 41.6\sec$$

例題 2-5

某實驗室有溶劑 A 傾倒逸出，濃度達 18,000ppm，其 TLV-C 為 10ppm：

(1) 請問需要置換多少次(Room Air Changes)才能將濃度降至 TLV-C。

(2) 若排氣量為 500cfm，房間大小為 10ft × 2ft × 8ft，且假設是完全混合，請問需要多少時間才能由 18,000ppm 降至 10ppm。

解

由(2.21)式，設單位時間為每小時，即 $t_2 - t_1 = 1hr$

(1) $Q = -\frac{V}{(t_2-t_1)}\ln(\frac{C_2}{C_1}) \Rightarrow \frac{Q}{V} = -\frac{1}{(t_2-t_1)}\ln(\frac{C_2}{C_1}) = -\ln(\frac{10}{18,000}) = 7.5ACH$

即換氣量為每小時 7.5 次

(2) $Q = 500ft^3/min$，$V = 160ft^3$，$C_1 = 10ppm$，$C_2 = 18,000ppm$，代入(2-21)式

$$t_2 = -\frac{V}{Q}\ln(\frac{C_2}{C_1}) = -\frac{160}{500}\ln(\frac{10}{18.000}) = 2.4\min$$

由以上分析可知，整體換氣裝置較適合於使用在有害物毒性小之氣體或蒸氣產生場所(尤其適用於有機溶劑作業場所)，但要能成功應用，尚需對其產生率或產生量有一正確估計。以下我們將就整體換氣裝置使用於不同類型有害物之排除上，其所需最低換氣量之估算詳細加以討論：

一、稀釋有害物之換氣量

對於作業場所內有害勞工健康之氣體或蒸氣，可引進新鮮空氣予以稀釋，使其濃度降至容許濃度以下。其所需換氣量的大小可計算如下：

$$Q = \frac{1,000 \times W}{60 \times C_{mg/m^3}} = \frac{24.45 \times 1,000 \times W}{60 \times C_{ppm} \times M} (m^3 / min) \tag{2-23}$$

其中 W = 有害物(如有機溶劑)的消費量(g/hr)

C_{mg/m^3}、C_{ppm} = 有害物之容許濃度

M = 有害物之分子量

◎例題 2-6

某工廠每天運轉 8 小時，每日使用 4 桶甲苯，每桶 3 公斤，若以整體換氣方式稀釋以減少其危害，則需多少 m^3/min 之空氣稀釋之，才能使甲苯濃度低於 100ppm？

解

每小時甲苯消耗量 $(W) = \frac{4 \times 3}{8} = 1.5 kg / hr = 1,500 g / hr$

甲苯分子量 M = 92、容許濃度 PEL-TWA = 100ppm

代入公式(2.23)得

$Q = \frac{24.45 \times 1,000 \times 1,500}{60 \times 100 \times 92} = 66.4 m^3 / min$

二、熱調節所需換氣量

在高溫作業場所，亦可以引進室外較低溫之空氣來降低其溫度，此換氣量可以下式計算之：

$$Q = \frac{H}{0.3 \times (t_i - t_o)} (m^3 / hr) \tag{2-24}$$

其中 H = 每小時熱源產生量，kcal/hr

t_i = 欲保持之室內溫度，℃

t_o = 室外溫度，℃

◎例題 2-7

若室內熱源發熱速率為 1,000kcal/hr，此時溫度為 30℃，若要將之降至 25℃，則需多少新鮮空氣來冷卻？(設室外新鮮空氣溫度為 20℃)

解

H = 1,000Kcal/hr、t_i = 25℃、t_o = 20℃

代入公式(2-24)得

換氣量 $Q = \dfrac{H}{0.3 \times (t_i - t_o)} = \dfrac{1,000}{0.3 \times (25 - 20)} = 666.7 m^3 / hr = 11.1 m^3 / min$

三、保持室內空氣品質所需之換氣量

二氧化碳的濃度可以作為室內空氣品質的指標，根據 ASHRAE(美國冷凍空調學會)的建議，室內二氧化碳濃度達 700ppm 時，會感覺空氣污濁與引起不舒適感；1,000ppm 以上，則會令人感到睏頓疲倦；若身處 5,000ppm 高濃度的二氧化碳環境下連續超過 8 小時，更將嚴重危害個人生命安全。

當室內二氧化碳之來源主要是由人員呼氣所產生時(圖 2-9)，則其濃度隨時間之變化關係可以以下列公式估算之：

$$C = (G/nV) [1 - (1/e^{nt})] + (C_0 + C_i) (1/e^{nt}) + C_i \tag{2-25}$$

其中 C = 室內二氧化碳濃度(m^3/m^3)

　　　 G = 二氧化碳的產生率(m^3/h)

　　　 V = 室內空間容積(m^3)

　　　 n = 換氣次數(h^{-1})

　　　 t = 時間(小時, h)

　　　 C_i = 進氣口二氧化碳之濃度(m^3/m^3)

　　　 C_0 = 起始時(即 t = 0)，室內二氧化碳之濃度(m^3/m^3)

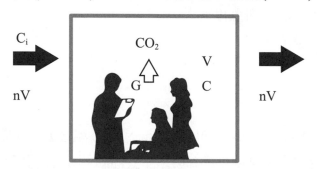

圖 2-9　在室內僅有二氧化碳產生的情況下，通風過程的二氧化碳濃度之變化

　　二氧化碳濃度為室內空氣品質良窳的指標。表 2-1 為各種不同活動類型時，每人二氧化碳之呼出量。當作業空間內只有二氧化碳的排放源時(如作業人員的呼氣)，欲將其濃度降至容許濃度以下，所需換氣量可以(2-25)估算之。

表 2-1　各種不同活動類型時，每人二氧化碳之呼出量

活動類型	每人之呼吸量(m^3/h)	每人二氧化碳之呼出量(m^3/h)
睡覺	0.3	0.013
休息或輕工作	0.5	0.02
中度工作	2~3	0.08~0.13
重工作	7~8	0.33~0.38

　　若每人二氧化碳之呼出量已知，欲將室內二氧化碳的濃度降低至容許濃度以下，根據式(2-18)，可得其所需之換氣量為：

$$Q = \frac{G}{C - C_0} \, (m^3 / min) \tag{2-26}$$

其中 G = 每分鐘二氧化碳的排放量，m^3/min

C = 二氧化碳的容許濃度，ppm

C_0 = 新鮮空氣中二氧化碳的濃度，ppm

◎例題 2-8

　　室內 20 人，其二氧化碳排放量共 $0.6m^3/hr$，若二氧化碳的日時量平均容許濃度為 5,000ppm，新鮮空氣中二氧化碳濃度 300ppm，則需多少新鮮空氣才能符合法令規定？

解

二氧化碳之排放量(G) = $0.6m^3/hr$ = $0.01m^3/min$

二氧化碳之容許濃度(C) = 5,000ppm

新鮮空氣中二氧化碳之濃度(C_0) = 300ppm

代入(2.26)式，得換氣量

$$Q = \frac{G \times 10^6}{C - C_0} = \frac{0.01 \times 10^6}{5,000 - 300} = \frac{10^4}{4,700} = 2.13m^3/min$$

四、預防火災與爆炸所需之換氣量

　　有機溶劑或易燃液體蒸發後所產生之蒸氣會與空氣混合，形成可燃性氣體混合物，當其濃度達到某一範圍時，若遇點火源便會迅速引起火災、爆炸。此一濃度範圍稱為該可燃性混合氣體的爆炸(或燃燒)界限，爆炸範圍的下限稱為爆炸下限(lower explosive limit, LEL)；爆炸範圍的上限稱為爆炸上限(upper explosive limit, UEL)。為了預防作業場所火災或爆炸，可利用通風的方式，將可燃性氣體的濃度稀釋至其爆炸下限以下。

　　依職業安全衛生設施規則第 177 條之規定，對於作業場所有易燃液體之蒸氣、可燃性氣體或爆燃性粉塵以外之可燃性粉塵滯留，而有爆炸、火災之虞者，應依危險特性採取通風、換氣、除塵等措施外，蒸氣或氣體之濃度達爆炸下限值之百分之三十以上時，應即刻使勞工退避至安全場所，並停止使用煙火及其他為點火源之虞之機具，並應加強通風。因此，為符合法令之規定，工作場所中可燃性氣體之濃度應維持在其爆炸下限的 30% 以下。故，其換氣量之計算如下：

$$Q = \frac{24.45 \times 1,000 \times W}{60 \times (30\% \times LEL \times 10^6) \times M} \, m^3 / min \qquad (2\text{-}27)$$

　　其中 M = 可燃性氣體之分子量(g/mole)

　　　　LEL = 可燃性氣體之爆炸下限(%)

例題 2-9

　　某有機溶劑作業場所，每小時使用 1.2 公斤的丁酮，試問要多少換氣量，才能使丁酮蒸氣濃度低於其 LEL 以下？(假設丁酮之 LEL = 1.81%，安全係數 K = 6)

解

丁酮之消費量(W) = 1.2 × 1,000 = 1,200g/hr

丁酮之分子量(M) = 72

丁酮之爆炸下限(LEL) = 1.81%

安全係數(K) = 6，得

$$Q = \frac{24.45 \times 10^3 \times 1,200 \times 6}{60 \times (1.81 \times 10^4) \times 72} = 2.25 m^3 / min$$

例題 2-10

　　某工廠每天作業 8 小時，使用 2 桶(每桶 4kg)之二甲苯，設二甲苯之爆炸下限(LEL)為 0.3%，如果想將作業空間之二甲苯濃度控制在 LEL 的 30%以下，其換氣量應是多少？

解

$$\because W = 2 \times 4 \times \frac{1,000}{8} = 1,000\text{g/hr} \quad 且 \quad M = 107$$

$$\therefore Q = \frac{24.45 \times 1,000 \times 1,000}{60 \times (30\% \times 0.3\% \times 10^6) \times 107} = 4.23\text{m}^3/\text{min}$$

　　當然，如果大氣環境條件不是 25℃、一大氣壓(760mmHg)的正常大氣環境條件(NTP)時則需校正，即公式(2-27)中的 24.45 應修正為該環境條件時一莫耳氣體的體積(公升)數。

例題 2-11

　　某一食用油提煉工廠，該作業場所為通風不良之作業場所，使用淬取之溶劑為正己烷，正己烷之分子量 86，爆炸下限為 1.18%，裝置一整體換氣裝置控制，以免引起火災及爆炸，正己烷逸散量 12kg/hr，試求安全之換氣量是多少 m³/min(環境條件 20℃、760 mmHg)？

解

一莫耳氣體於 20℃、一大氣壓時體積為：

$$24.45 \times \frac{273 + 20}{273 + 25} = 24.04 \text{ 公升}$$

$$\therefore Q = \frac{24.04 \times 1,000 \times 12,000}{60 \times (30\% \times 1.18\% \times 10^6) \times 86} = 15.78\text{m}^3/\text{min}$$

五、其他法令換氣量之規定

除前面所列之換氣量計算式外，在一些有害物危害預防法規中也對該有害作業所需之通風量具有相關規定：

(一) 鉛中毒預防規則第三十條規定，雇主於勞工在自然通風不充分之場所從事軟銲作業，整體換氣裝置的換氣能力應為平均每一從事鉛作業勞工每分鐘1.67 立方公尺以上。即其換氣量

$$Q(m^3/min) = 1.67(m^3/人 \cdot min) \times 從事軟銲人數 \tag{2-28}$$

(二) 職業安全衛生設施規則第 312 條規定雇主對於勞工工作場所，應使空氣充分流通，必要時，應依下列規定以機械通風設備換氣，其換氣標準如下：

工作場所每一勞工所佔立方公尺數	每分鐘每一勞工所需之新鮮空氣之立方公尺數
未滿 5.7	0.6 以上
5.7 以上未滿 14.2	0.4 以上
14.2 以上未滿 28.3	0.3 以上
28.3 以上	0.14 以上

另依該規則第 309 條之規定，勞工所佔空間高度超過 4m 以上之空間不計。當以鉛中毒預防規則與職業安全衛生設施規則二者計算出之結果不相同時，應取其最大者作為換氣量之設計標準。

◎ 例題 2-12

某軟銲作業場所，長 15m、寬 10m、高 5m，共有 100 位勞工，則需有多少換氣量？

解

(1) 根據職業安全衛生設施規則

每一勞工所佔空間 $15 \times 10 \times 4 \div 100 = 6(m^3/人)$

介於 5.7～14.2 之間，所以每一勞工每分鐘所需之換氣量爲 $0.4m^3$

即總換氣量 $= 0.4 \times 100 = 40m^3/min$

(2) 依據鉛中毒預防規則

總換氣量 $= 1.67 \times 100 = 167m^3/min$

因 $167m^3/min > 40m^3/min$

故所需之換氣量應爲 $167m^3/min$

(三) 依有機溶劑中毒預防規則之規定

在室內作業場所從事有機溶劑或其混存物之作業時，其所需換氣量可計算如下：

1. 若爲第一種有機溶劑，如三氯甲烷、四氯化碳、二硫化碳、三氯乙烯等：

換氣量 $= 0.3 \times$ 作業時間內一小時之有機溶劑或其混存物之消耗量

(m^3/min) (2-29)

2. 若爲第二種有機溶劑，如丙酮、乙酮、二甲苯、苯乙烯、四氯乙烯、甲苯、甲醇、丁酮等：

換氣量 $= 0.04 \times$ 作業時間內一小時之有機溶劑或其混存物之消耗量

(m^3/min) (2-30)

3. 若爲第三種有機溶劑，如汽油、石油醚、松節油等：

換氣量 $= 0.01 \times$ 作業時間內一小時之有機溶劑或其混存物之消耗量

(m^3/min) (2-31)

例題 2-13

某有機溶劑作業場所，每小時使用 2.4kg 的二甲苯，1.2kg 的丁酮，該作業場所使用整換氣裝置須多少換氣量才符合法令規定？

解

二甲苯、丙酮皆為第二種有機溶劑

$Q_I = 0.04 \times 2,400 = 96m^3/min$

$Q_{II} = 0.04 \times 1,200 = 48m^3/min$

∵二甲苯及丙酮皆為有機溶劑，其對人體的危害具相加效應，故所需換氣量

$Q = Q_I + Q_{II} = 96 + 48 = 144m^3/min$

例題 2-14

某彩色印刷廠使用正己烷作業場所，在一大氣壓、溫度 25℃下，正己烷每日八小時消費量為 30 公斤，已知該作業場所大小長、寬、高分別為 15 公尺、6 公尺、4 公尺，作業人數 30 人。依職業安全衛生設施規則規定勞工每人所佔氣積為 5.7～14.2 立方公尺時，為避免 CO_2 超過容許濃度必要供應之新鮮空氣量為每人每分鐘 0.4 立方公尺以上；又正己烷分子量為 86，爆炸範圍為 1.1%～7.5%，八小時日時量平均容許濃度為 50ppm，試求：

(1) 為避免火災爆炸所需之換氣量為何？

(2) 為預防勞工引起中毒危害所需之換氣最為何？

(3) 為避免 CO_2 超過容許濃度必要供應之新鮮空氣量為何？

(4) 請說明該作業場所為保障勞工安全衛生，應以何值為必要補充新鮮空氣量？

解

每小時消費之正己烷量為:

$$W = \frac{30\text{kg}\times1,000\text{g}/\text{kg}}{8\text{hr}} = 3,750\text{g}/\text{hr}$$

(1) 為避免火災爆炸之最小通風量,根據職業安全衛生設施規則第 177 條之
規定,所需之換氣量:

$$Q_1 = \frac{24.45\times1,000\times3,750}{60\times(30\%\times1.1\%\times10^6)\times86} = 5.38\text{m}^3/\text{min}$$

(2) 為預防勞工引起中毒危害之最小換氣量,依有機溶劑中毒預防規則之規
定,因正己烷屬第二種有機溶劑,故
每分鐘換氣量
= 作業時間內一小時之有機溶劑或其混存物之消費量 × 0.04,
故換氣量(Q_2) = 3,750 × 0.04 = 150m³/min。

(3) 為避免 CO_2 超過容許濃度,必要之新鮮空氣量:
作業場所氣積 = 15m × 6m ×4m = 360m³;
每一勞工所佔之空間數 $= \frac{360}{30} = 12\text{m}^3/\text{人}$;

根據職業安全衛生設施規則第 312 條之規定,
每人應有 0.4m³/min 之換氣量。
故換氣量(Q_3) = 30 × 0.4 = 12m³/min。

(4) 故應以 150m³/min 為該作業場所之必要補充新鮮空氣量。

2-4 回風(Recirculation)

圖 2-10 所示為一通風換氣裝置在有回風的情況下,其室內有害物的濃度隨
時間之變化情形的物理模型。

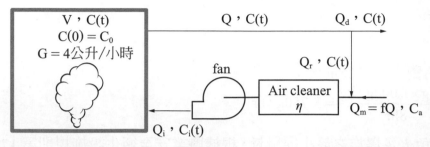

圖 2-10　在通風換氣裝置有回風的情況下，有害物的濃度變化情形模型

如 $Q_i = Q$，則

$$Q_r = Q - Q_m = Q(1-f) \text{，} f = \frac{Q_m}{Q}$$

$$V\frac{dC}{dt} = G + QC_i - QC$$

$$\eta = 1 - [\frac{QC}{QC_r + f\,QC_a}] \text{，} C_i = (1-\eta)[f\,C_a + C(1-f\,)]$$

$$V\frac{dC}{dt} = G - QC[1-(1-f)(1-\eta)] + QfC_a(1-\eta) \tag{2-32}$$

解之得：

$$\frac{C_{SS} - C(t)}{C_{SS} - C_0} = \exp\left\{-\frac{Qt}{V}[1-(1-\eta)(1-f)]\right\} \tag{2-33}$$

達到穩態(steady state)時，式(2-32)中，$\frac{dC}{dt} = 0$，假設此時濃度為 C_{ss}，則：

$$C_{SS} = \frac{G + Qf(1-\eta)C_a}{Q[1-(1-\eta)(1-f)]} \tag{2-34}$$

一般而言，引進之新鮮空氣中之有機溶劑濃度 $C_a = 0$，故：

$$C_{SS} = \frac{G}{Q[1-(1-\eta)(1-f)]} \tag{2-35}$$

例題 2-15

某密封性良好(無滲入與滲出)之廠房，空間爲 5,000 立方公尺，使用之有機溶劑法規容許暴露濃度(PEL)爲 20ppm，生產線逸散出之有機溶劑量爲 4 公升/小時，其比重爲 2.0，分子量爲 85，廠房溫度爲攝氏 25 度，假設進氣口端空氣污染控制設備之去除效率爲 90%，試問供給空氣量最少需維持在多少才能不超過法規標準？試分兩種狀況討論：

(1)空氣完全迴流與？(2)空氣完全不迴流？

解

(1) 空氣完全迴流：$\eta = 0.9$；$f = 0$；$C_{ss} = 20$ppm

$$C_{ss} = \frac{G}{Q[1-(1-\eta)]} \Rightarrow Q = \frac{G}{\eta C_{ss}}$$

$$Q = \frac{G}{\eta C_{ss}} = \frac{4(\frac{L}{hr})}{0.9 \times 20(ppm)} = \frac{4(\frac{1,000c.c}{60\min})}{18(\frac{c.c}{m^3})} = \frac{4 \times 1,000}{18 \times 60} \, m^3/\min$$

(2) 空氣完全不迴流：$\eta = 0.9$；$f = 1$；$C_{ss} = 20$ppm

$$Q = \frac{G}{C_{ss}} = \frac{4(\frac{L}{hr})}{20(ppm)} = \frac{4 \times 1,000(\frac{c.c.}{60\min})}{20(\frac{c.c.}{m^3})} = 3.3 \, m^3/\min$$

2-5 整體換氣裝置裝設上應注意之事項

整體換氣裝置在裝設上應注意下列事項：

1. 應達到必要之換氣量或應具之性能。

2. 應能控制有害物之濃度在容許濃度以下。

3. 排氣機或其導管之開口應儘量接近發生源，且勞工呼吸帶不得暴露在排氣氣流中。

4. 排氣及供氣要不受阻礙且能保持有效運轉。

5. 應依危害物產生之特性，使換氣均勻。

6. 補充空氣應視需要調溫、調濕。

7. 應避免排出之污染空氣迴流。

8. 高毒性、高污染性作業應與其他作業場所隔離。

参 考 文 獻

1. American Conference of Governmental Industrial Hygienists, Committee on Industrial Ventilation (2004), Industrial Ventilation, A manual of Recommended Practice 25th ed., ACGIH, Lansing, MI.

2. Soule, R. D., "Industrial Hygiene Engineering Controls," in Patty's Industrial Hygiene and Toxicology, 3rd ed., Vol. 1, G. D. Clayton and F. E. Clayton, eds., Wiley, New York, 1978, pp. 786-787.

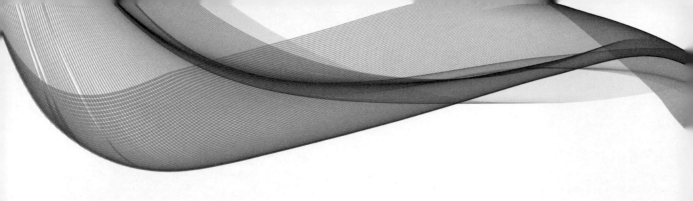

Chapter

3

局部排氣系統概論

　　所謂局部排氣係指高濃度下發生之污染空氣未被混合分散於清潔空氣前，利用吸氣氣流將污染空氣於高濃度狀態下，局部性地予以捕集排除，進而清淨後釋出於大氣者。因此局部排氣裝置是藉動力強制吸引並排出未發散之有害物(如有機溶劑、粉塵……)的設備，由氣罩(hood)、吸氣導管(suction duct)、空氣清淨裝置(air cleaner)、排氣機(fan)、排氣導管(exhaust duct)及排氣口(stack)等所構成。

　　與整體換氣裝置比較，局部排氣裝置具有如下幾項優點：

(一) 如設計得當，有害物質可於到達作業者呼吸域前被排除，作業人員可免除有害物質暴露之危險。

(二) 須排出及補充之空氣量相對的比整體換氣裝置小，且可免除處理補充空氣所需設備之費用。

(三) 排氣中所含有害物質之空氣體積相對較小，如為避免當地空氣污染，排氣要處理時，必要的花費相對的也較低。

(四) 作業場所之設備較不易受到污染、腐蝕損壞。

(五) 抽排氣速度較大，較不易受側風及導入空氣設計不良之影響。

　　因此，局部排氣系統具有以下特性：

(一) 將污染物自污染源處抽取排出。

(二) 保護效能較高。

(三) 排氣量較小。

(四) 效能較穩定。

(五) 機構較複雜。

　　當然，在使用局部排氣裝置前，應優先考慮能減少有害物發散量的方法，如改用危害較低之原料、改善或隔離製程等工程改善方法。

　　局部排氣裝置之使用時機，列舉如下：

1. 無其他更經濟有效之控制方法。

2. 環境監測結果或員工抱怨顯示空氣中存在有害物，其濃度會危害健康、有爆炸之虞或產生不舒服的問題。

3. 法規有規定需設置者。

4. 有害物發生源範圍很小、固定或有害物容易四處逸散。

5. 有害物發生源距離勞工呼吸區(breathing zone)很近。

6. 有害物發生量不穩定，會隨時間改變。

3-1 局部排氣裝置之構造

　　局部排氣裝置之構造主要包括氣罩、導管、空氣清淨裝置及排氣機等四大單元。圖 3-1 所示為構造最簡單的局部排氣裝置，即單氣罩單導管局部排氣系統，但通常在工廠中很多作業點或機台會共用一局部排氣系統，而形成類如圖 3-2 所示的多氣罩多導管系統。

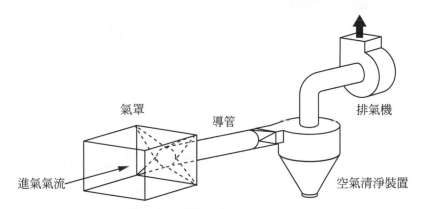

圖 3-1　典型之單氣罩單導管局部排氣系統

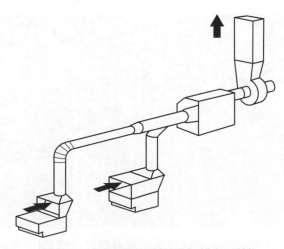

圖 3-2　多氣罩多導管局部排氣系統

(一) 氣罩(Hood)

氣罩是局部排氣裝置中,設於有害物發生源附近,限制或減少有害物質從發生源擴散,並導引空氣以最有效之方法捕捉有害物質,經由導管排出之結構。由於氣罩是空氣進入局部排氣系統的入口,局部排氣裝置是否有效,與氣罩之型式、規格設計及設置位置具有極大之關係。

(二) 導管(Duct)

為空氣從氣罩至排氣口的路徑,其結構須為不受外壓影響、內壓脹破、腐蝕之結構,管內空氣之流速亦須能使有害物質不致沈降,或輸送之含有害物質之空氣不致滯流。

(三) 空氣清淨裝置(Cleaner)

為使排出之空氣,不致污染排出口附近之大氣,確保排出空氣之品質,通常局部排氣裝置系統中裝有此裝置,一般依所輸送污染空氣中有害物質之特性及處理目的,分為除塵裝置及廢氣處理裝置。

(四) 排氣機(Blower)

產生壓力差使空氣連同有害物質從氣罩吸入、排氣口排出之設備,一般均使用離心式排氣機。

圖 3-3 為局部排氣系統在作業環境中實際裝設的情形。

圖 3-3 作業環境中局部排氣系統實際裝設情形(引用自網路)

 ## 3-2 氣罩

氣罩之設置目的有二：其一是使得吸引排除之空氣僅爲含有有害物質之空氣；其二是增加對有害物之吸引及排除能力。

3-2-1 氣罩之吸氣及排氣特性

從一導管之開口吸氣及排氣之流動型態完全不同，空氣從一開口吹出和水從一水管噴出一樣，保持其方向性，然而在吸氣方面，因受管路之影響，方向性幾乎沒有，即從各方向吸引。在離排出口 30 倍直徑處，22 度角範圍內之風速約爲導管開口面吹出平均風速之 10%；然而在吸氣方面，10%導管開口面吹出平均風速爲離導管開口一倍直徑處。而一般有害物質之處理爲避免排氣氣流經過呼吸帶，均採取吸引排除方式，因此吸入口應儘量接近發生源，才能有效吸引。

3-2-2 氣罩之型式

氣罩的型式可分爲：包圍式(enclosing)、外裝式(exterior)或稱捕捉式(capturing)、接收式(receiving)以及吹吸式(push-pull)氣罩等四大類。

一、包圍型氣罩

有害物質或具危險性物質發生源在氣罩內者。此種型式之氣罩應有足夠的吸引能力，能避免有害物質向外逸散。

包圍型氣罩可根據其包圍程度及開口面數目分成完全包圍式、單面開口式及雙面開口式。完全包圍式在平常操作時未留開口，或僅留小面積開口，操作停止或進行維修時才會打開氣罩，如手套箱型(glove hood)，這是有害物暴露量最低的形式。單面開口式，如一般實驗室之排氣櫃(laboratory hood)及崗亭式(booth)噴漆室，雙面開口式之開口如在兩端，則稱隧道式，常應用在烘烤流程。

如果製程許可，應考慮儘量將危害物發生源加以包圍，而且其包圍程度越大越好，也就是盡量減少開口面積，以降低發生源附近的氣流干擾及所需的排氣量。圖 3-4 比較了三種不同開口大小的氣罩附近之氣流型態。圖 3-5 至圖 3-9 則列舉了數種不同形式的包圍型氣罩。

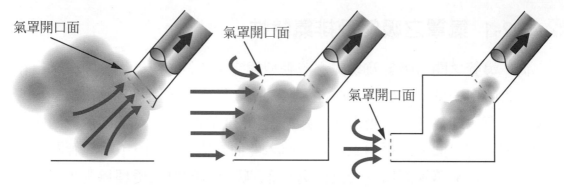

圖 3-4　不同開口面大小之氣罩附近氣流干擾及所需的排氣量比較[5]

圖 3-5　包圍型氣罩之形式一—密閉式氣罩

圖 3-6　包圍型氣罩之形式二—實驗室排氣櫃
　　　　(引用自網路)

圖 3-7　包圍型氣罩之形式三—噴漆亭
　　　　(引用自網路)

圖 3-8　包圍型氣罩之形式四—小型崗亭式氣罩(引用自網路)

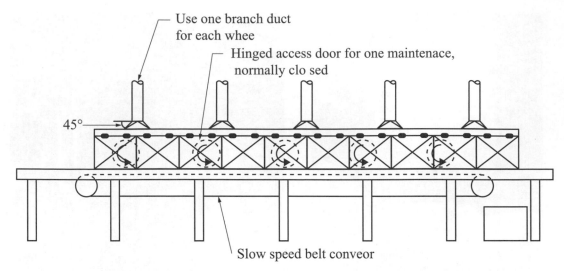

圖 3-9　包圍型氣罩之形式五─用於輸送帶之隧道式氣罩(兩側有開口)[6]

二、外裝型氣罩

　　若因為製程之限制，無法裝設包圍型氣罩時，則可使用外裝式氣罩。所謂外裝型氣罩乃是危害物發生源與氣罩分離者，即危害物發生源位於氣罩外部。根據其吸氣方向可區分為側邊吸引式(side-draft)，上方吸引式(freely suspended)及下方吸引式(down-draft)等三種，而根據氣罩開口形狀則可分成圓形、矩形、狹縫型、百葉型及格條型，其中狹縫型又稱槽溝型(slot)，指的是矩形氣罩開口展弦比(又稱高寬比；aspect ratio)小於 0.2。

　　此類型氣罩應有足夠之能力，將有害物質吸引導入氣罩，加以控制。

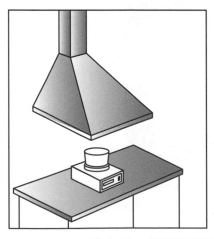

圖 3-10　外裝型氣罩之形式一─上方吸引式(引用自網路)

圖 3-11　外裝型氣罩之形式二─側方吸引式(引用自網路)

圖 3-12　外裝型氣罩之形式三─下方吸引式(引用自網路)

三、接收型氣罩

溫熱上昇氣流、離心、迴轉等慣性力等，使有害物質自行進入氣罩或導管內，加以處理、排除者。

常見之接收式氣罩有兩種，其中一種是利用有害物所具有的運動慣性，如研磨輪型氣罩(grinding wheel hood)，如圖 3-13。另一種類型係利用有害物本身具有之熱浮力，如熔爐等熱作業所用之頂蓬式氣罩(canopy)，如圖 3-14。

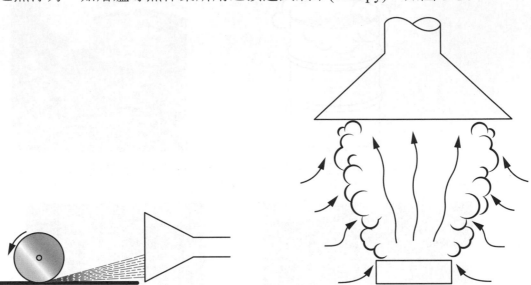

圖 3-13　研磨輪型氣罩　　　　圖 3-14　利用熱浮力之接收型氣罩

四、吹吸式(push-pull)氣罩

根據英國職業安全衛生署的定義，吹吸式氣罩是接收式氣罩的一種特殊型式。通常一端有噴流口(或噴嘴)、另一端有吸氣氣罩。在噴流口噴射出空氣，將風速很低或靜止的含有害物空氣，吹向吸氣氣罩。它適於下列情形：

1. 密閉式或上方懸吊式氣罩會阻礙接近或干擾製程時。

2. 作業員需要在會逸散有害物雲團的製程上方工作時。

3. 槽體過大，致捕捉式氣罩之狹縫，無法控制含蒸氣或霧滴之有害物雲團時。

　　當有側風或製程組件會讓噴流轉向等情形時，吹吸型換氣裝置是不合適的。吹吸式氣罩普遍使用於如酸洗、電鍍、鍍漆、脫脂、電解…等表面開放槽，如圖 3-15。此型式之氣罩可避免有害物質之氣流反彈或流經呼吸帶，影響作業人員。圖 3-16 所示為用於汽車塗裝/烤漆間的吹吸型換氣裝置。

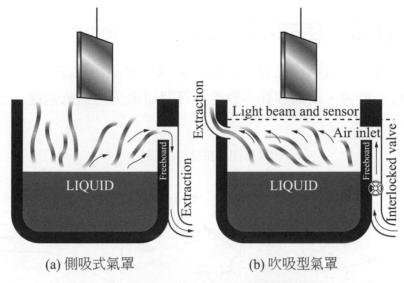

(a) 側吸式氣罩　　　　　(b) 吹吸型氣罩

圖 3-15　用於電鍍製程的兩種氣罩之比較[5]

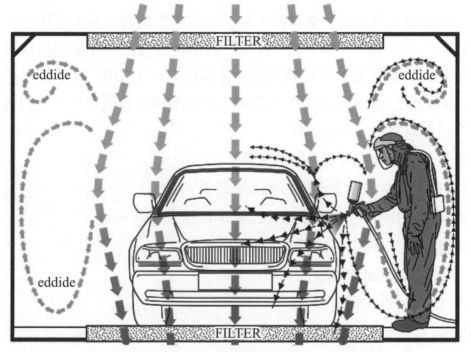

圖 3-16　用於汽車塗裝/烤漆間的吹吸型換氣裝置[5]

3-2-3 氣罩之控制風速(Control velocity)

將自發生源飛散或擴散之有害物質,從飛散界限內之某點有效導入氣罩開口面所需之最小流速,或抑制其不致從氣罩開口逸失之最低速度,如圖 3-17 所示。

氣罩對有害物的捕捉機制

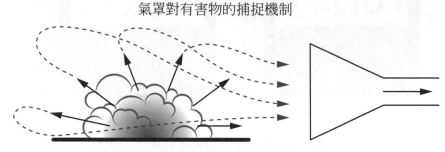

圖 3-17　外裝式氣罩之控制風速示意圖

設置局部排氣裝置之主要目的,便是要在有害物發生源所在之處,利用局部排氣裝置的抽引能力,將有害物抽除,以避免其發散至作業環境空氣中。為了要檢驗局部排氣裝置是否具備足夠之抽引能力,ACGIH 則是使用捕捉風速(capture velocity)一詞來描述之,其定義為由局部排氣裝置產生,足以捕捉有害物,並傳送至氣罩內之最小風速。

決定控制風速大小之要素一般包括:

1. 氣罩型式:愈佳之氣罩,控制風速可較低。
2. 有害物質之物理特性如分子量、比重、粒徑大小等。
3. 有害物質危害之程度,如毒性大小。
4. 發生源及捕集點周圍氣動之大小及方向。
5. 捕集點與氣罩之相關位置。
6. 有害物質在發生源之狀況,如慣性力之大小、方向以及含有害物質空氣之擴散速度大小、方向等。

表 3-1 所列為與污染物發生條件相關的控制風速值。

表 3-1　一般控制風速之範圍

污染物之發生條件	案例	控制風速(m/s)
於較靜之大氣中，實際上近於無速度狀態下發散時	自液面發生之氣體、蒸氣、燻煙等	0.25～0.5
於較靜之大氣中以較緩之速度發散時	崗亭式氣罩內之吹噴塗飾作業，間斷性容器儲裝作業，低速輸送帶，熔接作業、鍍金作業、酸洗作業	0.5～1.0
在氣體流動較高之作業環境，飛散較活躍時	於室內隅角處使用小型崗亭式氣罩從事吹噴塗飾作業、裝桶作業、輸送帶之落卸口、破碎機	1.0～2.5
在氣體流動極速之作業環境，以高初速度飛散時	研磨作業、鼓風作業、搗塞作業	2.5～10.0

 ## 3-3　導管

　　局部排氣系統使用之導管最好為圓管，其次為方形管，再其次始為矩形管，連接一氣罩之導管應輸送之風量由氣罩型式、氣罩開口大小、氣罩與發生源之距離等估算後，由導管輸送。

3-3-1　輸送風速(Transport Velocity)

　　導管或風管所輸送之含危險物或有害物之空氣，應避免其在導管內滯流，且其輸送風速之大小應能避免其在導管內沈降，因此應達最低速度，不同之輸送對象應達之輸送風速如表 3-2 所示。

　　至於空氣清淨裝置後之管段，因已無粒狀之有害物，因此其輸送風速維持在 10m/s 即可。

3-3-2　導管直徑

　　利用流率計算公式：

$$Q = V_T \times A = V_T \times \frac{\pi d^2}{4} \tag{3-1}$$

表 3-2　導管輸送對象及理想之輸送風速

污染物	例子	搬運風速(m/sec)
氣體、蒸氣、煙	各種氣體、蒸氣、煙。	任何風速均可 (以 5～10m/sec 較為經濟)
燻煙	電焊或熔煉產生之燻煙。	10～13
微細輕質粉塵	棉絮、木屑、滑石粉。	12～15
乾燥粉塵及粉未	細橡膠粉塵、電木塑粉塵、黃麻絮、棉塵、輕質切割屑、肥皂粉塵、皮革切割屑。	15～20
一般工業粉塵	研磨粉塵、乾磨光絨、毛黃麻塵、(振盪器廢渣)、咖啡豆、製鞋粉塵、花崗岩粉塵、矽粉、一般物料處理之粉塵、切磚、黏土粉塵、鑄造粉塵、石灰粉塵、石綿紡織工業包裝稱重產生之石綿粉塵。	18～20
重質粉塵	重且濕的鋸木屑、金屬切削屑、鑄造攪拌桶拋出塵、噴砂粉塵、碎木塊、豬廢料、金屬加工產生之粉塵、鉛塵。	20～23
重質潮濕粉塵	伴有小碎片之鉛塵、潮濕水泥粉塵、石綿管切割屑、黏性磨光絨、生石灰粉塵。	23 以上

　　當必要之輸送風量(Q)及輸送風速(V$_T$)決定後，圓形導管之直徑(d)，即可求得。如使用之導管非屬圓管而為方形管($\ell_1 = \ell_2$)或矩形管($\ell_1 \neq \ell_2$)時，則依下式求其等效圓管直徑(d$_e$)：

$$d_e = 1.30 \sqrt[8]{\frac{(\ell_1 \times \ell_2)^5}{(\ell_1 + \ell_2)^2}}$$　　　　　　　　　　　(3-2)

3-3-3 導管厚度

　　風管一般使用鐵板(鍍鋅鐵板)或鋼板製造，且最小厚度應依表 3-3 之要求選用，以免被太大之負壓吸扁，及未達必要之強度。

表 3-3　導管之最小厚度

導管之種類	導管直徑(cm)	最小管厚	
		鋼板厚度(mm)	鍍鋅鐵板呼號
圓形斷面導管			
直線導管	未滿 20	0.794	22
擴張導管	20～45	0.953	20
漸縮導管	45～75	1.27	18
合流導管	75 以上	1.59	16
矩形斷面導管 　直線導管 　擴張導管 　漸縮導管 　合流導管	應取相當於導管斷面之長邊爲直徑之圓形斷面導管最小管厚之值。		
肘管	較上表所示值高二級厚度，例如導管直徑未滿 20cm 者，應爲 1.27mm 以上鋼板。		

3-3-4 導管裝設上應注意事項

導管或風管裝設上應注意事項：

1. 內壁應平滑，接頭應焊接或褶接，不使其漏風，最好使用新材料構築。
2. 儘量減少使用矩形管，如不得已使用時，應儘可能接近正方形。
3. 風管如爲點熔接者，其間隔應在 60 公分以下。
4. 風管橫向接頭應折向氣流方向。
5. 風管斷面之變化應儘量平緩。
6. 歧導管與主導管間之角度應在 45 度以下，最好保持 30 度，兩風管交叉設置時宜保持 30 度至 60 度角。
7. 風管應每 3 至 4 公尺設置清潔孔。
8. 風管應有適當支撐，直徑 20 公分以下者，其間距應在 4 公尺以下，直徑超過 20 公分者爲 5 公尺。
9. 風管與天花板、牆壁或地板等之間隔，至少應保持 15 公分之間距。
10. 彎頭之曲率半徑應爲管直徑之 2 至 2.5 倍。
11. 歧導管勿相對，亦不要成 90 度角相接。

12. 管路應避免急劇的收縮或擴張，每收縮或擴大一公分直徑應有五公分之緩衝長度。

13. 管路之位置及材料須考慮不受外力損壞、腐蝕者。

14. 排氣機之入口最好為直管，必要時可加一入口箱或管路轉向板。

3-3.5 煙囪之設計原則

　　煙囪(stack)是局部排氣裝置的最後一個元件，也就是空氣污染防制法規所謂固定污染源之排放管道。其設計關鍵主要在排氣口位置、高度、排氣溫度與出口風速等。依有機溶劑中毒預防規則第 16 條規定，雇主設置之排氣煙囪等之排氣口，應直接朝向大氣開放。對未設空氣清淨裝置之室內作業場所局部排氣裝置或排氣煙囪等設備，應使排出物不致回流(re-entry)至作業場所。特定化學物質危害預防標準第 17 條及粉塵危害預防標準第 15 條也都有規定，排氣口應置於室外。排氣口與新鮮空氣引入口應有水平距離 15.24 公尺以上，且不得使所排出之廢氣回流至進氣口。

　　依據 ACGIH 的建議，設計煙囪時應注意下列事項[6]：

1. 出口風速和排氣溫度會影響煙囪有效高度。

2. 排氣口高度之大氣氣流會導致排氣下吹到煙囪尾流(wake)之中，進而降低煙囪有效高度。出口風速應至少為大氣風速的 1.5 倍，以防止排氣下吹效應。

3. 良好的出口風速為 15.24 m/s(或 3,000 fpm)，因為它可以防止高達 10.16 m/s (或 2,000 fpm)的大氣風速的排氣下吹效應。其實，較大的大氣風速會產生較明顯的稀釋效果。增加出口風速還可以增加煙囪有效高度，並允許選擇較小的離心式排氣機。如果排氣中有任何粉塵或空氣清淨裝置出現故障，它也可以提供足夠的搬運風速。

4. 高出口風速不能完全替代煙囪高度。例如，位於屋頂高度的煙囪需要超過 40.64 m/s(或 8,000 fpm)的出口風速才能衝出大氣邊界層。

5. 雨滴的最終沉降速度約為 10.16 m/s(或 2,000 fpm)。因此，高於 13.20 m/s(或 2,600 fpm)的出口風速應可防止雨水進入煙囪。

6. 儘可能將煙囪設在建築物的最高屋頂上。如果不可能，則需要更高的煙囪以避開高架棚、閣樓或其他障礙物之尾流。

7. 應避免使用建築屏風。因為屏風會成為障礙物，煙囪必須蓋更高以避免屏風的尾流效應。

8. 最佳的煙囪形狀是直圓柱體。如果需要排水，則最好使用垂直煙囪頭。此外，排氣機應設有排水孔，而且導管應朝排氣機稍微傾斜，以防積水。

9. 請勿使用遮雨罩。因為遮雨罩會將氣流引向屋頂，增加了回流的可能性，並使在屋頂工作的維修人員暴露於潛在的危害中。

10. 將排氣口與進氣口分開，可以透過增加稀釋來降低回流效應。

11. 在某些情況下，可以將數個小型排氣系統放在單個套管中以提供內部稀釋，從而減少回流。

12. 整合垂直排放、煙囪高度、遠離進氣口、適當的空氣清淨裝置及內部稀釋，可有效減少回流的後果。

　　整體而言，煙囪的設置如能掌握幾個特徵尺寸值，亦即所謂的 10-50-3,000 法則：煙囪的高度應該比相連的屋頂分界線至少高 10 ft(3.05 m)，且煙囪離新鮮空氣入口處之水平距離至少需 50 ft(15.24 m)，排氣口風速應該大於 3,000 fpm (15.24m/s)，如圖 3-18 所示，應可達到預期的效果。

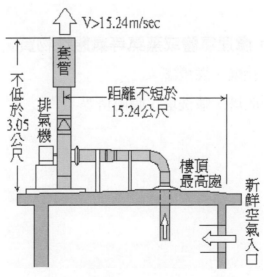

圖 3-18　煙囪設置之 10-50-3,000 法則

3-4 空氣清淨裝置

　　有害物自被氣罩捕集後，再經由導管輸送，最後自排氣口排至室外大氣中。當此有害物濃度或排放量過高，以致不符合環保相關法規或足以影響大眾身體健康時，在排放前應先經過空氣清淨裝置，待有效處理後再行排放，以符合環保法規之排放標準規定。針對不同的有害物，應選用適當的空氣清淨裝置。根據空氣中有害物或空氣污染物之型態，一般分成粒狀及氣狀，粒狀指粉塵、燻煙等，氣狀則如有毒氣體及揮發性有機蒸氣。粒狀有害物應裝設適當之除塵裝置，氣狀有害物則應設置合適之廢氣處理裝置，以達到有效清淨廢氣之目的。

(一) 除塵裝置：處理粉塵、燻煙、霧滴等粒狀物質，常用者有：

1. 重力沈降室。
2. 慣性除塵裝置。
3. 離心除塵裝置。
4. 濕式除塵裝置。
5. 過濾除塵裝置。
6. 靜電除塵裝置。

(二) 廢氣處理裝置：處理氣體或蒸氣等氣態性物質，常用者有：

1. 直接燃燒方式：焚化爐、燃燒塔。
2. 吸收吸附方式：吸收塔、噴洗塔、吸附塔等。
3. 氧化還原方式。

3-5 排氣機

3-5-1 排氣機之種類

排氣機是風扇(fan)、鼓風機(blower)、渦輪(turbine)、噴流器(ejector)、排風機(exhauster)的泛稱,是一能使空氣持續流動的設備。工業界所謂送風機一般指的是風扇及鼓風機,兩者以壓力作區隔,其中風扇之壓力通常未滿 $0.1kg/cm^2$,鼓風機之壓力則在 0.1 至 $1kg/cm^2$ 之間,至於壓縮機之壓力則是大於 $1kg/cm^2$。工業通風常用的空氣驅動裝置主要是風扇及排風機,有時也會運用噴流器在局部排氣上。

排氣機一般分成兩種基本型態:軸流式(axial)及離心式(centrifugal),如圖3-19、圖 3-20 而其材質也有多種,包括鋼、不鏽鋼、鋁、玻璃纖維與塑膠等。在選擇排氣機時,需根據各種系統需求,如壓損大小、防腐蝕(酸、鹼、有機溶劑)、抗高溫(熔爐),或防爆等,選擇適當之型態及材質。

圖 3-19　軸流式(axial)風機

圖 3-20　離心式(centrifugal)風機

軸流式排氣機的基本型式可分為 3 種:螺旋槳式(propeller)、管軸式(tube-axial)以及附導葉之軸流式(vane-axial),其氣流是由排氣機轉動軸方向流入,再沿轉動軸方向流出,即氣流流向和排風機轉動軸同方向,如一般的電風扇,而整體換氣裝置所使用的排氣機,通常也是屬於軸流式,包括設置在廠房屋頂及周邊牆壁之排氣機。

離心式排氣機的基本型式也可分為 3 種：前曲風葉型(forward curved)、後曲風葉型(backward curved，或 backward inclined)以及輻射風葉型(radial impeller)，離心式排氣機廣泛應用於局部排氣系統及具有迴流導管之整體換氣系統。

3-5-2 排氣機之選擇

選擇排氣機時，不僅要考慮排氣量及功率，也要考慮廢氣特性、操作溫度、傳動方式及安裝，其選用考慮事項如下：

1. 應具備足夠的所需排氣量。

2. 排氣機動力及功率應足以克服全系統所必要靜壓或全壓。

3. 廢氣之性質與污染程度：

   (1) 含少量粉塵或燻煙時，可選用後曲風葉離心式或軸流式排氣機；若有輕度粉塵、燻煙或濕氣時，可選用後曲風葉或輻射風葉型排氣機；若粉塵濃度高時則選用輻射風葉型排氣機。

   (2) 含可燃性氣體時，應使用防止火花產生之結構，如果此廢氣會流經馬達，則應使用防爆型馬達。

   (3) 含腐蝕性物質時，應使用防蝕塗層或特殊結構材料如不銹鋼、玻璃纖維等。

   (4) 高溫氣流：溫度會影響材料強度，因此需選擇耐高溫之材質。

4. 依所需功能選用適當尺寸的排氣機，並且考慮吸入口尺寸、設置位置、排氣機重量，及是否易於維護保養。

5. 直結傳動式(direct drive)或皮帶傳動式(belt drive)驅動裝置之選擇：直結傳動式具有較緊密的組合，可確保排氣機轉速固定；皮帶傳動式能選擇驅動比率，具有改變排氣機轉速之彈性，在製程、氣罩設計、設備位置或換氣裝置有所變動時，能供動力及壓力條件的改變。

6. 噪音音量的容許程度：排氣機噪音係由排氣機框內擾流而產生，隨排氣機種類、風量、壓力及排氣機效率而異，大部分排氣機所產生的噪音為各種頻率混合的白噪音(white noise)，除了白噪音外，輻射風葉型排氣機也會產生具有風葉經過頻率(blade passage frequency, BPF)的純噪音。

7. 吸入口、排出口、軸(shaft)、驅動位置及清潔孔等裝置之安全性。

8. 排水裝置、清潔孔、接合外框(split housing)及軸封等與維護保養有關之重要附屬裝置。

9. 風量控制，在排氣機入口及出口位置裝設調節風門(baffle)。

10. 其他如排氣機回轉數、機械效率、傳動效率及所需之能量等。

3-6 局部排氣裝置裝設上應注意事項

1. 氣罩應設置於每一有害物發生源或接近發生源，如此可避免排出大量之空氣必須之花費。

2. 必須具有足夠之控制風速。

3. 不要使含有害物之空氣流動時經過作業人員呼吸帶。

4. 須有供給同樣排氣量之補充空氣裝置。

5. 排氣位置須遠離進氣口。

6. 儘量減少並消除氣動對局部排氣裝置空氣流線之影響，有效控制含有害物之污染空氣流入氣罩。

7. 氣罩應儘量包圍發生源及製程，即儘可能使用包圍型氣罩。

8. 應視作業方法、擴散狀況，選擇適當之氣罩型式及大小。

9. 氣罩形狀及大小須能控制有害物質可能擴散之面積。

10. 導管應易清潔、保養及測定。

11. 作業期間須保持有效運轉。

12. 儘可能減少有害物質於發生源附近流動，如此可減少必須排出之空氣量，節省動力及裝置費用。

13. 應使用氣罩導引或包圍有害物質，不可直接使用導管。

14. 必要時氣罩可加裝凸緣(flange)。

15. 氣罩大小須大於需要，以避免有害物質流散之危險。

16. 風管內之輸送風速至少應在 7m/s 以上，而以 10m/s 以上較適當。

17. 導管長度宜儘量縮短，肘管數應儘量減少，並於適當位置開啟易於清掃及測定之清潔口及測定孔。

18. 局部排氣裝置之排氣機，應置於空氣清淨裝置後之位置。

19. 排氣口應設於室外。

1. The maintenance, examination and testing of local exhaust ventilation HSG54 HSE Books 1990 ISBN 0 11 885438 0.

2. An introduction to local exhaust ventilation HSG37 HSE Books 1993 ISBN 0 7176 1001 2.

3. Assessment and control of wood dust: Use of the dust lamp WIS12 HSE Books 1991.

4. Safe collection of wood waste: Prevention of fire and explosion WIS32 HSE Books 1997.

5. "Controlling airborne contaminants at work: A guide to local exhaust ventilation(LEV)". Health and Safety Guidance(HSG 258), Third edition, Published issued by the Health and Safety Executive(HSE), UK (in English), 2017.

6. American Conference of Governmental Industrial Hygienists, Committee on Industrial Ventilation(2004), Industrial Ventilation, A manual of Recommended Practice 25th ed., ACGIH, Lansing, MI.

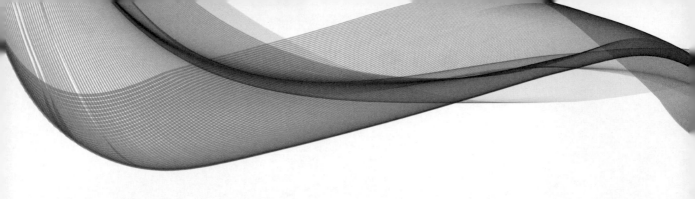

The maintenance, examination and testing of local exhaust ventilation LEOS

HSE Books : ISO 14845 0 11 6X5015 0

An introduction to local exhaust ven Titan K74P HSE Books 1990

Chapter

4

氣罩設計

4-1 氣罩的型式

所謂氣罩,就是包圍污染物發生源的構造,或者是緊接污染物發生源的開口面,目的在捕集污染物並產生吸氣氣流引導污染物進入吸氣導管內。氣罩的設計對局部排氣裝置有決定性的影響。常見的形式有:

1. 包圍型氣罩。
2. 外裝型氣罩。
3. 接收型氣罩。
4. 吹吸型氣罩。

其選用以配合作業實際情形,採用性能佳,不影響作業人員工作者。

一、包圍型氣罩

氣罩將污染有害物包圍在氣罩內,氣罩應有足夠的吸引能力,避免污染有害物向氣罩外逸出。例如實驗室排氣櫃就是一種包圍型氣罩,如圖 4-1。

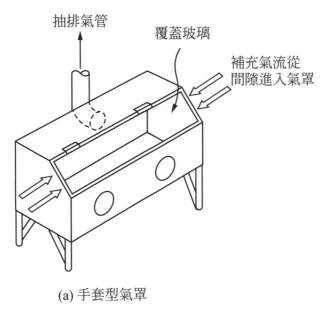

(a) 手套型氣罩

(b) 覆蓋型氣罩

圖 4-1　包圍型氣罩

二、外裝型氣罩

氣罩設置於污染有害物發生源之上方、側方、下方吸引污染有害物、下方吸引污染有害物，氣罩應有足夠之吸引能力，將污染有害物導入氣罩內，如圖 4-2。

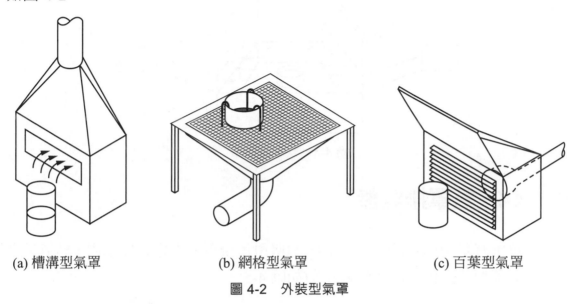

(a) 槽溝型氣罩   (b) 網格型氣罩   (c) 百葉型氣罩

圖 4-2　外裝型氣罩

三、接受型氣罩

氣罩之設置於污染有害物飛散方向，一方面藉著污染有害物飛散力，一方面由氣罩吸引污染有害物將污染有害物予以捕集，如圖 4-3。例如家庭廚房排油煙機氣罩便屬之。

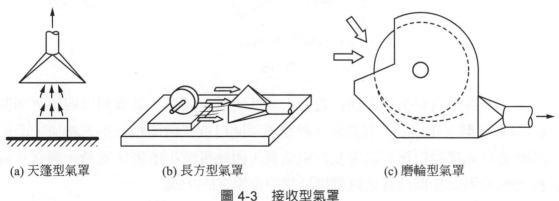

(a) 天篷型氣罩   (b) 長方型氣罩   (c) 磨輪型氣罩

圖 4-3　接收型氣罩

四、吹吸型氣罩

其氣罩之設置分為吹出氣罩吹出氣流將污染有害物吸入氣罩，而吸入氣罩將吹出氣流及污染有害物吸入氣罩內，如圖 4-4。

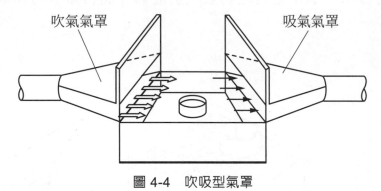

吹氣氣罩　　　　　　　　　　　　　吸氣氣罩

圖 4-4　吹吸型氣罩

 ## 4-2　氣罩排氣量

氣罩應有足夠排氣量(Q,m³/min)，以吸引污染有害物進入氣罩內，排氣量之計算依氣罩型式選用適當之計算公式(如圖 4-5)。

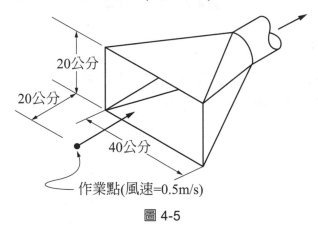

20公分

20公分

40公分

作業點(風速=0.5m/s)

圖 4-5

另外，為提高有害物之捕捉效率，減低所需排氣量，氣罩開口四周可加裝凸緣(或稱法蘭；flange)，其寬度一般是氣罩開口或狹縫面積之平方根值。凸緣可阻隔來自氣罩開口後方之未受污染空氣，因此可減少所需排氣量，通常可減少約 25%，因此加裝凸緣之氣罩排氣量約為原來的 75%。

一、包圍型氣罩

$$Q = 60AV \tag{4-1}$$

式中 A：氣罩開口面積，m^2

V：氣罩開口面平均風速，m/s

二、外裝型氣罩

(1) 側方吸引、開口無凸緣之自由懸吊圓形或長方形開口氣罩

$$Q = 60V_c(10x^2 + A) \tag{4-2}$$

式中 V_c：控制風速，m/s

x：控制距離，m

(2) 側方吸引、開口設凸緣之自由懸吊圓形或長方形開口氣罩

$$Q = 60 \cdot 0.75 \cdot V_c(10x^2 + A) \tag{4-3}$$

(3) 側方吸引、開口設凸緣，放置於工作台上之圓形或長方形開口氣罩

$$Q = 60 \cdot 0.5 \cdot V_c(10x^2 + A) \tag{4-4}$$

(4) 側方吸引、開口無凸緣，放置於工作台上之圓形或長方形開口氣罩

$$Q = 60 \cdot V_c(5x^2 + A) \tag{4-5}$$

各類外裝式氣罩排氣量計算公式如表 4-1。

⚙例題 4-1

　　一有機溶劑作業設置局部排氣裝置為控制設備，在工作檯面上、如使用側邊吸引式外裝型氣罩，其作業點與氣罩關係如下圖所示，試計算該氣罩應吸引之風量為何？

解

$V_c = 0.5 \text{m/s}$

$A = 0.2(\text{m}) \times 0.4(\text{m}) = 0.08 \text{m}^2$

$Q = 60V_c(5X^2 + A) = 60 \times 0.5 \times [5(0.2)^2 + 0.08] = 8.4 \text{m}^3/\text{min}$

表 4-1　各類型外裝式氣罩排氣量計算公式彙整[3]

氣罩型式	說明	外形尺寸	風量(通式)
	狹縫式	$W/L \leq 0.2$	$Q = 3.7LXV_c$
	具有凸緣之狹縫式	$W/L \leq 0.2$	$Q = 2.6LXV_c$
	簡單開口之外裝式 (平面開口)	$W/L \geq 0.2$ 及 圓形開口	$Q = V_c(10X^2 + A)$
	具有凸緣之外裝式	$W/L \geq 0.2$ 及 圓形開口	$Q = 0.75V_c(10X^2 + A)$

表 4-1 各類型外裝式氣罩排氣量計算公式彙整[3](續)

氣罩型式	說明	外形尺寸	風量(通式)
	包圍式 (崗亭型)	視工作台而定	$Q = VA = VWH$
	頂蓬式	視工作台而定	$Q = 1.4PDV$ $P =$ 槽體之周長 $D =$ 氣罩口與槽體間之高度

單位為英制

(5) 狹縫式氣罩

當側方吸引之外裝式氣罩展弦比小於等於 0.2 時，此類型氣罩稱為狹縫式氣罩 (slot)，其流場特性將不同於一般外裝式氣罩，此時排氣量以下列經驗式推估：

① 全柱面—亦即狹縫式氣罩置於自由空間時，其排氣量為：

$$Q = 60 \times 6.3 \times L_x V_c \tag{4-6}$$

② 3/4 柱面—狹縫式氣罩吸氣口置於作業檯邊或下緣具遮板之狹縫式氣罩，其排氣量為：

$$Q = 60 \times 4.7 \times L_x V_c \tag{4-7}$$

③ 1/2 柱面—狹縫式氣罩置於作業檯上或具凸緣之狹縫式氣罩，其排氣量為：

$$Q = 60 \times 3.1 \times L_x V_c \tag{4-8}$$

④ 1/4 柱面—狹縫式氣罩置於作業檯上，且具有與桌面垂直之大型凸緣時，其排氣量為：

$$Q = 60 \times 1.6 \times L_x V_c \tag{4-9}$$

　　各類型狹縫式(或漕溝型)氣罩之示意圖及排氣量計算公式如表 4-2。

(6) 上方吸引外裝型氣罩(又稱頂蓬式，Canopy)

$$Q = 60 \times 1.4PHV \tag{4-10}$$

　式中 P：槽周長，m

　　　 H：槽與氣罩距離，m

　　　 V：槽周邊與氣罩周邊形成之四個面的平均風速，m/s

　　　 L：氣罩長邊

例題 4-2

　　有一氣罩，入口尺寸為 3 英尺寬、2 英尺高，其設計流量為 10,000 cfm，若製程需要在離氣罩表面 3 英尺遠處，產生至少 200fpm 的捕捉風速，請問此設計流量能否符合需要？

解

氣罩之入口面積 A = 3(ft) × 2(ft) = 6 ft^2，V_c = 200 ft/min

所需排氣量 Q = $V_c(10x^2 + A)$ = (200)(10 × 3^2 + 6) = 19,200 ft^3/min

但設計流量只有 10,000 cfm，故不敷所需

表 4-2　不同類型狹縫式(或漕溝型)氣罩示意圖及排氣量計算公式彙整

氣罩型式	圖例	排氣量 Q(m3/min)
漕溝型(全圓柱)	 W/ L ≤ 0.2	Q = 60 × 6.3 × L · x · V

表 4-2　不同類型狹縫式(或漕溝型)氣罩示意圖及排氣量計算公式彙整(續)

氣罩型式	圖例	排氣量 Q(m3/min)
下緣具遮板之漕溝型(3/4 圓柱)	W/ L ≤ 0.2	$Q = 60 \times 4.7 \times L \cdot x \cdot V$
置於操作台上或具凸緣之漕溝型 (1/2 圓柱)	W/ L ≤ 0.2　　W/ L ≤ 0.2	$Q = 60 \times 3.1 \times L \cdot x \cdot V$
上緣具遮板之桌上漕溝型 (1/4 圓柱)	W/ L ≤ 0.2	$Q = \cdot 60 \times 1.6 \times L \cdot x \cdot V$

單位為公制

四、接收型氣罩–高溫操作氣罩

在高溫作業環境中，如操作熔爐時，因為熱效應使熱空氣具有 2m/s 之上升速度，在熱空氣上升的過程中，會和周圍冷空氣混合，使此空氣柱直徑及流量增加，且變稀薄。其排氣量之推估比一般常溫或低溫操作不同。

(一) 高吊式圓形開口氣罩

　　熱源所產生之煙流狀況如圖 4-6 所示。其中虛擬點源至熱源表面之距離 Z 值(單位：m)可以下式推估之：

$$Z = (2.6D_S)^{1.138} \tag{4-11}$$

其中 D_S 為熱源表面直徑(m)

抵達氣罩開口面時之煙柱直徑(m)：

$$D_C = 0.43X_C^{0.88} \tag{4-12}$$

其中 X_C：虛擬點源至氣罩開口面之距離(m)

　　　 Y：熱源表面至氣罩開口面之距離(m)

煙流上升至氣罩開口面處之流速 V_f (m/s)：

$$V_f = 0.084(A_S)^{1/3} \frac{(\Delta t)^{0.42}}{X_C^{0.25}} \tag{4-13}$$

其中 A_S：熱源表面積(m^2)

　　　 Δt：熱源與周界溫差(℃)

　　為有效捕集此上升煙柱，氣罩開口直徑應大於抵達氣罩開口面時之煙柱直徑，其設計值為：

$$D_f = D_C + 0.8Y \tag{4-14}$$

氣罩總排氣量可以下式估算之：

$$Q_f = V_f A_C + V_r(A_f - A_C) \ (m^3/s) \tag{4-15}$$

其中 A_C：氣罩開口面之煙柱截面積(m^2)，$\pi D_C^2 / 4$

　　　 V_r：氣罩開口面除 A_C 外之所需風速，通常為 0.5m/s

　　　 A_f：氣罩開口總面積(m^2)，$\pi D_f^2 / 4$

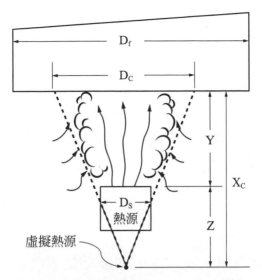

圖 4-6　用於熱源之高吊式氣罩示意圖

例題 4-3

　　給定條件：熔爐直徑 1.2m，熔爐溫度 525°C，周界溫度 25°C，氣罩與熔爐高度差 3m，求 Q_f？

解

$Z = (2.6D_S)^{1.138} = (2.6 \times 1.2)^{1.138} = 3.19m$

$X_C = Y + Z = 3 + 3.19 = 6.19m$

$D_C = 0.434X_C^{0.88} = 0.434 \times 6.19^{0.88} = 2.16m$

$A_S = \dfrac{\pi}{4}D_S^{\ 2} = \dfrac{\pi}{4} \times 1.2^2 = 1.13m^2$

$v_f = 0.085(A_S)^{0.33}\dfrac{(\Delta t)^{0.42}}{X_C^{\ 0.25}} = 0.085 \times (1.13)^{0.33} \times \dfrac{(525-25)^{0.42}}{6.19^{0.25}} = 0.763m/s$

$A_C = \dfrac{\pi}{4}D_C^{\ 2} = \dfrac{\pi}{4}(2.16)^2 = 3.65m^2$

$D_f = D_C + 0.8Y = 2.16 + 0.8 \times 3 = 4.56m$

$A_f = \dfrac{\pi}{4}D_f^{\ 2} = \dfrac{\pi}{4}(4.56)^2 = 16.31m^2$

$Q_t = v_f A_C + v_r(A_f - A_C) = 0.763 \times 3.65 + 0.5 \times (16.31 - 3.65) = 9.11m^3/s$

(二) 高吊式矩形開口氣罩

　　熱源如為矩形，則氣罩開口也應選擇矩形，此時上升煙流亦假設以此矩形型式往上擴散，因此需分別計算矩形兩邊長所衍生之虛擬點源位置，即計算 X_C 值。由於總排氣量與煙柱流速有關，而根據(4-10)式，此流速與 X_C 成反比，因此應選擇由兩邊長計算所得之 X_C 值中之較小者，以得到較高之流速值及排氣量，如此較能確保氣罩之捕集效率。

例題 4-4

　　給定條件：矩形熔爐長 1.2m，寬 0.75m，熔爐溫度 370°C，周界溫度 20°C，氣罩與熔爐距離 2.5m，求 Q_f？

解

$$X_{C0.75} = Y + Z_{0.75} = Y + 2.59(D_{S0.75})^{1.138} = 2.5 + 2.59 \times (0.75)^{1.138} = 4.37 \text{ m}$$

$$X_{C1.2} = 2.5 + 2.59 \times (1.2)^{1.138} = 5.69 \text{ m}$$

$$D_{C0.75} = 0.434 X_{C0.75}^{0.88} = 0.434 \times (4.37)^{0.88} = 1.59 \text{ m}$$

$$D_{C1.2} = 0.434 X_{C1.2}^{0.88} = 0.434 \times (5.69)^{0.88} = 2.00 \text{ m}$$

$$v_f = 0.085(A_S)^{0.33} \frac{(\Delta t)^{0.42}}{X_C^{0.25}} = 0.085 \times (0.75 \times 1.2)^{0.33} \times \frac{(370-20)^{0.42}}{4.37^{0.25}} = 0.652 \text{ m/s}$$

氣罩開口長度，$L = D_{C1.2} + 0.8Y = 2.00 + 0.8 \times 2.5 = 4.00 \text{ m}$

氣罩開口寬度，$W = D_{C0.75} + 0.8Y = 1.59 + 0.8 \times 2.5 = 3.59 \text{ m}$

$$A_C = D_{C1.2} \times D_{C0.75} = 2.00 \times 1.59 = 3.18 \text{ m}^2$$

$$A_f = L \times W = 4.00 \times 3.59 = 14.36 \text{ m}^2$$

$$Q_t = v_f \times A_C + v_r(A_f - A_C) = 0.652 \times 3.18 + 0.5 \times (14.36 - 3.18) = 7.66 \text{m}^3/\text{s}$$

(三) 低吊式氣罩

低吊式圓形氣罩的設計，和高吊式氣罩有些不同，若氣罩開口面與熱源距離未超過熱源直徑或 3ft(0.9 公尺)，視何值較小而取之，則此氣罩歸類為低吊式氣罩，此時上升之熱氣流在進入氣罩時，尚未明顯擴散。

高低吊式氣罩嚴格的劃分並不需要，最重要的是低氣罩距離熱源很接近，以至於上升氣柱的直徑可視為與熱源的直徑相等，氣罩只要稍為加大一點點以允許「搖曳」和「抖動」的效應就可以了。當室內橫風並不嚴重時，氣罩各邊加長 6in 就夠了。也就是說氣罩面的直徑必須大於熱源直徑 1ft，長方形氣罩則長與寬都要比熱源多 1ft，如果室內橫風很嚴重或排出物具有毒性時，必須用較大的安全係數，也就是說加大氣罩的直徑 1ft 或更多，或使用密閉室。

雖然氣罩通常比熱源還要大，把它們視為相等也不會有多大的誤差。總風量可由下式算得，此式來自 Hemeon 方程式再加上 15%的安全係數。

1. 圓形開口低吊式氣罩之總排氣量：

$$Q_t = 0.045(D_f)^{7/3}(\Delta t)^{5/12}(m^3/s) \qquad (4\text{-}16)$$

其中 D_f = 氣罩的直徑，m

Δt = 熱源和周圍空氣的溫度差，℃

$$或\ Q_t = 4.7(D_f)^{7/3}(\Delta t)^{5/12}(ft^3/min) \qquad (4\text{-}17)$$

其中 D_f = 氣罩的直徑，ft

Δt = 熱源和周圍空氣的溫度差，℉

⚙例題 4-5

已知當銅在直徑 20in 的熔爐中熔為渣並流動時，吾人欲用低吊式氣罩來收集煙塵，金屬的操作溫度不超過 2,350℉氣罩放置在金屬表面 24in 的高度，周圍空氣的溫度是 80℉。求氣罩的大小和排氣量。

解

熱源和周圍空氣的溫度差 $\Delta t = 2{,}350 - 80 = 2{,}270\,^\circ F$

氣罩的直徑應比熱源的直徑大 1ft，$D_f = 1.67 + 1.0 = 2.67$ft

總風量由(4-14)可得，$Q_t = 1{,}150$ cfm

2. 矩形開口低吊式氣罩之總排氣量：

$$Q_t = 0.06L(w)^{4/3}(\Delta t)^{5/12}(m^3/s) \qquad (4\text{-}18)$$

其中 L：氣罩長度(m)

w：氣罩寬度(m)

或 $Q_t = 6.2L(w)^{4/3}(\Delta t)^{5/12}(ft^3/min)$ $\qquad (4\text{-}19)$

其中 L：矩形氣罩的長度(比熱源大 1 或 2 ft)，ft

w：矩形氣罩的寬度(比熱源大 1 或 2 ft)，ft

◎例題 4-6

已知一架鋅塊鑄模機有一個寬 2ft、長 3ft 的熔鋅槽，槽上方 30in 處有一個低吊式氣罩，金屬溫度為 820$^\circ F$，周圍空氣溫度為 90$^\circ F$。求氣罩的大小和排氣風量。

解

若氣罩的長和寬都比熱源大 1ft

則氣罩大小為 3ft 寬，4ft 寬，熱源和周圍空氣的溫度差。

$\Delta t = 820 - 90 = 730\,^\circ F$

總風量由(4-16)可得，$Q_t = 1{,}720$cfm

(四) 吹吸式氣罩

吹吸式氣罩是靠噴嘴噴射定量氣體將污染物帶至對面的氣罩處再予以排除者。噴射氣體量可由下式決定之：

$$Q_j = 40.9A_D^{0.5} \tag{4-20}$$

其中 Q_j = 單位長度噴射氣體量，$m^3/min \cdot m$

A_D = 單位長度噴嘴開口面積，m^2/m

噴嘴開口可為 3～6 mm 之狹縫或直徑 6mm 的圓形孔口，其間隙為 2～5cm，如圖 4-7(a)。為求噴氣風量的均勻分佈，噴嘴開口面積不得超過噴氣風管斷面積的 33%。如圖 4-7(b)，系統抽氣端(pull end)的排氣量(Q_h)來自三部分，即噴嘴的噴氣量(Q_j)、所引發的氣流量(Q_e)以及處理過程污染空氣的排放量(Q_p)的總和。也就是說：

$$Q_h = Q_j + Q_e + Q_p \tag{4-21}$$

相對所需的排氣量約 $23m^3/min$ 每平方公尺槽面。

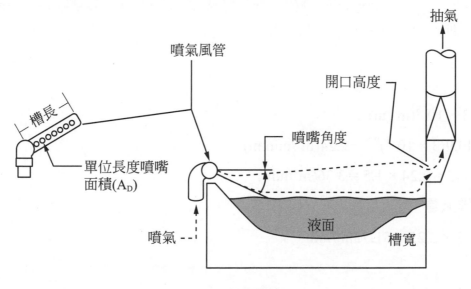

(a) 吹吸排氣設計

圖 4-7　吹吸式氣罩之設計參數

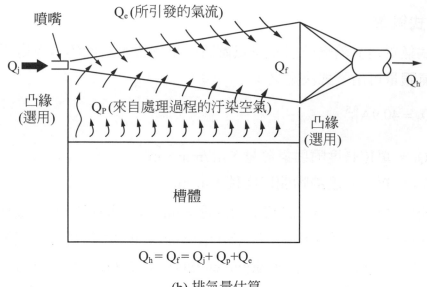

$$Q_h = Q_f = Q_j + Q_p + Q_e$$

(b) 排氣量估算

圖 4-7　吹吸式氣罩之設計參數(續)

例題 4-7

　　有一 1.5m × 1.5m 的鍍鉻槽，使用吹吸式氣罩排氣，其噴嘴為 3mm 寬的狹縫，則所需噴氣量及排氣量為多少？

解

$A_D = 3 \times 10^{-3} (m^2/m)$

$Q_j = 40.9(3 \times 10^{-3})^{0.5} = 2.24 (m^3/min.m)$

$\therefore Q_{j,\ total} = 2.24 \times 1.5 = 3.36 (m^3/min)$

則其排氣量

$Q_h = 23 \times 2.25 = 51.75 m^3/min$

4-3 氣罩之壓力損失係數

氣流被氣罩吸入氣罩內，於入口附近形成脈縮流(vena contrata)，如圖 4-8，同時靜壓轉換爲速度壓，再轉換回靜壓，前者約有 2%損失，後者損失更大，決定於氣罩之形狀，其壓力損失爲轉換爲熱能。

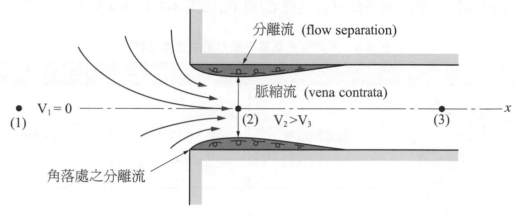

圖 4-8　脈縮流(vena contrata)

由於壓力之轉換導致速度 V(m/s)之減低，以流入係數 C_e 表示之。其定義爲：在一定靜壓下，氣罩入口實際體積流率對理想體積流率(即所有靜壓轉換爲動壓時的流率)的比值。以公式表示之如下：

$$\nu = 4.04\sqrt{P_v} = 4.04C_e\sqrt{P_{sh}} \tag{4-22}$$

式中 P_v：速度壓或動壓；mmH_2O

　　　P_{sh}：氣罩靜壓；mmH_2O

　　　C_e：流入係數，無單位

假設 h_e = 氣罩進入損失 = $F_h \cdot P_v$，因 $P_{sh} = P_v + h_e$

所以

$$C_e = \sqrt{\frac{P_v}{|P_{sh}|}} = \sqrt{\frac{P_v}{P_v + h_e}} \tag{4-23}$$

得

$$h_e = F_h P_v = \frac{1-C_e^2}{C_e^2} \times P_v \qquad\qquad (4\text{-}24)$$

式中 F_h：氣罩壓力損失係數，$F_h = \dfrac{1-C_e^2}{C_e^2}$

以氣罩形狀於工業通風書籍可查表得 C_e 與 F_h(如表 4-3 與圖 4-9)。

表 4-3　不同型式氣罩之壓力損失係數彙整

氣罩型式	描述	進口係數，C_e	進口損失
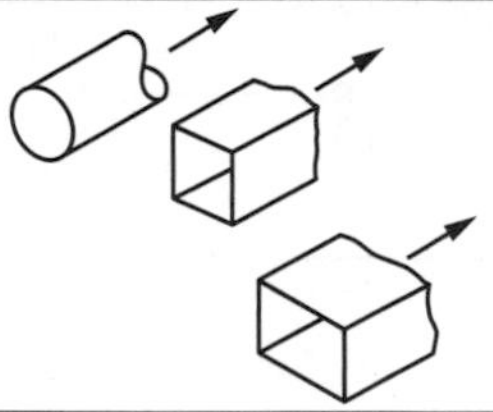	簡單開口型	0.72	0.93VP
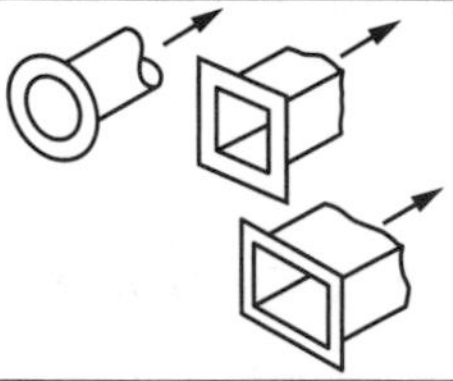	凸緣開口型	0.82	0.49VP
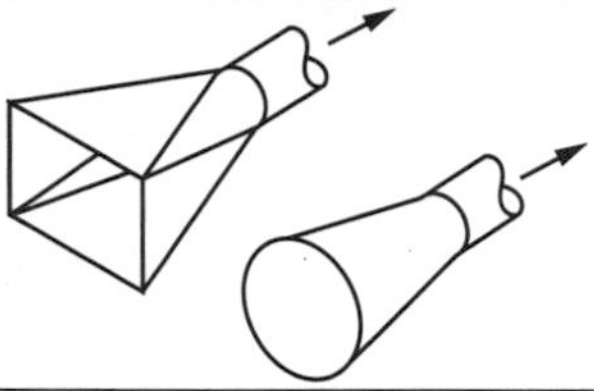	錐形開口型	各種不同角度(見續表 2.3)	
	喇叭開口型	0.98	0.04VP
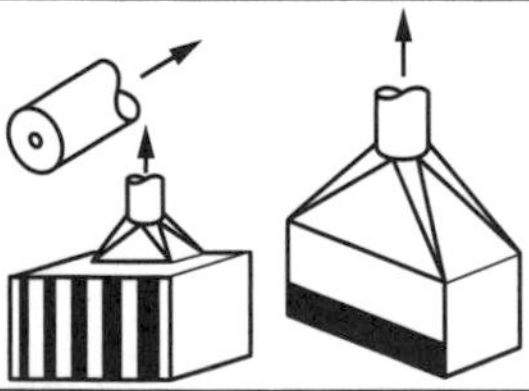	狹縫開口型	(見續表 2.3)	
	包覆開口型	直接接收	
		0.78	0.65VP
		錐形接收	
		0.85	0.40VP

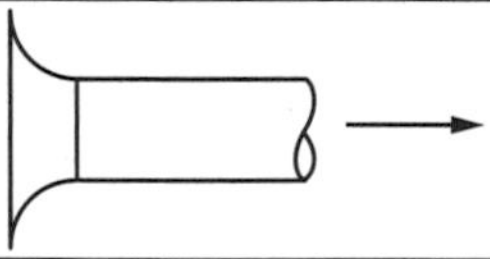

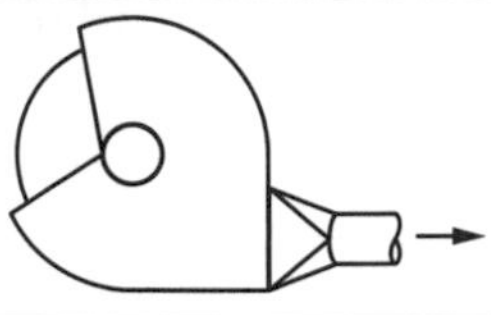

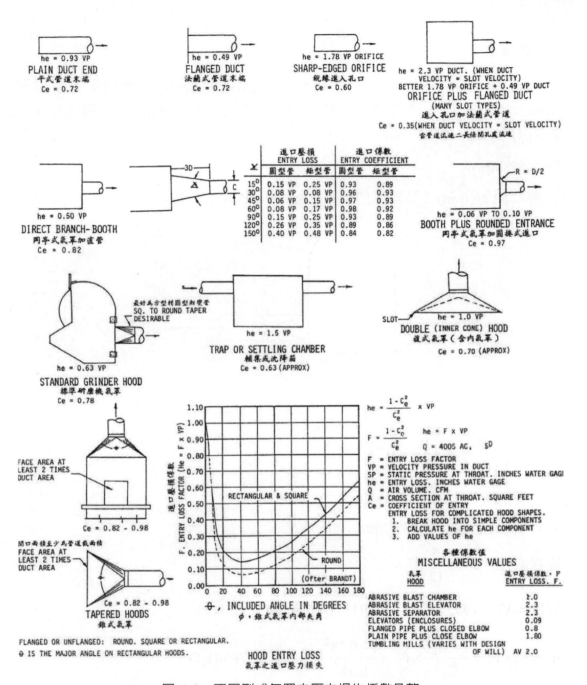

圖 4-9　不同型式氣罩之壓力損失係數彙整

例題 4-8

設在標準狀況(STP)下某研磨輪氣罩(grinding wheel hood)之氣罩靜壓(hood static pressure)為 2.50 吋水柱，進口係數(coefficient of entry)為 0.78，導管直徑為 5 吋。試求

(1) 風量(cfm)；

(2) 導管風速(fpm)及氣罩進口損失(hood entry loss, inches water)。請參考下圖。

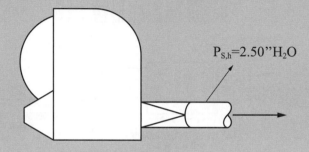

$P_{s,h} = 2.50"H_2O$

解

$$\because C_e = \sqrt{\frac{P_v}{|P_{s,h}|}} = \sqrt{\frac{P_v}{2.5}} = 0.78$$

$$\therefore P_v = 2.5 \times 0.78^2 = 1.52 \, inH_2O$$

$$V = 4005 \times \sqrt{1.52} = 4,937.7 fpm$$

$$導管直徑 = 5in = \frac{5}{12} ft$$

$$故 Q = AV = (4937.7) \times (\frac{\pi}{4} \times 0.417^2) = 674 cfm$$

$$h_e = F_h \times P_v = \frac{1 - C_e^2}{C_e^2} \times P_V = \frac{1 - 0.78^2}{0.78^2} \times 1.52 = 0.978 inH_2O$$

4-4 氣罩之控制風速

控制風速係指將飛散或擴散之有害物質等，從某點有效導入氣罩開口面所需之最小流速，或抑制其不致從氣罩開口逸失之最低速度。外裝型氣罩者係指氣罩吸引有害物之發散範圍內，距該氣罩開口面最遠距離之作業位置之風速，至於包圍型氣罩者係指氣罩開口任一點之最低風速。

作業場所空氣流動速度之大小影響有害物質是否能有效被吸引導入氣罩，因此空氣流動速度大小，影響有效控制有害物質應有之控制風速。周圍空氣流動狀況對需要達到之 V_c 之影響以及發生源本身具有初速度及不同氣流下所需之控制風速見表 4-4、表 4-5。

表 4-4　空氣流動速度對需要達到之 V_c 之影響

周圍空氣流動狀況	危害程度較低時(m/s)	危害程度較高時(m/s)
無空氣流動，易於裝置阻礙板之處	0.2～0.25	0.25～0.3
中程度之空氣流動	0.25～0.3	0.3～0.35
空氣流動較強，或不易裝置阻礙板者	0.35～0.4	0.38～0.5
強烈之空氣流動之處	0.5	
極強烈之空氣流動之處	1.0	

表 4-5　發生源本身具有初速度及不同氣流下所需之控制風速

發生狀況	控制風速(m/s)	作業實例
空氣不發生流動之作業；近於完全靜止狀態。	0.5 以下	自液面發生蒸氣、氣體、燻煙。
空氣流動較微之作業；飛散速度稍大者。	0.5～1.0	吹噴塗飾、斷續將粉末置入容器之作業、熔接作業。
空氣流動較大之作業；飛散速度較高者。	1.0～2.5	高壓吹噴塗飾、將材料投入容器時。
空氣流動極大之作業；飛散速度極高時。	2.5～10	研磨作業、岩石研磨作業。

4-5 局部排氣氣罩之設計與效率提升原則

　　基本上氣罩之設計應使排氣量為最少，可藉下列基本理念達成之：

(1) 儘可能包圍污染物產生之作業場所。

(2) 如使用外裝型氣罩或接收型者，則應儘可能使氣罩安裝於近污染源處。

(3) 儘可能減少污染物之產生或排放。

(4) 收集污染物之氣流路徑，應避免流經作業人員之呼吸範圍。

(5) 儘可能使進入氣罩之廢氣能均勻分佈。有兩個因素會影響外裝型(或捕捉型)氣罩之效能，即捕捉速度是否足夠與捕捉速度是否均勻分佈。

(6) 使氣罩的大小能符合製程及有害物雲團的大小。

(7) 儘量減少氣罩內之渦流。

(8) 在設計局部排氣氣罩之應用時，採用人體工學原理，並確認它有搭配勞工的實際作業模式。

(9) 嘗試選定的局部排氣裝置；做出原型並獲得使用者的回饋意見。

(10) 採用觀察法、取得良好控制作為之資訊，以及簡單的方法，例如發煙法或粉塵探燈，以評估暴露控制的有效性。在必要時，進行測量，例如空氣採樣。

　　局部排氣氣罩的效率和有效性，會因為入口處的氣流分離現象(Flow separation)所導致之迴流現象(recirculation eddies)及脈縮流(vena contracta)而減少(參見圖 4-10)。使入口呈流線型或安裝圓錐狀斜滑凸緣入口可使氣流平順，減少氣流分流，並減小迴流渦流尺寸以及氣流分流所造成的流線聚束(脈縮流)。

　　在較大的氣罩內部，如部分包圍型氣罩，迴流現象會從氣罩內部延伸到氣罩開口面，導致有害物逸散出來。因此，更大的氣流分流和更明顯的開口脈縮流，氣罩效率就愈低。此外，對較大的局部排氣氣罩，更大的氣流分流，這種滾動狀的渦流(rolling eddies)就愈大，這樣會減少氣罩控制的有效性。

　　減少側風(draughts)的干擾也是提升氣罩效果的方法。會降低氣罩效率的側風，有很多起因，包括：(1)來自附近其他製程產生的紊流；(2)多風的天氣的自然效應；(3)散熱風扇；(4)打開大門和窗戶；(5)行駛而過的車輛；(6)周圍附近人員的走動；(7)規劃不周的補充空氣。

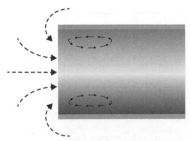

(a) 氣流分離(Flow separation)所導致之
迴流現象(recirculation eddies)

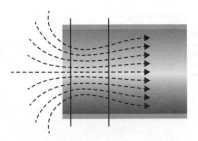

(b) 氣流分離(Flow separation)所導致之
脈縮流(vena contracta)

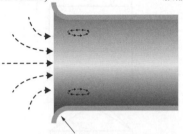

(c) 流線型的氣罩入口有助於減少氣流分離
也因而可降低所導致之迴流之渦流尺寸

圖 4-10　進入氣罩之流場型態

　　另一個提升氣罩效果的作法就是儘可能使進入氣罩之氣流能均勻分佈，為使氣流進入氣罩時能均勻分佈，可藉圖 4-11、圖 4-12 之氣罩設計達成之。圖 4-11 為包圍型氣罩之設計示例；圖 4-12 為崗亭式氣罩之設計示例。

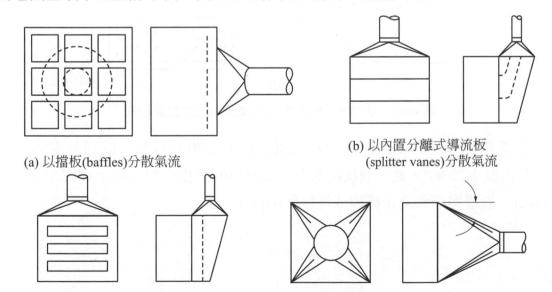

(a) 以擋板(baffles)分散氣流

(b) 以內置分離式導流板
(splitter vanes)分散氣流

(c) 以多槽溝式開口或擋板
分散氣流(distribution by slot)

(d) 氣罩與導管之銜接成
推拔狀(distribution by taper)

圖 4-11　提升包圍型氣罩效果之氣罩設計作法

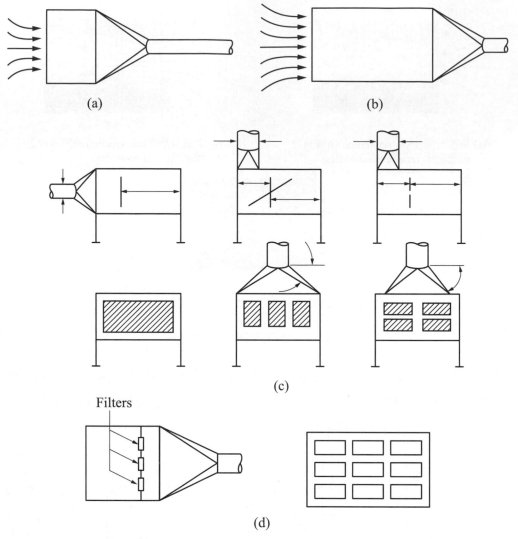

圖 4-12　使崗亭式氣罩(Booth)氣流均勻之設計示例

　　在氣罩與導管的銜接部分，在氣罩和管道之間必須有一個圓錐形的連接部，其角度小於 60°，此一連接部的形狀是氣罩的壓損來源的決定性因素。如圖 4-11(d)，氣罩與導管之銜接即成推拔狀(taper)。

4-6 氣罩結構與材料

　　如果溫度和污染物的腐蝕不太嚴重，氣罩的材料通常用鍍鋅的鋼就可以了。如果有彎頭和「連接處」，其金屬材料至少要比所連接管道的重 2 Gauges。除了較小的氣罩外，通常都需要架角鋼加以補強。

　　溫度在 480℃ 以下時，要用黑鐵。其所需厚度與溫度成正比例增加，一直到 76mm 的厚度為止。溫度高過 480℃ 甚至到 870～980℃ 時必須使用不鏽鋼，如果氣罩的溫度周期性地高過 980℃，或者是長時期的高於 870℃ 必須使用具有耐火性的金屬材料。溫度在 200 到 260℃ 之間通常用厚度 2.59mm(10 Gauge) 的金屬。

　　有許多材料能適用於有腐蝕性的情形，合板用於輕質塵埃或暫時性的設備。有時也可以在鋼上面塗一層橡皮或塑膠，就像塗油漆一樣。如果腐蝕性很嚴重的話，氣罩必須用 PVC 板，纖維玻璃或其他耐腐蝕材料等(如 Transite 材料等)。

　　雖然設計氣罩最重要的項目是大小，形狀和氣罩面的方位，及排氣風量。氣罩的深度，其與管道連接處的形狀也要考慮在內。若氣罩太淺，其效果無異是只在管道的開口加裝輪緣而已。但是如果太深則浪費了許多磨擦耗損的能量。

參 考 文 獻

1. "Controlling airborne contaminants at work: A guide to local exhaust ventilation (LEV)". Health and Safety Guidance(HSG) issued by the Health and Safety Executive (HSE), UK (in English).

2. 英國職業安全衛生署局部排氣裝置指引，行政院勞工委員會勞工安全衛生研究所，中華民國 101 年。

3. American Conference of Governmental Industrial Hygienists, Committee on Industrial Ventilation(2004), Industrial Ventilation, A manual of Recommended Practice 25th ed., ACGIH, Lansing, MI.

Chapter

5

導管設計

　　導管的主要功能就是將氣罩所收集含污染物之廢氣送至處理設備，因此對於含粉塵之廢氣，應維持一最小之搬運速度，以防止粉塵在導管內之沉積，增加壓力損失和清理、維護工作。然而，若風速太大，則會增加壓損以及對風管之磨損。風管之輸送風速(transport velocity；V_T)，依其所含污染物性質之不同，而有如表 5-1 之規定。至於空氣清淨裝置後之管段，因已無粒狀之有害物，因此其輸送風速維持在 10m/s 即可。

表 5-1　風管之搬運速度

污染物	例	設計風速
蒸氣、氣體、煙霧	所有蒸氣、氣體及煙	任何風速(經濟運作風速常為 5.1～10.2m/sec)
燻煙	鋅和氧化鋁煙霧	10.2～12.7m/sec
非常微細的輕灰塵、乾塵及粉末	棉紗、木粉、石粉	12.7～15.2m/sec
	細橡膠塵、電木塑粉塵、黃蔴絨、棉塵、刨屑(輕的)、肥皂粉塵、皮革刨屑	15.2～17.8m/sec
一般工業粉塵	鋸木屑(重而濕的)、研磨塵、磨光絨(乾的)、毛黃蔴塵(搖動器的廢渣)、咖啡豆、製鞋灰塵、花崗石塵、矽粉、一般物料處理、切磚、黏土塵、鑄造(一般的)、石灰石塵、紡織工業中石棉的打包與稱重時放出的塵粉。	17.8～20.3m/sec
重粉塵	金屬塵粉、鑄造鼓轉筒及搖動器塵、噴砂灰塵、木塊、豬廢料等處理塵粉、黃銅塵粉、鑄鐵搪孔塵、鉛塵	20.3～22.9m/sec
重或潮濕粉塵	鉛塵夾有小切塊、潮濕黏合料塵、切管機切管時之石棉或塑膠塵、磨光機(有黏性的)、生石灰塵	22.9m/sec 以上

 ## 5-1　風管之壓力損失

　　風管之壓力，可分為兩種，即靜壓和動壓。靜壓用以產生系統之初速度及克服氣流之摩擦阻力和紊流。動壓又稱為速度壓力，乃空氣運動所造成之壓力，其和風速之關係，可用下式表示之：

$$V = 4,005\sqrt{P_v} \tag{5-1}$$

其中 V：風速，fpm

P_v：動壓，inH_2O

或

$$V = 4.04\sqrt{P_v} \tag{5-2}$$

其中 V：風速，m/s

P_v：動壓，mmH_2O

P_v 與 V 之關係如表 5-2、表 5-3。

表 5-2　不同動壓所對應之速度(英制)

速度 $V = 4,005\sqrt{P_v}$ (ft/min)；$P_v =$ 動壓(inH_2O)

P_v	V	P_v	V	P_v	V	P_v	V	P_v	V	P_v	V
0.01	401	0.52	2888	1.03	4065	1.54	4970	2.05	5734	3.10	7052
0.02	566	0.53	2916	1.04	4084	1.55	4986	2.06	5748	3.20	7164
0.03	694	0.54	2943	1.05	4104	1.56	5002	2.07	5762	3.30	7275
0.04	801	0.55	2970	1.06	4123	1.57	5018	2.08	5776	3.40	7385
0.05	896	0.56	2997	1.07	4143	1.58	5034	2.09	5790	3.50	7493
0.06	981	0.57	3024	1.08	4162	1.59	5050	2.10	5804	3.60	7599
0.07	1060	0.58	3050	1.09	4181	1.60	5066	2.11	5818	3.70	7704
0.08	1133	0.59	3076	1.10	4200	1.61	5082	2.12	5831	3.80	7807
0.09	1202	0.60	3102	1.11	4220	1.62	5098	2.13	5845	3.90	7909
0.10	1266	0.61	3128	1.12	4238	1.63	5113	2.14	5859	4.00	8010
0.11	1328	0.62	3153	1.13	4257	1.64	5129	2.15	5872	4.10	8110
0.12	1387	0.63	3179	1.14	4276	1.65	5145	2.16	5886	4.20	8208
0.13	1444	0.64	3204	1.15	4295	1.66	5160	2.17	5900	4.30	8305
0.14	1499	0.65	3229	1.16	4314	1.67	5176	2.18	5913	4.40	8401
0.15	1551	0.66	3254	1.17	4332	1.68	5191	2.19	5927	4.50	8496
0.16	1602	0.67	3278	1.18	4351	1.69	5207	2.20	5940	4.60	8590
0.17	1651	0.68	3303	1.19	4369	1.70	5222	2.21	5954	4.70	8683
0.18	1699	0.69	3327	1.20	4387	1.71	5237	2.22	5967	4.80	8775
0.19	1746	0.70	3351	1.21	4406	1.72	5253	2.23	5981	4.90	8865
0.20	1791	0.71	3375	1.22	4424	1.73	5268	2.24	5994	5.00	8955
0.21	1835	0.72	3398	1.23	4442	1.74	5283	2.25	6008	5.10	9045

P_v	V	P_v	V	P_v	V	P_v	V	P_v	V	P_v	V
0.22	1879	0.73	3422	1.24	4460	1.75	5298	2.26	6021	5.20	9133
0.23	1921	0.74	3445	1.25	4478	1.76	5313	2.27	6034	5.30	9220
0.24	1962	0.75	3468	1.26	4495	1.77	5328	2.28	6047	5.40	9307
0.25	2003	0.76	3491	1.27	4513	1.78	5343	2.29	6061	5.50	9393
0.26	2042	0.77	3514	1.28	4531	1.79	5358	2.30	6074	5.60	9478
0.27	2081	0.78	3537	1.29	4549	1.80	5373	2.31	6087	5.70	9562
0.28	2119	0.79	3560	1.30	4566	1.81	5388	2.32	6100	5.80	9645
0.29	2157	0.80	3582	1.31	4584	1.82	5403	2.33	6113	5.90	9728
0.30	2194	0.81	3605	1.32	4601	1.83	5418	2.34	6126	6.00	9810
0.31	2230	0.82	3627	1.33	4619	1.84	5433	2.35	6140	6.10	9892
0.32	2266	0.83	3649	1.34	4636	1.85	5447	2.36	6153	6.20	9972
0.33	2301	0.84	3671	1.35	4653	1.86	5462	2.37	6166	6.30	10052
0.34	2335	0.85	3692	1.36	4671	1.87	5477	2.38	6179	6.40	10132
0.35	2369	0.86	3714	1.37	4688	1.88	5491	2.39	6192	6.50	10211
0.36	2403	0.87	3736	1.38	4705	1.89	5506	2.40	6205	6.60	10289
0.37	2436	0.88	3757	1.39	4722	1.90	5521	2.41	6217	6.70	10367
0.38	2469	0.89	3778	1.40	4739	1.91	5535	2.42	6230	6.80	10444
0.39	2501	0.90	3799	1.41	4756	1.92	5550	2.43	6243	6.90	10520
0.40	2533	0.91	3821	1.42	4773	1.93	5564	2.44	6256	7.00	10596
0.41	2564	0.92	3841	1.43	4790	1.94	5578	2.45	6269	7.50	10968
0.42	2596	0.93	3862	1.44	4806	1.95	5593	2.46	6282	8.00	11328
0.43	2626	0.94	3883	1.45	4823	1.96	5607	2.47	6294	8.50	11676
0.44	2657	0.95	3904	1.46	4839	1.97	5621	2.48	6307	9.00	12015
0.45	2687	0.96	3924	1.47	4856	1.98	5636	2.49	6320	9.50	12344
0.46	2716	0.97	3944	1.48	4872	1.99	5650	2.50	6332	10.00	12665
0.47	2746	0.98	3965	1.49	4889	2.00	5664	2.60	6458	11.00	13283
0.48	2775	0.99	3985	1.50	4905	2.01	5678	2.70	6581	12.00	13874
0.49	2804	1.00	4005	1.51	4921	2.02	5692	2.80	6702	13.00	14440
0.50	2832	1.01	4025	1.52	4938	2.03	5706	2.90	6820	13.61	14775
0.51	2860	1.02	4045	1.53	4954	2.04	5720	3.00	6937	14.00	14985

表 5-3　不同動壓所對應之速度(公制)−(20℃、1atm、空氣密度 1.2kg/m^3)

速度 $V = 4.04\sqrt{P_v}$ (m/sec)；$P_v = $ 動壓(mmH$_2$O)

P_v	V	P_v	V	P_v	V	P_v	V	P_v	V	P_v	V
0.1	1.28	5.1	9.13	11.0	13.41	61.0	31.58	111.0	42.59	161.0	51.30
0.2	1.81	5.2	9.22	12.0	14.00	62.0	31.83	112.0	42.79	162.0	51.46
0.3	2.21	5.3	9.31	13.0	14.58	63.0	32.09	113.0	42.98	163.0	51.62
0.4	2.56	5.4	9.39	14.0	15.13	64.0	32.34	114.0	43.17	164.0	51.77
0.5	2.86	5.5	9.48	15.0	15.66	65.0	32.59	115.0	43.35	165.0	51.93
0.6	3.13	5.6	9.57	16.0	16.17	66.0	32.84	116.0	43.54	166.0	52.09
0.7	3.38	5.7	9.65	17.0	16.67	67.0	33.09	117.0	43.73	167.0	52.24
0.8	3.62	5.8	9.74	18.0	17.15	68.0	33.34	118.0	43.92	168.0	52.40
0.9	3.84	5.9	9.82	19.0	17.62	69.0	33.58	119.0	44.10	169.0	52.56
1.0	4.04	6.0	9.90	20.0	18.08	70.0	33.82	120.0	44.29	170.0	52.71
1.1	4.24	6.1	9.99	21.0	18.53	71.0	34.07	121.0	44.47	171.0	52.87
1.2	4.43	6.2	10.07	22.0	18.96	72.0	34.30	122.0	44.65	172.0	53.02
1.3	4.61	6.3	10.15	23.0	19.39	73.0	34.54	123.0	44.84	173.0	53.18
1.4	4.78	6.4	10.23	24.0	19.81	74.0	34.78	124.0	45.02	174.0	53.33
1.5	4.95	6.5	10.31	25.0	20.21	75.0	35.01	125.0	45.20	175.0	53.48
1.6	5.11	6.6	10.39	26.0	20.61	76.0	35.24	126.0	45.38	176.0	53.63
1.7	5.27	6.7	10.46	27.0	21.01	77.0	35.48	127.0	45.56	177.0	53.79
1.8	5.42	6.8	10.54	28.0	21.39	78.0	35.71	128.0	45.74	178.0	53.94
1.9	5.57	6.9	10.62	29.0	21.77	79.0	35.93	129.0	45.92	179.0	54.09
2.0	5.72	7.0	10.70	30.0	22.14	80.0	36.16	130.0	46.10	180.0	54.24
2.1	5.86	7.1	10.77	31.0	22.51	81.0	36.39	131.0	46.27	181.0	54.39
2.2	6.00	7.2	10.85	32.0	22.87	82.0	36.61	132.0	46.45	182.0	54.54
2.3	6.13	7.3	10.92	33.0	23.22	83.0	36.83	133.0	46.62	183.0	54.69
2.4	6.26	7.4	11.00	34.0	23.57	84.0	37.05	134.0	46.80	184.0	54.84
2.5	6.39	7.5	11.07	35.0	23.92	85.0	37.27	135.0	46.97	185.0	54.99
2.6	6.52	7.6	11.15	36.0	24.26	86.0	37.49	136.0	47.15	186.0	55.14
2.7	6.64	7.7	11.22	37.0	24.59	87.0	37.71	137.0	47.32	187.0	55.28
2.8	6.76	7.8	11.29	38.0	24.92	88.0	37.93	138.0	47.49	188.0	55.43
2.9	6.88	7.9	11.36	39.0	25.25	89.0	38.14	139.0	47.66	189.0	55.58
3.0	7.00	8.0	11.43	40.0	25.57	90.0	38.35	140.0	47.84	190.0	55.73
3.1	7.12	8.1	11.51	41.0	25.89	91.0	38.57	141.0	48.01	200.0	57.17
3.2	7.23	8.2	11.58	42.0	26.20	92.0	38.78	142.0	48.18	210.0	58.59
3.3	7.34	8.3	11.65	43.0	26.51	93.0	38.99	143.0	48.35	220.0	59.96
3.4	7.45	8.4	11.72	44.0	26.82	94.0	39.20	144.0	48.51	230.0	61.31
3.5	7.56	8.5	1179	45.0	27.12	95.0	39.40	145.0	48.68	240.0	62.63
3.6	7.67	8.6	11.86	46.0	27.42	96.0	39.61	146.0	48.85	250.0	63.92

P_v	V	P_v	V	P_v	V	P_v	V	P_v	V	P_v	V
3.7	7.78	8.7	11.92	47.0	27.72	97.0	39.82	147.0	49.02	260.0	65.19
3.8	7.88	8.8	11.99	48.0	28.01	98.0	40.02	148.0	49.18	270.0	66.43
3.9	7.98	8.9	12.06	49.0	28.30	99.0	40.23	149.0	49.35	280.0	67.65
4.0	8.09	9.0	12.13	50.0	28.59	100.0	40.43	150.0	49.51	290.0	68.85
4.1	8.19	9.1	12.20	51.0	28.87	101.0	40.63	151.0	49.68	300.0	70.02
4.2	8.29	9.2	12.26	52.0	29.15	102.0	40.83	152.0	49.84	310.0	71.18
4.3	8.38	9.3	12.33	53.0	29.43	103.0	41.03	153.0	50.01	320.0	73.32
4.4	8.48	9.4	12.40	54.0	29.71	104.0	41.23	154.0	50.17	330.0	73.44
4.5	8.58	9.5	12.46	55.0	29.98	105.0	41.43	155.0	50.33	340.0	74.55
4.6	8.67	9.6	12.53	56.0	30.25	106.0	41.62	156.0	50.49	350.0	75.63
4.7	8.76	9.7	12.59	57.0	30.52	107.0	41.82	157.0	50.66	360.0	76.71
4.8	8.86	9.8	12.66	58.0	30.79	108.0	42.01	158.0	50.82	370.0	77.77
4.9	8.95	9.9	12.72	59.0	31.05	109.0	42.21	159.0	50.98	380.0	78.81
5.0	9.04	10.0	12.78	60.0	31.32	110.0	42.40	160.0	51.14	390.0	79.84

空氣具有黏度(Viscosity)，流動時產生了剪力(Shearing Force)造成了能量之消耗，因此空氣在風管內流動，爲克服流動阻力，產生了摩擦損失及動力損失。

一、摩擦損失

空氣克服局限其風管內部表面之阻力而流動，因此有部分能量用以克服此等摩擦而變爲熱逸失，風管愈粗糙、空氣流動速度愈大者，此種壓力損失愈大。其中 f 爲摩擦損失係數，風管愈粗糙，摩擦損失係數值愈大。風管內之摩擦損失量(ΔP)與風管長度(L)成正比，與風管直徑(d)成反比，與流速平方(v^2)成正比。前述參數之關係可用 Darcy-Weisbach 公式描述之：

$$\Delta P = f \times \frac{L}{d} \times VP \tag{5-3}$$

若風管爲矩形，則應換算成同一風量之單位圓管之壓力損失，其換算可依以下公式求之：

$$d_e = 1.3 [\frac{(ab)^5}{(a+b)^2}]^{1/8} \tag{5-4}$$

其中 d_e：等效圓管直徑(equivalent diameter)，cm

　　a：矩形風管之長邊長，cm

　　b：矩形風管之短邊長，cm

圖 5-1、圖 5-2 分別為直線導管每公尺、每 100 呎之摩擦損失圖。

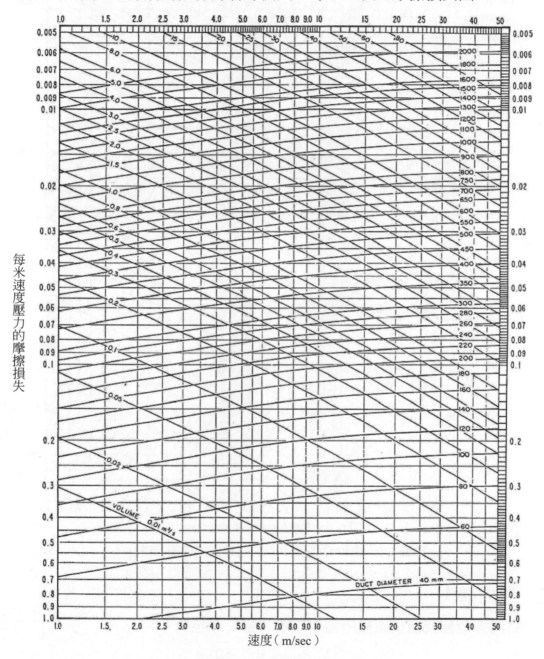

圖 5-1　直線導管每公尺之摩擦損失圖(公制)

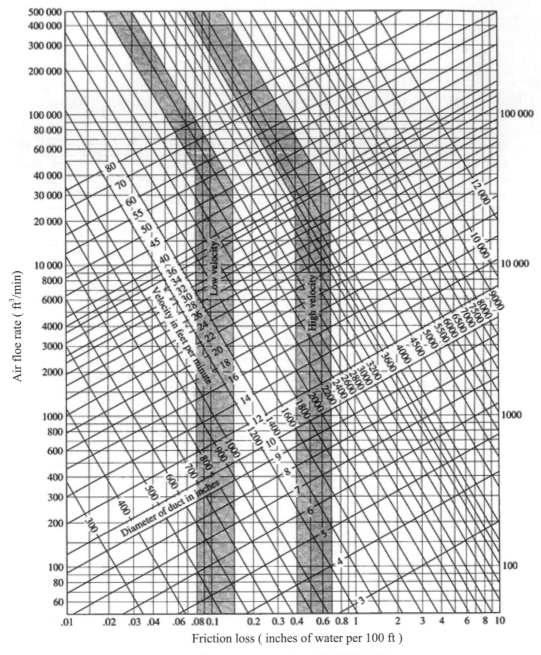

圖 5-2　直線導管每 100 呎之摩擦損失圖(英制)

二、動力損失

為流速改變及流向改變所造成之壓力損失，包括：

(一) 彎管(或肘管)之壓力損失

肘管爲導管中氣流方向改變之處,當氣流改變方向時,即會產生壓力損失,且肘管數目愈多,壓力損失就愈大。彎管彎曲之角度愈大,其壓力損失也愈大。曲率半徑爲直徑之 2.5 倍時壓力損失或壓力損失係數最小,曲率半徑變小或增大時,壓力損失均變大。肘管的壓力損失爲:

$$\Delta P = h_{L,elbow} = K_{elbow}(\frac{\theta}{90})VP \tag{5-5}$$

其中,K_{elbow}爲 90 度彎管的壓力損失係數,θ爲肘管彎曲角度($^\circ$)。圓形肘管之壓力損失係數與肘管的轉彎程度 R/D 有關,其中 R 爲肘管中軸的曲率半徑。至於矩形肘管的壓力損失係數除了與轉彎程度 R/D 相關外,也與導管截面展弦比 W/D 相關,其中 W 與 D 爲矩形截面的兩邊長,而 D 爲沿肘管轉彎半徑方向的邊長。

表 5-4 與表 5-5 所示即分別爲圓形與矩形肘管的壓力損失係數,由表中可知,肘管曲率半徑與管徑比(R/D)愈小,即肘管轉彎程度越陡時,壓力損失越大。

表 5-4　圓形肘管之壓力損失係數(左表爲蝦節肘管、右表爲沖壓成型平滑肘管)

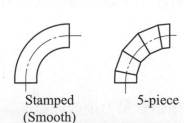 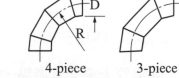 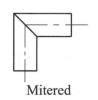

Stamped (Smooth)	5-piece	4-piece	3-piece	Mitered

肘管種類	R/D					
	0.5	0.75	1.00	1.5	2.00	2.50
5-蝦節	—	0.46	0.33	0.24	0.19	0.17
4-蝦節	—	0.50	0.37	0.27	0.24	0.23
3-蝦節	0.9	0.54	0.42	0.34	0.33	0.33

R/D	壓損係數
0.5	1.2
0.75	1.0
1.00	0.8
1.25	0.55
1.50	0.39
1.75	0.32
2.00	0.27
2.25	0.26
2.50	0.22
2.75	0.26

其它類型肘管之壓力損失係數
(1)斜接,無導流片 1.2
(2)斜接,有導流片 0.6

表 5-5　矩形肘管之壓力損失係數

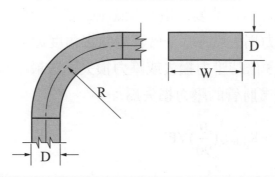

$\dfrac{R}{D}$	Aspect Ratio, W/D					
	0.25	0.5	1.0	2.0	3.0	4.0
0.1(mitre)	1.50	1.32	1.15	1.04	0.92	0.86
0.5	1.36	1.21	1.05	0.95	0.84	0.79
1.0	0.45	0.25	0.21	0.21	0.20	0.12
1.5	0.28	0.18	0.13	0.13	0.12	0.12
2.0	0.24	0.15	0.11	0.11	0.10	0.10
3.0	0.24	0.15	0.11	0.11	0.10	0.10

(二) 縮管、擴管之壓力損失

　　漸縮管(tapered contraction)為導管截面積逐漸縮小之處，漸縮管壓力損失為：

$$SP_1 - SP_2 = (1 + L_{tapered}) \cdot (VP_2 - VP_1) \tag{5-6}$$

其中下標 1 與 2 分別代表漸縮管上游與下游點，漸縮管壓力損失係數 $K_{tapered}$ 為收縮角 θ 的函數(如表 5-6 左)。由此表可知，圓形縮小管之縮小角度越大，即管徑變化越大，則壓力損失越大。

　　驟縮管(abrupt contraction)是兩段不同截面積導管直接連接處，且下游截面積小於上游截面積，驟縮管壓力損失為：

$$SP_1 - SP_2 = (VP_2 - VP_1) + K_{abrupt}VP_2 \tag{5-7}$$

其中，VP_2 為驟縮管下游點的動壓，而驟縮管壓力損失係數 K_{abrupt} 為上下游導管截面積比值的函數，如表 5-6 右所示。

表 5-6　漸縮管與驟縮管之壓力損失係數

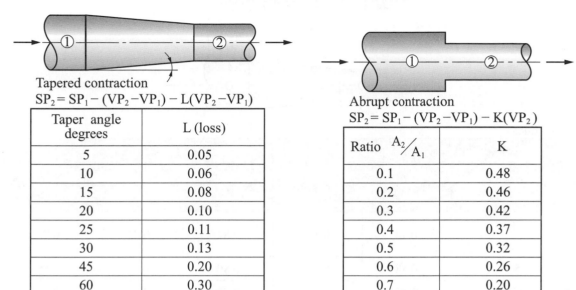

Tapered contraction
$SP_2 = SP_1 - (VP_2 - VP_1) - L(VP_2 - VP_1)$

Taper angle degrees	L (loss)
5	0.05
10	0.06
15	0.08
20	0.10
25	0.11
30	0.13
45	0.20
60	0.30
Over 60	Abrupt contraction

Abrupt contraction
$SP_2 = SP_1 - (VP_2 - VP_1) - K(VP_2)$

Ratio A_2/A_1	K
0.1	0.48
0.2	0.46
0.3	0.42
0.4	0.37
0.5	0.32
0.6	0.26
0.7	0.20

A = duct area , sq ft^2

表 5-6 所示為漸縮管(左)與驟縮管(右)之壓力損失係數。

　　擴張管(expansions)為導管截面積增加之處。當導管截面積增加時，導管內的流速降低，而動壓也隨之降低。若無能量損失，擴張管前後動壓的降低量應恰好等於靜壓的增加量。但是在實際狀況下，靜壓的增加量會小於動壓的降低量，使得氣流流經擴張管後，造成全壓下降，此全壓下降量就是擴張管的壓力損失。

　　對連接兩不同截面積導管的擴張管而言，擴張管的壓力變化可表示為：

$$SP_2 - SP_1 = R_{expansion}(VP_1 - VP_2) \tag{5-8}$$

其中，下標 1 與 2 分別代表擴張管上游與下游點，$R_{expansion}$ 則為擴張管壓力回復係數。通過擴張管的能量損失即為：

$$TP_1 - TP_2 = (1 - R_{expansion}) \cdot (VP_1 - VP_2) \tag{5-9}$$

當 $R_{expansion} = 1$ 時，通過擴張管的動壓減少量完全回復成靜壓，無任何能量損失。$R_{expansion}$ 是擴張管張角以及上下游導管管徑比值的函數，其值如表 5-7 所示。

表 5-7　漸擴管之壓力回復係數

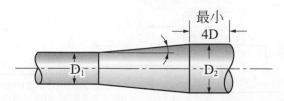

Within duct

Taper angle degrees	Regain(R), fraction of VP difference				
	Diameter ratios D_2/D_1				
	1.25：1	1.5：1	1.75：1	2：1	2.5：1
$3\frac{1}{2}$	0.92	0.88	0.84	0.81	0.75
5	0.88	0.84	0.80	0.76	0.68
10	0.85	0.76	0.70	0.63	0.53
15	0.83	0.70	0.62	0.55	0.43
20	0.81	0.67	0.57	0.48	0.43
25	0.80	0.65	0.53	0.44	0.28
30	0.79	0.63	0.51	0.41	0.25
Abrupt 90	0.77	0.62	0.50	0.40	0.25
Where：$SP_2 - SP_1 + R(VP_1 - VP_2)$					

對於導管末端的擴張口，其壓力變化情形可爲：

$$SP_2 - SP_1 = R_{expansion} \cdot VP_1 \qquad\qquad (5\text{-}10)$$

此時 $R_{expansion}$ 則如表 5-8 所示，爲擴張口長徑比(L/D_1)與前後端管徑比(D_2/D_1)的函數，下標 1 與 2 分別代表擴張口上游端與下游端。由此表可知，圓形擴大管擴大角度越大，亦即管徑變化越大時，壓力損失越大。

表 5-8 擴張管之壓力回復係數

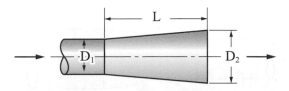

At end of duct

Taper length to inlet diam L/D	Regain(R), fraction of VP					
	Diameter ratios D_2/D_1					
	1.2：1	1.3：1	1.4：1	1.5：1	1.6：1	1.7：1
1.0：1	0.37	0.39	0.38	0.35	0.31	0.27
1.5：1	0.39	0.46	0.47	0.46	0.44	0.41
2.0：1	0.42	0.49	0.52	0.52	0.51	0.49
3.0：1	0.44	0.52	0.57	0.59	0.60	0.59
4.0：1	0.45	0.55	0.60	0.63	0.63	0.64
5.0：1	0.47	0.56	0.62	0.65	0.66	0.68
7.5：1	0.48	0.58	0.64	0.68	0.70	0.72
Abrupt 90	0.77	0.62	0.50	0.40	0.25	
Where：$SP_1 - SP_2 - R(VP_1)$						

(三) 合流管之壓力損失

合流是兩條導管會合之處，通常其中一條導管合流後方向不改變。但管徑增加，是為主管；另一條導管以合流角θ匯入主管，是為支管。合流因管徑有變化，其動壓會隨之產生變化，而管徑變化處也會因氣流流場改變而產生壓力損失，因此合流管愈多，壓力損失就愈大。合流所造成的靜壓損失一般假設發生於支管，其計算公式為：

$$SP_2 - SP_3 = K_{merge} \cdot VP_2 \tag{5-11}$$

其中，下標 2 與 3 分別代表匯入支管末端與合流點，合流壓力損失係數 K_{merge} 為合流角θ的函數，兩者間的關係如表 5-9 所示。由此表可知，合流管流入角度越大，即支管匯入主管之角度越大，其支管之壓力損失越大。

表 5-9　合流管之壓力損失

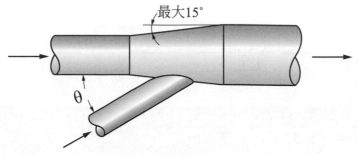

Angle θ Degrees	Loss Fraction of VP in Branch
10	0.05
15	0.09
20	0.12
25	0.15
30	0.18
35	0.21
40	0.25
45	0.28
50	0.32
60	0.44
90	1.00

注意：支管進口損失假定發生在支管處且以同樣方法計算。對支管進口的擴大部分不包括一個擴大
部分復得的計算。

(四) 排氣口之壓力損失

係由風管之輸送風速減速至近於零風速造成之壓力損失。附遮雨罩之排氣口的壓力損失參見表 5-10。

表 5-10　附遮雨罩之排氣口的壓力損失

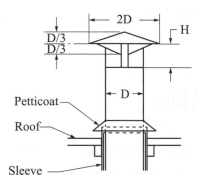

WEATHER CAP LOSSES

H, No. of Diameters	Loss Fraction of VP
1.0 D	0.10
0.75 D	0.18
0.70 D	0.22
0.65 D	0.30
0.60 D	0.41
0.55 D	0.56
0.50 D	0.73
0.45 D	1.0

(五) 進入氣罩之壓力損失(h_e)

　　空氣由靜止狀態被加速進入氣罩或導管等開口部，因流速、流向改變及擾流引起之壓力損失，隨著氣罩型式及開口型式不同而不同。

　　一般認定大氣中的靜壓、動壓與全壓均為零。當空氣流經氣罩時，風速在氣罩中增加至導管風速，動壓也隨之相對增加，當無能量損失時，靜壓則以等量下降至負值，而氣罩前後的全壓也維持於零。當考慮能量損失時，氣罩靜壓損失可由下式計算：

$$h_e = F_h \cdot VP \tag{5-12}$$

　　其中 F_h：為氣罩之進入損失係數(entry loss coefficient)

　　　　VP：為與氣罩相接導管的動壓。

氣罩之進入損失係數可參考圖 4-9。

(六) 通過空氣清淨裝置之壓力損失

空氣清淨裝置之壓力損失可參考本書第七章-空氣污染控制裝置或參考設備商的型錄規格。

 # 5-2 風管之設計原則

風管之設計、安裝,直接影響壓力損失和風管之送風功能。目前各工廠之風 管往往依現場之情況,因陋就簡,隨意裝設,茲舉出各種風管之安裝原則,如圖 5-3～圖 5-7。

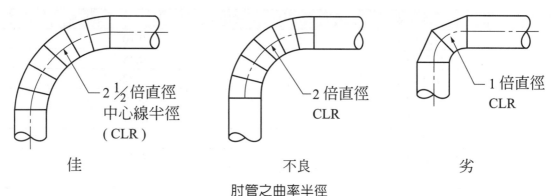

圖 5-3　肘管應為 2 或 $2\frac{1}{2}$ 倍直徑中心線半徑,除非空間不允許

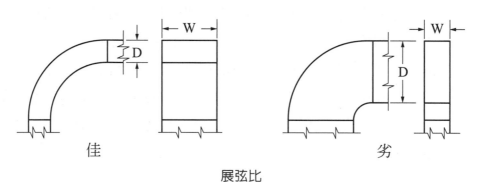

圖 5-4　使用矩形斷面風管時,要保持高展弦比($AR = \dfrac{W}{D}$)

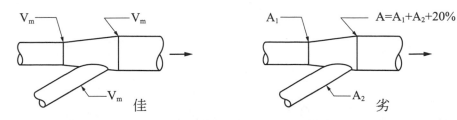

V_m = 最小運送風速；A= 橫斷面積

適當風管尺寸

圖 5-5 風管尺寸要能維持所選用之輸送風速或更高

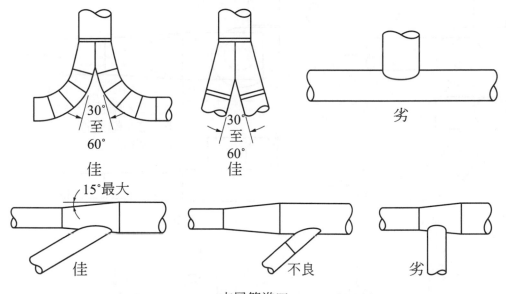

支風管進口
支風管應以30°或較小（最好）至45°角匯入漸擴之主風管中

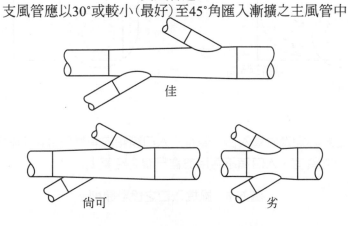

支風管進口
兩支風管不可對向於同一點進入主風管

圖 5-6 支管之設計原則

工業通風

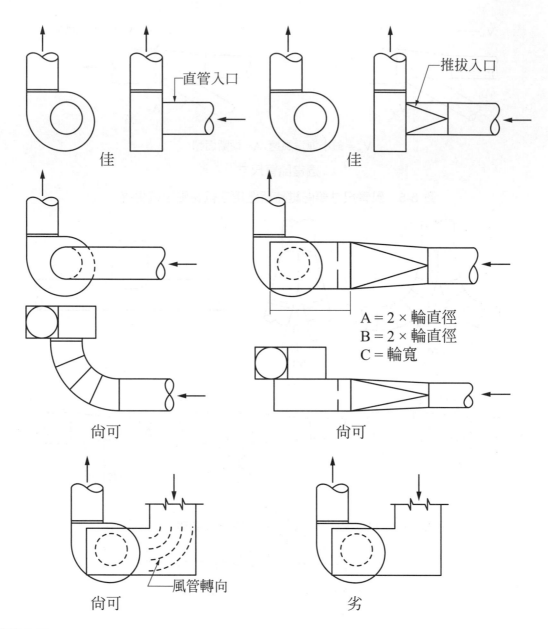

佳　　　　　　　　　　　佳

直管入口

推拔入口

A = 2 × 輪直徑
B = 2 × 輪直徑
C = 輪寬

尚可　　　　　　　　　　尚可

風管轉向

尚可　　　　　　　　　　劣

風機入口

最好是直管入口，如果必需為肘管入口，要有一入口箱箱內有導風片以消除空氣之旋轉或加到
風機葉輪上有不平均之負荷，入口箱不可用於含粉塵之空氣上。

圖 5-7　風機入口之設計原則

5-3 排氣口之設計原則

為避免雨水侵入造成機械故障，目前國內的排氣口設計常見「水平出口，圖 5-8(a)」、「雨遮出口(Deflector Weathercap，圖 5-8(b)」或甚至「向下出口，圖 5-8(c)」的設計方式，但因下列原因，此類設計仍有改善空間：

一、排出之廢氣如垂直向下排出，相當於將排出之廢氣強制混入地面高度附近的空氣，倘空氣清淨裝置故障，則地面人員吸入污染物的機會很高，故應絕對避免此種設計。

二、排出之廢氣如向水平方向排出，易因排氣煙道高度不足而在建築物週遭形成迴流現象，使排出之廢氣擴散到大氣的效率降低，或使排出之廢氣捲回建築物新鮮空氣吸入口。

三、排氣煙道大部分裝設於建築物屋頂，當人員在屋頂進行局部排氣裝置故障檢修時，可能吸入污染物，因此排出之廢氣不宜往水平方向排出或垂直向下排出，以降低屋頂工作人員吸入污染物的機會。

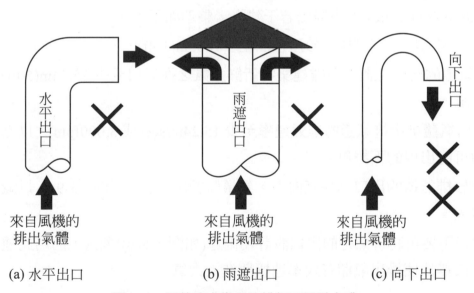

圖 5-8　目前國內常見的排氣口設計方式

　　爲有效減少排出之氣體再度捲入工作場所或人員呼吸區域的機會，由以上說明，我們發現局部排氣裝置排氣方向似乎以「垂直向上」最爲妥當(如圖 5-9)，並可配合以下重點提升性能：

一、排出風速宜高：排出氣體向上風速越低，就越不容易在較短水平距離內均勻擴散到外界大氣，爲使建築物週遭的空氣品質得以確保，排出氣體宜以垂直向上的方向高速排出。

二、排氣道本身的高度宜高，並應與建築物之高度設計配合：工廠建築物本身的幾何設計，能影響自然風在建築物周圍的流動型態。爲了促進排出氣體擴散進入大氣的效果，並避免排出氣體被自然風帶往建築物新鮮空氣吸入口，局部排氣裝置排氣道宜明顯高於建築物屋頂。

三、於出口重疊裝設一尺寸略大的管套，當雨水侵入排氣道出口時，能自管套間隙被排除(亦可採取其他有效之截水設計)。

　　有關局部排氣裝置排氣道的高度、安裝方式與排氣速率，美國華盛頓州勞工與工業處(Department of Labors & Industries)於「工業通風指引(Industrial Ventilation Guidelines)」中提出若干建議，整理如下：

一、排氣道的出口高度應高於屋頂面至少 3.05m(10ft)。

二、排氣道的安裝位置應距離建築物新鮮空氣之進氣口至少 15.24m(50ft)以上的距離。

三、排出氣體排出排氣道的排氣速率至少 15.24m/sec(或 3,000fpm)，以克服在屋頂可能出現的下捲風。

四、由於排氣道的出口爲垂直向上，建議裝設出口管套(如圖 5-9)，以減少雨水侵入。

五、建議不要再將排氣道的出口設計爲雨遮(如圖 5-8(b))型式，因爲此種型式的出口無法使排出氣體有效率地擴散進入大氣。

　　美國政府工業衛生師協會(ACGIH)出版之「工業通風實用手冊(Industrial Ventilation：A Manual of Recommended Practice)」一書，於第五章列有排氣道出口細部尺寸之建議數值。除此之外，美國冷凍空調協會(ASHRAE)亦於「冷凍空調手冊基礎篇(ASHRAE Handbook：Fundamentals)」一書中提供了局部排氣裝置排氣道的防水設計範例。為求簡便，以上資料一併整理如圖 5-9。

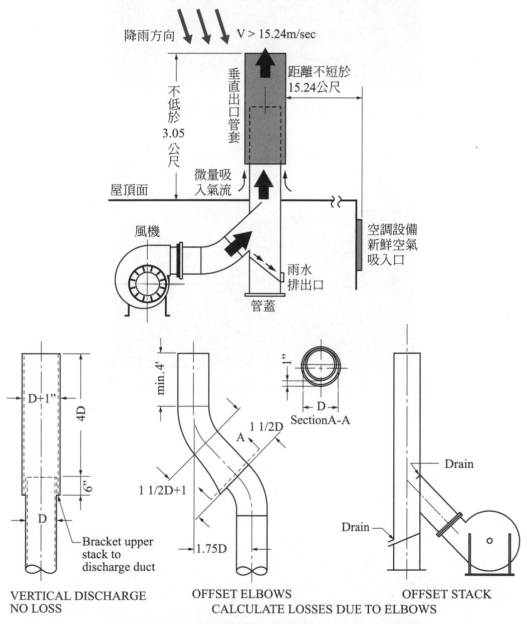

圖 5-9　局部排氣裝置的排氣道設計安裝方式示意圖

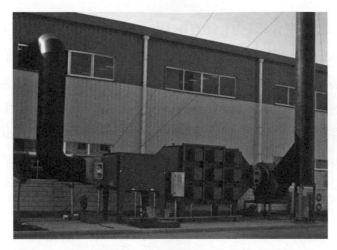

圖 5-10　局部排氣裝置的排氣道設計現場安裝情形(一)

圖 5-11　局部排氣裝置的排氣道設計現場安裝情形(二)

1. American Conference of Governmental Industrial Hygienists, Committee on Industrial Ventilation (2004), Industrial Ventilation, A manual of Recommended Practice 25th ed., ACGIH, Lansing, MI.

2. ASHRAE Handbook：Fundamentals, 2005

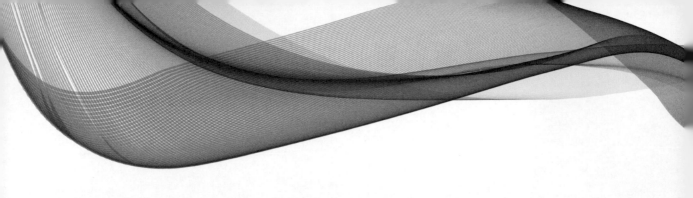

Chapter

6

風機之理論與應用

空氣於通風或局部排氣系統中流動，會因管壁摩擦阻力、管徑變化、氣流方向改變……等造成能量損失，所以需提供動力克服上述系統損失。風機除需具備克服此一系統損失之動力外，還要能將所需的風量送至特定的地點，其重要性猶如人體的心臟。風機是一輪機式的空氣動力機械，所謂輪機式是將氣體輸入一高速旋轉之葉輪，藉著葉輪之升力或離心力來增加氣體之壓力能及速度能。

空氣動力機械依使用壓力之不同，一般可分為風扇(fan)、鼓風機(blower)、壓縮機(compressor)及真空泵(vacuum pump)四類，其中風扇和鼓風機常合稱為風機。風扇應用於風量大而風壓低的地方，壓力約在 $0.1kg/cm^2$ 以下；鼓風機的壓力範圍約在 $0.1{\sim}1kg/cm^2$ 之間。

 # 6-1 風機的類型

工業用風機依氣流之進出方向，大致可分為離心式、軸流式以及斜流式等三種型式，如圖 6-1 所示。以下為各類風機的種類及其特性(如表 6-1)：

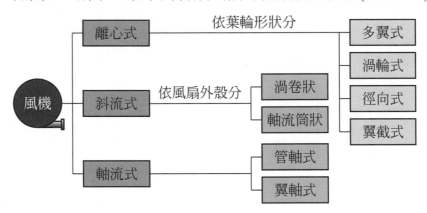

圖 6-1　風機的類型[11]

表 6-1　各式風機之性能比較[11]

類型	離心式	斜流式	軸流式
升壓原理	離心力	離心力	揚力
風壓	高	中	低
風量	中/小	大	大
效率	中/小	高	最高
規格範圍	廣	廣	狹
最高效率點之(Ns)	350～450	700～900	2,000～2,500
回轉速	中/小	大	大
尺寸	大	中	小
構造	簡單	簡單	複雜
成本	中	低	高

一、離心式(centrifugal type)

離心式風機之動作原理是利用一動葉輪藉其旋轉之離心力對流體(空氣)加壓，以增加流體之壓力，氣體在葉片處循徑向流動，利用離心力獲得能量，如圖 6-2 所示。而壓力比較小之離心式風機又可稱為離心風扇(centrifugal fan)。離心式依葉輪的形狀又可分為下列數種：

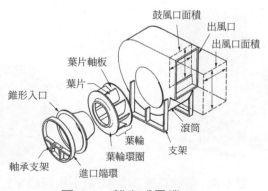

圖 6-2　離心式風機[1]

1. 後曲式葉片型(backward curved)風機

俗稱渦輪式(turbo type)。此類型之風扇，由於其葉輪上的葉片是順著葉輪旋轉方向呈後向彎曲的型式，因此可進行高速旋轉，因此在高壓與低壓下均可使用。目前在使用上由於其具有靜壓高、風量大、不易過載、構造堅固及可容許少量灰塵(<500mg/m³)等特性，因此在業界中是一種最常被使用的機型。一般以運用在需要大風量的通風，以及進行氣體輸送與集塵設備之抽風等場合最為常見。其外型及特性如圖 6-3 所示。

圖 6-3　後曲式葉片型風機(引用自網路)

2. 前曲式葉片型(forward curved)風機

又稱多翼式(multi-blade type)，主要是由於此類風扇其所使用葉片之寬度與長度均較短，所以在整個葉輪的製作上就需要較多數量之葉片(約數十片)來進行組合。此葉輪之葉片是順著葉輪的旋轉方向呈前向彎曲的型式，出口角度約為 135°左右。在使用上雖然可產生較大的風量，但因葉輪結構較弱，僅適於低速旋轉，故均使用於低壓的場合，適用於工廠或建築物之空調系統。其外型及特性如圖 6-4 所示。

圖 6-4　前曲式葉片型風機(引用自網路)

3. 徑向葉片式(radial type，又稱輻射葉片式)風機

此類型之風扇，由於其葉輪上的葉片呈徑向輻射狀(出口角約在 70°～90°之間)，在離心式風扇中構造最簡單，因此不易附著粉塵，但效率差。此外，在此類型風扇的葉片上，有時會塗裝以耐磨材料，因此葉片在運轉中可容許粉粒體通過，並且也因塗裝耐磨材料的緣故，葉片比較不易因粉粒體的撞擊而造成磨損。因為其輪葉強度高於其它型式，常用於運輸粉塵或腐蝕性氣體，當葉片磨耗時也容易於現場更換修理，能作高速旋轉以獲高壓力。其外型及特性如圖 6-5 所示。

圖 6-5　徑向式葉片型風機(引用自網路)

4. 翼截式(airfoil type)風機

此類型之風扇主要是由渦輪式之風扇改良而成。葉片截面形狀係依飛機的機翼之斷面形狀設計而得名。效率高而且具有限載(limit load)之特性，噪音為所有機種中最低者。適用於一般之通風設備，如辦公大樓或工廠通風，各種工業製程之送風；但不適合使用於輸送氣體中含有粉塵的場合。如圖 6-6 所示。

圖 6-6　翼截葉片型風機(引用自網路)

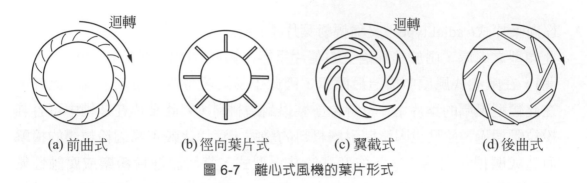

圖 6-7 　離心式風機的葉片形式

5. 槳葉式(Propeller Type)風機

此係轉變自徑向式葉輪。葉輪上無側板及主板，係兩面開放式，葉片完全成單獨板狀。因構造關係，不宜作高速旋轉。在葉片加銲耐磨耗材料後，耐磨且不易附著粉塵，容許高含塵量的氣體進入。適用於各種窯爐的直接抽風，除塵設備以及粉粒體輸送。

　　其中後曲式與翼截式在外觀上極爲類似，唯後者的扇葉斷面類似機翼斷面。而前曲與後曲的分別在於前者扇葉朝轉動切線方向彎曲；後者則朝轉動切線相反方向彎曲。各類風機扇葉幾何形狀的不同造成壓力提升性能的差異。

二、軸流式(Axial Type)

　　此型風機的氣體吸入與排出與轉軸同向，利用葉片之升力以獲得能量。外殼呈桶狀，置於管路中，安裝與拆解甚方便。如圖 6-8 所示。其風量大，壓力低，馬力曲線的走勢恰與離心式相反。依葉片型式可分爲螺槳型風機(propeller fan)、管軸式風機(tube-axial fan)以及翼軸式風機(vane-axial fan)，如圖 6-9 所示；若依驅動分，可分爲馬達直驅型與皮帶傳動型(如圖 6-10)。適用於工廠、船舶、隧道或冷卻水塔通風等。最近也有用來作製程上或鍋爐的強制送風或抽風等較高壓力的用途。

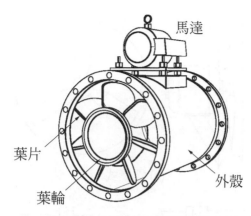

馬達

葉片

葉輪

外殼

圖 6-8　軸流式風機的構造

1. 螺槳式風扇(propeller fan)

   螺槳式風扇的結構較為簡單，其扇葉像飛機的螺旋槳，架在框架上，由馬達直接帶動，一般牆上送排風扇即屬此類，如圖 6-9(a)所示。由於出風成漩渦(spiral)狀，壓損較大，通常風扇靜壓不超過 3/4inH$_2$O 英吋水柱，故不適用於安裝在風管內；但因其可處理大風量，常應用在一般工廠的通風和氣體稀釋方面。

2. 管軸式風扇(tube-axial fan)

   管軸式風扇是將螺槳式葉片裝入一段圓管內，空氣進口和出口不加導風片，葉片可為平板式或稍有彎度，構造如圖 6-9(b)所示，其效率比螺槳式風扇高，但如同螺槳式一般吹出氣流都成漩渦狀前進，於風管中造成嚴重的摩擦損失，所以除有特殊用途外並不適合接上風管。風扇靜壓可達 3inH$_2$O，適合低、中壓空調系統、對下游氣流分佈設計需求不高的環境。適用之工業設施如：乾燥室、噴漆房，排煙換氣等。此型風扇屬於大流量、中低壓的系統。應儘可能避免在性能曲線峰值左側凹陷處操作。

3. 翼軸式風扇(vane-axial fan)

   又稱靜葉式。翼軸式風扇為管軸式風扇的改良型，如圖 6-9(c)所示。它具有導流片，排出的風不復成漩渦狀，由於渦流狀況獲改善，靜壓效率提高，噪音降低(比起離心扇噪音仍大)，適用場所與管軸式類似，在同負荷下比離心扇所佔空間較小。中等風量時，具有較高的壓力特性。應儘可能避免在性能曲線峰值左側凹陷處操作。

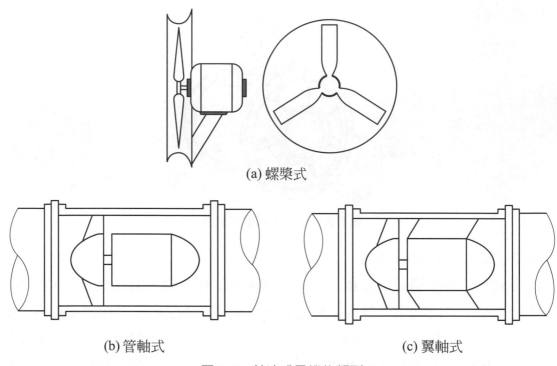

(a) 螺槳式

(b) 管軸式　　　　　　　　　　(c) 翼軸式

圖 6-9　軸流式風機的類型

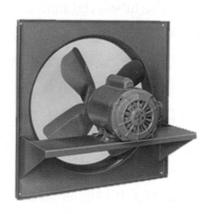

(a) 皮帶傳動型軸流式風機　　　　(b) 馬達直驅型軸流式風機

圖 6-10　(a)皮帶傳動型軸流式風機；(b)馬達直驅型軸流式風機(引用自網路)

三、斜流式(Mix-Flow Type)

又稱混流式。斜流式風機的外殼有離心式的渦卷狀及軸流式的桶狀兩種。葉片的形狀介於離心式與軸流式之間，流量比離心風機大，壓力比軸流風機高。作爲風機的用途時，一般多用在大風量低風壓的範圍，即介於離心式風機與軸流式風機之間。但亦可設計作鼓風機，甚至壓縮機，經增速齒輪後，轉速達 10,000 轉以上，壓力亦可至 1kg/cm² 以上。

軸流式風機與離心式風機之優劣點比較如表 6-2：

表 6-2　軸流式風機與離心式風機之性能比較

軸流式風機	離心式風機
優點：	
1. 適用於低壓、大風量的情況，其比速度較大，運轉速度高，故可不必經過傳動，與馬達驅動軸直接連結，因此結構較輕巧，運轉效率也較高。	1. 適用於高壓、小風量之狀況，其比速度相對較小，運轉速度較低，故必須以皮帶進行變速驅動。
2. 由於風吹送的方向與軸平行，故可容易與管路相連接，成爲管路統之套件。	2. 壓力上升有一定的極限，故無需安全閥的設置。
3. 可利用葉片改變節距，以調節風量，並防止運轉效率降低。	3. 適用於風量範圍變動大的場合，操作上較爲安全。
4. 可以逆向送風。	4. 噪音度較低。
5.價格便宜。	
缺點：	
1. 效率特性曲線陡直，略超出設計點之運轉會產生激變的現象，效率迅速降低。	1. 體積較爲龐大，其進風與送風之方向垂直，在配置上，系統風管需要較妥當的配合。
2. 對塵埃及表面腐蝕的現象較爲敏感，造成效率降低的現象。	2. 無法逆向送風。
3. 因爲高轉速，其噪音度也增高。	3. 價格較貴。

一般應用於局部排氣裝置的風扇特稱爲風機，通常爲離心式者，此類風機較軸流式可提供更大的壓力提升量。圖 6-11 所示分別爲離心式風扇與軸流式風扇之葉輪出口氣流速度剖面。

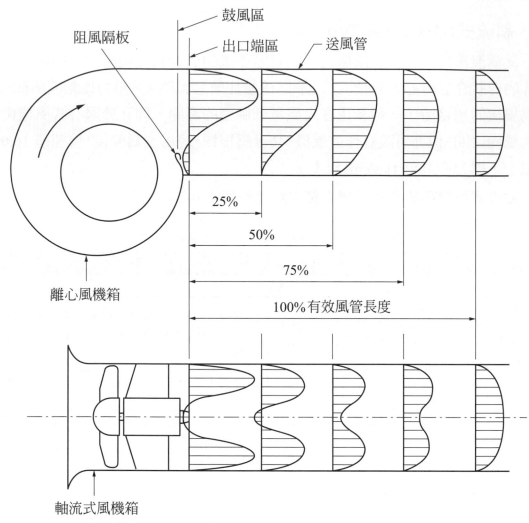

圖 6-11　離心式風扇(上)與軸流式風扇(下)之葉輪出口氣流速度剖面[1]

 ## 6-2　風機之風量調節

　　常用之調節風量的方法有四種(表 6-3)：

1. 變更風機扇葉角度：使用變矩螺旋槳葉。此種方法效率最高，但只限於軸流式風機。離心式風機構造複雜，裝用不太經濟。

2. 變更風機轉速：使用變速馬達、變速器或換皮帶輪等方式。這些方式均必須在停車時才能變更。因此對隨季節改變風量之系統最為適合。

3. 變更風機吸入口面積：

(1) 使用變矩輻射翼活門、螺旋活門或制動活門。

(2) 使用變矩輻射翼活門，風量可調節至 80%左右，適合大型風機。對限載風機及透平風機效率最佳。惟不適於多翼式及平板式風機。

(3) 螺旋活門只適用於小型風機。制動風門適用於低壓風機，無論裝於風機之吸入口或排出口均可，二者空氣動力效率僅相差 1%。

4. 變更風機之排出口面積：使用排出口制動風門。適用於小型多翼式風機，對風量充裕之送風系統最為簡單經濟。

表 6-3　各種風量控制之比較

種類	設備費	控制效率	保養	控制的原理	風量的變化	軸動力的變化
出口閥及出口開關	便宜	最差	容易	增加出口側的阻力,改變阻力曲線	葉片角度與風量不成比例,全閉附近較敏感,全開至半開為止,風量幾乎無變化	於全開時的動力曲線上移動
入口閥及入口開關	便宜	比出口開關稍好，但比入口葉片,變速為差	容易	增加入口側的阻力,改變出口側的壓力曲線	同上	動力比出口開關減少吸入氣體減輕的部分
入口葉片	比開關貴,比變速裝置便宜	風量約 70~100%的範圍最好,80%以下稍好	稍麻煩	改變氣體對於葉輪的流入角度以改變壓力曲線	同上	於較全開時動力曲線還低的曲線上移動,但是全閉點與開關幾乎相同
變速電動機及流體連結器	昂貴	風量約 70~100%比入口葉片稍差,80%以下最好	麻煩	改變葉輪的回轉速度以改變壓力曲線	回轉速度與風量成比例	大致與回轉速度的三次方成比例變化

上述變更風機吸入口或排出口面積之方式都屬於以風門(或稱擋板；damper)調節流量的方法(如圖 6-12)。

圖 6-12　調節流量的風門(或擋板；damper)(引用自網路)

6-3 風機之性能

6-3-1 風量

風量(Airflow)是風機在單位時間內所吸入之空氣流量(air volume)，通常以 Q 表之。其單位有以體積流率表示者，如 m³/min 或 m³/hr；亦有以重量流率(流量)表示者，如 kg/s。

6-3-2 壓力

風機所送出氣體之壓力可分為靜壓和動壓兩種，其代數總和稱為全壓。以 P_s、P_v、P_T 分別代表風機之靜壓、動壓和全壓。風機之全壓 P_T(或 FTP)乃是指風機供給的全壓增加量，亦即風機進、出口之全壓差。以公式表示如下：

$$P_T = P_{T,2} - P_{T,1} = (P_{s,2} + P_{v,2}) - (P_{s,1} + P_{v,1})$$
$$= (P_{s,2} - P_{s,1}) + (P_{v,2} - P_{v,1}) \tag{6-1}$$

此外，為了表示空氣動力機械提升壓力的能力，通常會用壓力比來表示之。所謂壓力比(pressure ratio)，乃吐出絕對壓力 P_2 和吸入絕對壓力 P_1 之比值，即

$$壓力比 (\gamma) = \frac{P_2}{P_1} \tag{6-2}$$

不過此值是比較出來的，而不是代表空氣機械容量的絕對值。例如，有一風機由壓力 1 kgf/cm² 升壓到 2kgf/cm²，其壓力比(γ)為 $\frac{P_2}{P_1} = \frac{2}{1} = 2$。升壓為 $P_2 - P_1 = 2 - 1 = 1$kgf/cm²。如有另一壓力比同為 2 之風機，但其壓力比(γ)為 $\frac{P_2}{P_1} = \frac{20}{10} = 2$ 時，升壓為 $P_2 - P_1 = 10$kgf/cm²，其壓升值為前者的 10 倍。

6-3-3 比速率

風機是將機械能轉換成工作流體(空氣)之能量的機械,因此其比速率之計算方式與其他空氣動力機械都相同,即

$$N_S = N \frac{\sqrt{Q}}{h^{3/4}} \tag{6-3}$$

其中,N:轉速(rpm)

Q:風量(m^3/min)

h:壓力揚程(m)

同理,在風量最多(Q 較大)而壓力低(h 較小)時,N_s 比較大;但當壓力高且風量小時,N_s 會較小。所以 N_s 值亦決定了空氣動力機械之型式,例如 N_s 較大時,動葉輪出口寬度要大,而 N_s 小時,動葉輪出口寬度就會比較小了。(6-3)式中之壓力揚程(head)h,通常壓力比在 1.03 以下時,可以下式計算之:

$$h = \frac{P_T}{\gamma_1} \tag{6-4}$$

其中 P_T 為風機之全壓、γ_1 為入口處氣體之比重量。若大於此壓力比時,風機之壓縮過程可假設為絕熱變化,則絕熱揚程(adiabatic head,had)可表為:

$$h_{ad} = \frac{\kappa}{\kappa-1} \frac{P_1}{\gamma_1} \left[(\frac{P_2}{P_1})^{\frac{\kappa-1}{\kappa}} - 1 \right] (m) \tag{6-5}$$

其中,κ:比熱比(= C_P / C_V),空氣為 1.4

P_2:出口處之絕對全壓力(mmH_2O)

P_1:入口處之絕對全壓力(mmH_2O)

例題 6-1

試求風量 $Q = 500 m^3/min$，全壓 $P_T = 500 mmH_2O$，轉速 $N = 950 rpm$ 之風機的比速率。

解

設吸入之氣體是標準狀態之空氣，其壓力為 760mmHg 或 $1.033 kgf/cm^2$，比重量 $\gamma_1 = 1.2 kgf/cm^3$，故

$$h_{ad} = \frac{\kappa}{\kappa-1} \frac{P_1}{\gamma_1} \left[(\frac{P_2}{P_1})^{\frac{\kappa-1}{\kappa}} - 1 \right]$$

$$= \frac{1.4}{1.4-1} (\frac{1.033 \times 10^4}{1.2}) \left[(\frac{10,330+500}{10,330})^{\frac{1.4-1}{1.4}} - 1 \right] = 409.3m$$

壓力比 $(\gamma) = \frac{P_2}{P_1} = 1.033 \times 10^4 + \frac{500}{1.033} \times 10^4 = 1.048$ 大於 1.03，

故壓力揚程由(6-5)式，得
比速率以(6-3)式求之：

$$N_s = N \frac{\sqrt{Q}}{h^{3/4}} = 950 \times \frac{\sqrt{\frac{500}{60}}}{(409.3)^{3/4}} = 30.2 [rpm, m^3, m]$$

6-3-4 風機之動力與效率

風機壓力比小於 1.03(或風速小於 100m/s)時，空氣可以視為不可壓縮的，理論之全壓空氣動力 L_T 為：

$$L_T = Q \times P_T \tag{6-6}$$

在此，Q 表進口處之風量、P_T 表風機之全壓。

若式中之 P_T 之單位為 mmH_2O(即 kgf/m^2)，Q 之單位為 m^3/min，但因 $102 kgf\text{-}m/s = 1kW$，故將(6-6)式除以 $60 \times 102 = 6,120$，所得 L_T 的單位為 kW，以公式表示之，即：

$$L_T = \frac{P_T Q}{6,120} \text{ (kW)} \tag{6-7}$$

將(6-1)式代入上式中,得:

$$L_T = \frac{Q_1}{6,120}[(P_{s,2} - P_{s,1}) + (P_{v,2} - P_{v,1})] \text{ (kW)} \tag{6-8}$$

由於風機靜壓(FSP):

$$FSP = P_T - P_{v,2} = (P_{s,2} - P_{s,1}) - P_{v,1} \tag{6-9}$$

因此理論空氣靜壓動力 L_s 可表示為:

$$L_s = \frac{P_s Q_1}{6,120} = \frac{Q_1}{6,120}[(P_{s,2} - P_{s,1}) - P_{v,1}] \text{ (kW)} \tag{6-10}$$

如果壓力比在 1.03 至 1.07 之間,則(6-8)、(6-10)式應略加修正如下:

$$L_T = \frac{Q_1}{6,120}[(P_{s,2} - P_{s,1}) \times (1 - \frac{P_{s,2} - P_{s,1}}{2\kappa P_{s,1}}) + (P_{v,2} - P_{v,1})] \text{ (kW)} \tag{6-11}$$

$$L_s = \frac{Q_1}{6,120}[(P_{s,2} - P_{s,1}) \times (1 - \frac{P_{s,2} - P_{s,1}}{2\kappa P_{s,1}}) - P_{v,1}] \text{ (kW)} \tag{6-12}$$

若實際輸入之軸動力為 L(kW),則全壓效率 η_T 和靜壓效率 η_s 分別為:

$$\eta_T = \frac{L_T}{L} \times 100\% \tag{6-13}$$

$$\eta_s = \frac{L_s}{L} \times 100\% \tag{6-14}$$

◎例題 6-2

某風機之全壓 200mmH₂O,風量為 10m³/min,機械輸入軸之動力為 0.2kW,試求其理論之全壓效率。

解

設入口之進氣狀態爲標準狀態，故 P_1 爲 1.033kgf/m^2

$P_2 = (1.033 \times 10^4 + 200)\text{mmH}_2\text{O}$

$$\gamma = \frac{P_2}{P_1} = \frac{(1.033 \times 10^4 + 200)}{1.033 \times 10^4}$$

由於壓力比小於 1.03，由(6-7)式得知理論全壓空氣動力爲：

$$L_T = \frac{5 \times 200}{6,120} = 0.163\text{kW}$$

故全壓效率爲：

$$\eta = \frac{L_T}{L} \times 100\% = \frac{0.163}{0.2} \times 100\% = 81.5\%$$

各種風機之比速率與全壓效率之關係如圖 6-13 所示。

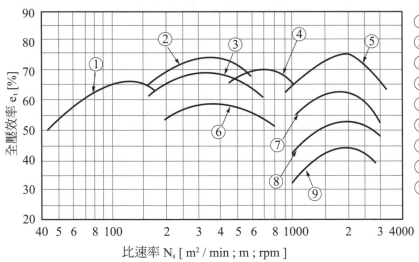

① 狹寬直線葉離心風扇
② 輪機鼓風機
③ 徑向風扇
④ 輪機風扇
⑤ 有流線形靜葉軸流風扇
⑥ 多葉風扇
⑦ 有靜葉軸流風扇
⑧ 有導管軸流風扇
⑨ 螺旋風扇

圖 6-13　各種風機之比速率與全壓效率之關係

6-4 風扇之性能曲線

6-4-1 風扇之靜壓曲線(Static Pressure Curve)

若將一風機單獨以一固定轉速運轉，並於其進出口量測動壓、靜壓與全壓，再以擋板調整風量，對不同型式風扇可得如圖 6-14 所示的風扇靜壓(FSP)與風量(Q)關係。其中 Q = 0 時所對應的 FSP 為擋板全關時所產生的進出口壓力差；而當 FSP = 0 時，則相當於擋板全開時所測得的結果。徑向葉片式風扇的靜壓曲線如圖 6-14(a)所示，一如所料，最大風量發生在風扇無阻抗時，這就是所謂的無壓自由送風(Free Delivery No Pressure, FDNP)點；而另一個極端，就是當風扇的阻抗無窮大時(也就是風扇入口或出口完全被阻塞)，不產生氣流，此即所謂的無送風靜壓(Static No Delivery, SND)點。該曲線所代表的靜壓稱為風扇靜壓(FSP)。這兩個點之間的風扇靜壓曲線的精確形狀取決於特定的風扇設計，但徑向葉片式風扇之靜壓曲線都是這樣的典型。在低風量區因為風扇的運轉效率較差所以風扇靜壓緩慢上升，最後會達到一最大值。風扇靜壓這個量可以用圖 6-15 所示的簡易排氣系統來定義，如要吸入空氣通過該系統，則風扇必須在其入口產生某一負的靜壓值($p_{s,i}$)，而在出口產生一正靜壓($p_{s,o}$)；也就是說，此風扇必須產生的總靜壓量(p_s)為：

$$p_s = |p_{s,i}| + |p_{s,o}| \tag{6-15}$$

而風扇靜壓(FSP)則與驅動空氣通過系統的總靜壓量(p_s)稍有不同，其定義如下：

$$FSP = p_s - p_{v,i} \tag{6-16}$$

其中 $p_{v,i}$ 為風扇入口處的動壓

圖 6-14(b)、(c)、(d)分別顯示了後曲式、前曲式和軸流式風扇的靜壓曲線。在各類離心式風機中，以前曲式的靜壓曲線較為特殊，而且與軸流式風扇有某些類似，亦即在曲線的某些區域會呈現凹陷之處，此即所謂的「stall(失速區)」，意指風扇在比最大設計風量低得多的氣流下運轉時，由於空氣動力學條件而形成的風扇運轉不穩定區域。由於該區域氣流不穩定，因此風扇應避免在失速區域或其附近運轉。該不穩定現象如圖 6-14(d)所示，在靜壓 FSP_1 下，可以輸送三個不同的氣流(Q_1、Q_2 和 Q_3)。這種不穩定會引起相當大的空氣脈動(air pulsation)和機械振動(mechanical vibration)。因此，風扇的操作點必須保持在風扇靜壓曲線的下坡側，才能在足夠高的氣流量下運轉，避免失速。

若變動風機轉速，風機性能曲線則會如圖 6-16 所示的變動趨勢。也就是當轉速提高時，曲線會向右上方大略平行移動。

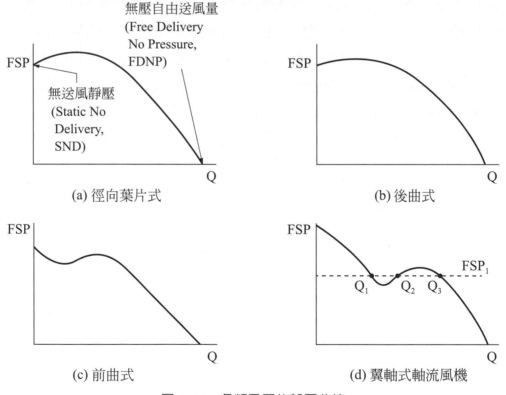

圖 6-14　各類風扇的靜壓曲線

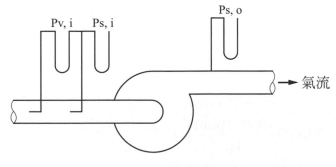

圖 6-15　風扇的壓力

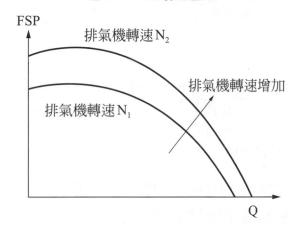

圖 6-16　風機性能曲線與轉速的關係

6-4-2　風機之功率曲線

要得到制動功率曲線和下一節要介紹的機械效率曲線，必須先定義何謂移動空氣的功率(H_a)。空氣功率(air power)是風扇所作的功的一種量度，因此定義為單位時間對移動空氣所施加的能量：

$$W = (\Delta p)Q \tag{6-17}$$

其中 $\Delta p =$　壓降，lb/ft^2

　　　$Q =$　流量，ft^3/min

以英制單位為例，在計算風扇空氣功率時，式(6-17)必須使用的壓力變化是空氣通過系統所需的總壓力，通常以 inH_2O 為單位。

(一) 空氣功率(H_a)

英制：

$$H_a(hp) = \frac{P_T(in.H_2O)Q(ft^3/min)}{33,000[\frac{(ft\text{-}lb/min)}{hp}] \times 0.192[\frac{in.H_2O}{lb/ft^2}]}$$

$$= \frac{P_T(in.H_2O)Q(ft^3/min)}{6,356} \qquad (6\text{-}18)$$

公制：

$$H_a(kW) = \frac{P_T(mmH_2O) \cdot Q(m^3/min)}{6,120} \qquad (6\text{-}19)$$

$$H_a(kW) = P_T(P_a)Q(m^3/s) \qquad (6\text{-}20)$$

上列表示式所描述的是單位時間傳遞給移動空氣的能量。但是在風扇的設計方面還必須知道驅動風扇所需的馬達之馬力為何？假如馬達能夠將能量100%傳遞給風扇葉片，而且風扇又能夠100%把旋轉的能量傳遞給流動的空氣，則所需的馬達功率(Motor power, H_m)將等於空氣功率。很顯然地，前述兩種能量的傳遞效率都低於100%，因此馬達功率的需求總是遠遠高於空氣功率。

除了風扇對流體作功，而為流體實際獲得的功率，即空氣功率之外，風扇的動力表示方式還有馬達功率(Motor power)、制動馬力(Brake horsepower)等兩種。如圖6-17所示，電動機(馬達)係將電能轉變為機械能者，因此提供馬達動力來源的電能之電功率(Electrical power)即為馬達功率(H_m)；制動馬力(H_b)則是馬達施加給風扇的功率。

若馬達將電能轉換為旋轉機械能的效率以 η_m 表示，風扇將旋轉能轉換為移動空氣的效率以 η_T 表示，則可以圖6-17描繪其能量的轉換過程。H_a 和 H_b 之間的簡單關係式可以(6-21)～(6-23)表示之。

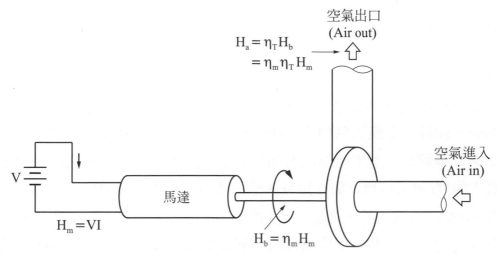

圖 6-17　風機各種馬力之關係

(二) 制動馬力(H_b)

英制：

$$H_b = \frac{H_a}{\eta_T} = \frac{P_T(\text{in.H}_2\text{O})Q(\text{ft}^3/\text{min})}{6,356\eta_T}\,(\text{hp}) \tag{6-21}$$

公制：

$$H_b = \frac{H_a}{\eta_T} = \frac{P_T(\text{mmH}_2\text{O})Q(\text{m}^3/\text{min})}{6,120\eta_T}\,(\text{kW}) \tag{6-22}$$

$$H_b = \frac{H_a}{\eta_T} = \frac{P_T(\text{Pa})Q(\text{m}^3/\text{s})}{\eta_T}\,(\text{W}) \tag{6-23}$$

(三) 馬達功率(或稱電功率)(Motor power,H_m)

$$H_m = \frac{H_b}{\eta_m} \tag{6-24}$$

$$\because H_m = VI \tag{6-25}$$

$$\therefore H_a = \eta_T H_b = \eta_m \eta_T H_m \tag{6-26}$$

風扇馬達效率 η_m 通常約爲 95%，因此制動馬力和馬達功率大致相同。風扇功率需求通常以制動馬力爲標準，風扇額定表的使用者應注意所使用的馬達功率略高於指定的值。

圖 6-18(a)所示爲徑向葉片式風扇典型的制動功率曲線。如式(6-21)～(6-23)所預測的，曲線不會與原點相交，因爲風扇即使沒有空氣流動，也必須耗費一些能量來旋轉葉輪。功率曲線隨著風量的增加而穩步上升，並且在自由送風時達到最大限度(如果這種風扇在無載狀態下運轉則有可能燒燬)。

圖 6-18(b)、(c)、(d)分別顯示了後曲式、前曲式和軸流式風扇的制動功率曲線。要注意的是，後曲式葉片風扇的功率曲線向下彎曲的特性。這種「限載」的特性是理想的風扇類型，因爲風扇在低阻力條件下運轉時所需功率不會過度異常。

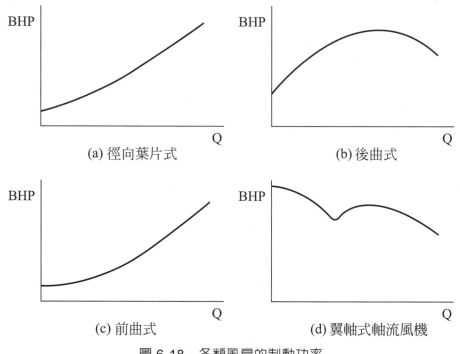

(a) 徑向葉片式   (b) 後曲式

(c) 前曲式   (d) 翼軸式軸流風機

圖 6-18　各類風扇的制動功率

6-3-3 風扇之機械效率曲線

所謂機械效率就是風扇將旋轉的機械能量轉換爲移動空氣能量的效率，又分爲全壓效率與靜壓效率兩種。全壓效率(η_T)之定義如式(6-21)：

英制：

$$\eta_T = \frac{H_a}{H_b} = \frac{P_T(\text{in.H}_2\text{O}) \cdot Q(\text{ft}^3 / \text{min})}{6,356 H_b(\text{hp})} \tag{6-27}$$

公制：

$$\eta_T = \frac{H_a}{H_b} = \frac{P_T(\text{mmH}_2\text{O}) \cdot Q(\text{m}^3 / \text{min})}{6,120 H_b(\text{kW})} \tag{6-28}$$

$$\eta_T = \frac{H_a}{H_b} = \frac{P_T(\text{Pa}) Q(\text{m}^3 / \text{s})}{H_b(\text{W})} \tag{6-29}$$

若把式(6-27)～(6-29)中的全壓以靜壓取代之，則可得到靜壓效率(η_s)。因此，所謂靜壓效率定義如下：

英制：

$$\eta_s = \frac{P_s(\text{in.H}_2\text{O}) \cdot Q(\text{ft}^3 / \text{min})}{6,356 H_b(\text{hp})} \tag{6-30}$$

公制：

$$\eta_s = \frac{H_a}{H_b} = \frac{P_s(\text{mmH}_2\text{O}) \cdot Q(\text{m}^3 / \text{min})}{6,120 H_b(\text{kW})} \tag{6-31}$$

將不同類型風扇之全壓、靜壓、馬力、全壓效率以及靜壓效率等五個參數對風量作圖，則可得到圖 6-19、圖 6-20 之性能曲線圖。各種不同風扇之全壓效率之尖峰效率範圍可參考 6-4。

表 6-4　各種不同類型風扇之全壓效率

風扇之類型	尖峰效率範圍 (Peak Efficiency Range)
離心式風扇	
翼截式、後曲式	79～83
改良之徑向葉片式	72～79
徑向葉片式	69～75
高壓風機	58～68
前曲式	60～65
軸流式風扇	
翼軸式	78～85
管軸式	67～72
螺槳式	45～50

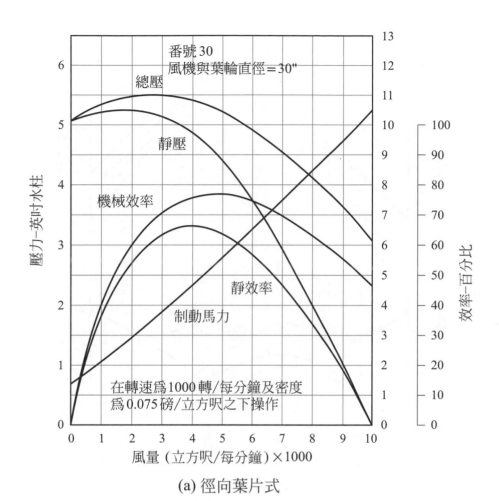

(a) 徑向葉片式

圖 6-19　各類離心式風扇的性能曲線

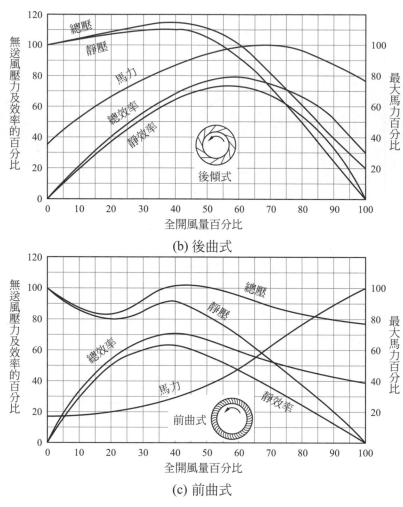

(b) 後曲式

(c) 前曲式

圖 6-19　各類離心式風扇的性能曲線(續)

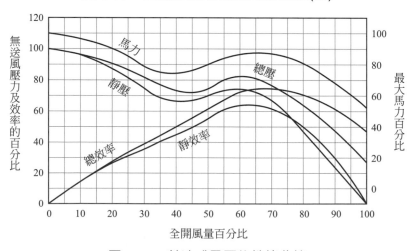

圖 6-20　軸流式風扇的性能曲線

6-3-4 風機定律(Fan Laws)

除了由廠商提供的風機資料外，幾何形狀相似的風機其彼此間的性能關係亦可透過風機定律來加以描述；涉及的變數包括風機的大小、旋轉速率、風量、靜壓、馬力(軸功率)和機械效率等。當某系統需要改變風機大小時，風機定律提供吾人一有用的工具以決定所需的風機類型。給定一新的風機轉速，某風機之新的操作點亦可透過風機定律求出。

同一風機風量大約與轉速成正比，亦即：

$$\frac{Q_1}{Q_2} = \frac{N_1}{N_2} \tag{6-32}$$

式中 N 為風機轉速，下標 1 與 2 分別為兩種不同轉速。

$$\frac{P_{S,1}}{P_{S,2}} = \frac{P_{T,1}}{P_{T,2}} = (\frac{N_1}{N_2})^2 \tag{6-33}$$

$$\frac{H_{b,1}}{h_{b,2}} = \frac{P_{T,1}Q_1}{P_{T,2}Q_2} = (\frac{N_1}{N_2})^3 \tag{6-34}$$

公式(6-32)～(6-34)僅適合相同尺寸的風機間之比較。如果將空氣密度與轉速固定，則風量、壓力及軸功率與風機尺寸的關係式可表示為：

$$\frac{Q_1}{Q_2} = (\frac{D_1}{D_2})^3 \tag{6-35}$$

$$\frac{P_{S,1}}{P_{S,2}} = \frac{P_{T,1}}{P_{T,2}} = (\frac{D_1}{D_2})^2 \tag{6-36}$$

$$\frac{H_{b,1}}{H_{b,2}} = \frac{P_{T,1}Q_1}{P_{T,1}Q_2} = (\frac{D_1}{D_2})^5 \tag{6-37}$$

例題 6-3

事業單位為加強排氣效果，增加風機轉速，使氣罩表面風速增為原來之1.2 倍。依風機定律(fan laws)，請計算風機所需動力，增為原來之幾倍。
(請列出計算式，答案四捨五入到小數點以下 1 位)

解

依連續方程式：Q = VA

風速(V)增為原來之 1.2 倍，所以風量(Q)亦增加為原來之 1.2 倍，

由風機定律：

$\dfrac{Q_2}{Q_1} = \dfrac{N_2}{N_1} \Rightarrow$ 風量增加 1.2 倍，轉速(N)增加 1.2 倍

又 $\dfrac{L_2}{L_1} = (\dfrac{N_2}{N_1})^3$

$\therefore L_2 = L_1(\dfrac{N_2}{N_1})^3 = L_1(\dfrac{1.2N_1}{N_1})^3 = L_1(1.2)^3 = 1.728L_1$

亦即，風機所需動力，增為原來之 1.7 倍。

6-3-5 風機額定表(Fan Rating Table)

如前所述，改變風扇轉速具有改變靜壓曲線的效果，如圖 6-16 所示。因此，對於一特定型式的風扇而言，存在與每一個風扇轉速相對應的靜壓曲線。這些靜壓曲線分別具有與它們相關的其它 4 條曲線(全壓、馬力、全壓效率、靜壓效率)的集合，所以對每個風扇而言都可以建構無數條曲線。風扇製造廠商發現，這麼豐富的數據以表格的形式呈現比大量的曲線組合要簡單得多了。表 6-5 顯示了後傾葉片式離心風機的典型風扇額定表。表中每一行對應的是一個固定的風量，且每兩列一對對應到一風扇靜壓。該表顯示了獲得每一個 Q 和 FSP 之組合所需的風扇轉速，以及驅動風扇所需的制動功率。若從表中選擇某一特定轉速，則可構成上述之風扇曲線。為了說明風扇曲線的構成步驟，於表 6-5 中為

了醒目已在接近 600rpm 和 800rpm 的相關條目加註了底線,並另外彙整在表 6-6 的前三列中。利用式(6-30)來計算表 6-6 中每種狀態下的靜壓效率,再記載於該表之第四列。如此一來,表 6-6 中的值便可以用於繪製 600rpm 和 800rpm 之風扇靜壓(如圖 6-21(a))、制動馬力(圖 6-21(b))和靜壓效率(圖 6-21(c))等風扇曲線了。由這些圖就可以很容易地看出風扇轉速改變的影響。利用這種方式所繪製的後傾葉片式離心風機之實際風扇曲線就如同圖 6-21(b)中所顯示的情況。在正常的狀況下,靜壓效率曲線通常不會包含在風扇額定表中,而是將最大效率點所對應的各個靜壓值在表中加畫底線或塗以陰影。以表 6-5 為例,在靜壓 4in.H_2O 下運轉時的最大效率點是發生在風扇轉速 553rpm、風量 9,000cfm 的組合;而在靜壓 5in.H_2O 下運轉時的最大效率點是發生在風扇轉速 626rpm、風量 11,000cfm 的組合。因此,可推測風扇轉速 600rpm 的最大效率點,風量應該是在 9,000～11,000cfm 之間,此點也可由圖 6-21(c)獲得印證。

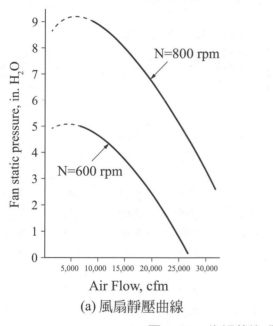

(a) 風扇靜壓曲線

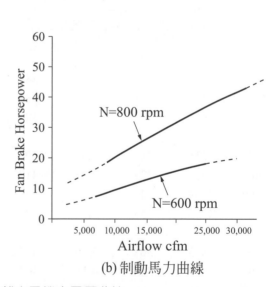

(b) 制動馬力曲線

圖 6-21　後傾葉片式離心風機之風扇曲線

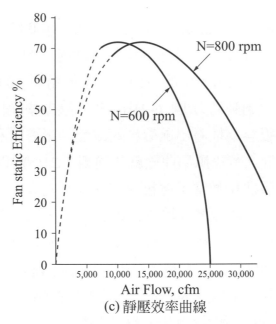

(c) 靜壓效率曲線

圖 6-21　後傾葉片式離心風機之風扇曲線(續)

表 6-5　後傾葉片式離心風機的典型風扇額定表(部份摘錄)

CFM	Outlet Velocity	1in. S.P.		2in. S.P.		3in. S.P.		4in. S.P.	
		rpm	hp	rpm	hp	rpm	hp	rpm	hp
4,000	867	273	0.88						
5,000	1084	280	1.09	383	2.24	466	3.48		
6,000	1301	291	1.33	388	2.63	469	4.04	539	5.53
7,000	1518	302	1.60	396	3.05	473	4.62	541	6.27
8,000	1735	315	1.91	406	3.52	480	5.23	546	7.04
9,000	1952	327	2.26	417	4.03	489	5.89	553	7.85
10,000	2169	340	2.65	429	4.59	500	6.61	561	8.71
11,000	2386	353	3.10	441	5.21	511	7.38	571	9.64
12,000	2603	368	3.60	454	5.88	522	8.22	582	10.6
13,000	2819	383	4.18	466	6.61	534	9.12	593	11.7
14,000	3036	398	4.83	479	7.39	547	10.1	605	12.8
15,000	3253	415	5.55	492	8.25	560	11.1	617	14.0
16,000	3470	431	6.36	506	9.19	572	12.2	630	15.3
17,000	3687	448	7.25	521	10.2	585	13.4	642	16.7
18,000	3904	465	8.24	536	11.4	598	14.7	655	18.1
19,000	4121	483	9.32	551	12.6	612	16.0	668	19.6

CFM	Outlet Velocity	1in. S.P.		2in. S.P.		3in. S.P.		4in. S.P.	
		rpm	hp	rpm	hp	rpm	hp	rpm	hp
20,000	4338	501	10.5	567	13.9	626	17.5	680	21.2
21,000	4555	519	11.8	583	15.4	640	19.1	693	22.9
22,000	4772	537	13.2	<u>600</u>	16.9	655	20.8	707	24.8
23,000	4989	556	14.7	616	18.6	671	22.6	721	26.7
24,000	5206	575	16.4	633	20.4	687	24.6	736	28.8
25,000	5422	<u>593</u>	18.2	650	22.4	703	26.7	751	31.1
26,000	5639			668	24.5	719	28.9	766	33.4
27,000	5856			686	26.7	735	31.3	782	36.0
28,000	6073			703	29.0	752	33.8	<u>797</u>	38.6
29,000	6290			721	31.5	769	36.5	813	41.4
30,000	6507			740	34.2	786	39.3	830	44.4
31,000	6724			758	37.1	<u>803</u>	42.3	846	47.6
32,000	4941			777	40.1	821	45.4	863	50.9

表 6-6　利用典型風扇額定表(表 6-5)計算靜壓效率

FSP(in. H$_2$O)	Q(cfm)	H$_b$(hp)	η_s(%)
At 600 rpm			
1	25,000	18.2	2
2	22,000	16.9	41
3	18,000	14.7	58
4	14,000	12.8	69
5	7,000	8.0	69
At 800 rpm			
3	31,000	42.3	35
4	28,000	38.6	46
5	25,000	35.6	55
6	22,000	33.2	63
7	19,000	30.7	68
8	15,000	26.2	72
9	9,000	18.7	68

6-5 系統阻力曲線與操作點

6-5-1 阻力曲線

　　局部排氣系統中，為了將所需的風量由一地送至另一地，所以風機除了擔負所需的風量及靜壓外，風機的入口或出口處配有或長或短的管路、為了遷就建築物或地形以及各種通風或集塵的目的，在管路的中間、末端、前端也配有各種不同的彎頭、大小閥門、熱交換器、冷卻器、集塵機、消音器及控制風量用的風門開關等配件，這些配件、管路和風機就構成了一通風系統。當風機吹出或抽入的風量通過上述管路和配件就會產生摩擦而造成壓力損失。該壓力損失對應風量的大小，可繪出一條系統阻力曲線。此一曲線的陡峭或平坦隨著管路的長短、口徑的大小、配件的不同而改變。同時阻力曲線的特性依氣流的狀態及不同的用途，可分為下列四種：

(一) $\Delta P = C$

　　固定阻力或靜阻力。阻力的大小不隨風量的大小改變。使用例：污水處理的曝氣系統。風機或鼓風機將空氣吹入池底，再由池底冒出氣泡。該水深即為系統的靜阻力。另一例是將氣體吹入已有某一壓力的大空間或桶，而該壓力則為系統的靜阻力，如圖 6-22(a)。

(二) $\Delta P = CQ$

　　此種阻力和風量大小呈正比。當管內的氣流狀態係在層流(Laminar Flow)時，亦即雷諾數(Reynold's Number)小於 2,000 時，氣體與管路的摩擦損失即屬此情形。使用例：集塵系統中袋濾器內濾布的壓力損失即為此例。(一般氣體通過濾布的速度大約為 0.5～2m/s)。阻力曲線如圖 6-22(b)。

(三) $\Delta P = CQ^n$

　　多變阻力(Polytropic Resistance)。此種阻力發生在層流和紊流(Turbulent Flow)之間。阻力曲線非呈正比，也非二次曲線，係介於兩者之間，如圖 6-22(c)。

(四) $\Delta P = CQ^2$

純紊流的摩擦損失或擾動阻力。當管內的雷諾數大於 2,000 時，亦即為紊流時，壓力損失和風量大小的平方呈正比，就是所謂的二次曲線。工業上的通風系統絕大部分均屬此種型式的阻力曲線，後續的討論亦以此種阻力為之，如圖 6-22(d)。

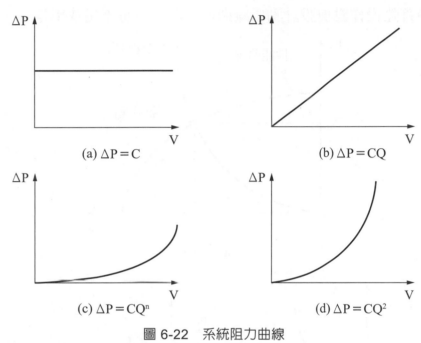

圖 6-22　系統阻力曲線

6-5-2　操作點

風機的性能曲線是由一連串的風量和靜壓的對應點連接而成，系統阻力曲線亦是由風量和壓力損失的對應點繪製成的二次曲線(氣流為紊流狀態時)。當風機出口或入口接上一管線系統後，兩曲線會自然地平衡相交在某一點，此點就是風機或系統的操作點(Operating Point)，如圖 6-23(a)。該風機就會在 P_{s1} 的靜壓力送出 Q_1 的風量，而該系統也是在 P_{s1} 的壓力損失下得到 Q_1 的風量。

以同一台風機分別裝在不同的三種阻力 R_1、R_2、R_3 的系統上，操作點會依阻力的大小，分別為①、②、③，如圖 6-23(b)所示。阻力較大者 R_2，曲線較陡峭，操作點為②，風機送出的風量 Q_2 較小，靜壓值較高。阻力較小者 R_3，曲線較平坦，操作點為③，風機送出的風量 Q_3 較大，靜壓值較低。R_1 則居其間。

如果同一管線系統 R 分別裝上三台不同大小的風機運轉，也會得到①、②、③三個操作點，如圖 6-23(c)。性能高的風機 F_3 與阻力曲線相交點③得到的風量 Q_3 較大。相對的，性能低的風機 F_2 與阻力曲線相交點②得到的風量 Q_2 較小。

由於系統的操作點，亦即系統所需的風量，是由風機的性能曲線和系統阻力曲線相交而得的，因此風機的選擇應力求適當，阻力曲線的估算也力求正確，才不致於使實際操作點與設計點偏離過遠，造成風量不足或風量過大。

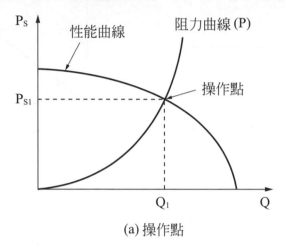

(a) 操作點

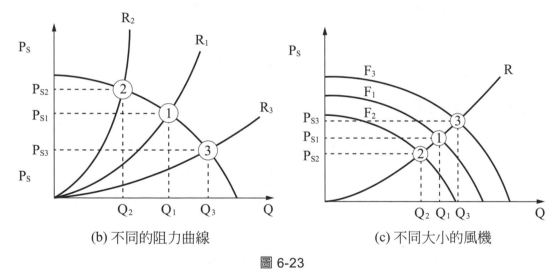

(b) 不同的阻力曲線 　　　　(c) 不同大小的風機

圖 6-23

6-6 風機與通風系統的搭配

風扇是通風系統的一部分(在整體換氣裝置中,風扇甚至就是代表一整個系統)。因此,瞭解風扇與系統其他部分的交互作用是系統設計的重要部分,才能對風扇型式、大小及轉速作適當的選用,如此一來才足以提供系統足夠的風量。

6-6-1 風機的選用

通常使用於整體換氣的風扇是螺槳式風扇,這類風扇能夠抵抗低阻抗、提供大風量,而這也是一般整體換氣裝置普遍的需求。一般整體換氣的風扇之選擇比較簡單而直接。儘管如此,由於各種原因,很多工廠所設置的整體換氣還是為風扇無法正常運轉所苦。例如,選擇的風扇尺寸不正確、安裝位置不正確、更換空氣(補氣)不足等等。一個設計得當的整體換氣裝置應該在靜壓接近零的狀況下運轉,如此一來螺槳式風扇才能夠輸送最大的風量。然而,在這些系統中,最常見的設計缺陷是缺乏適當的補氣系統,如果不能以機械力向被排出空氣的房間供給相當於排氣氣流量的空氣,則風扇的持續運轉將會對房間內的空氣造成負壓狀態。

至於局部排氣系統的風機之選擇正確與否則涉及風機特性和排氣系統特性的匹配問題,才能獲得所需的排氣量。在局部排氣系統中,對大多數的管件來說,阻抗正比於平均風速的平方。這個論點,對氣罩、導管、彎管和其他各種管件來說基本上都符合。然而這個經驗法則對空氣清淨裝置來說並不適用,因為對大部分的空氣清淨裝置而言,壓力降係隨速度呈線性變化抑或是在一定的速度下會隨時間呈明顯的變化。

當風機的設計操作點一經選定,接下來就是選擇適當的風機,並將之加入通風系統,以便提供所要的風機靜壓和風量。吾人只需找出風機性能曲線與系統阻力曲線的交會點即為操作點。然而對設計者來說,比較有用的不是風機性能曲線,而是如表 6-5 所示的一系列之風扇額定表。後續介紹如何從一組額定表中選擇風機。

　　有關通風系統中風扇的擇定，首要工作就是風扇型式的選用。在一般情況下，整體換氣裝置係使用軸流式風扇；應用於不含粒狀汙染物的局部排氣系統可選用後傾葉片式離心風機；應用於含粒狀汙染物的局部排氣系統則使用徑向葉片式離心風機。當風扇的型式一經選定，接下來就是查找含有額定表的風機型錄。

　　如圖 6-24 所示，當前述的風機性能曲線與局部排氣導管系統的動力需求曲線疊合在一張圖上時，兩曲線的交點即操作點。由於性能曲線會隨風機轉速的不同而變動，因此操作點也會隨風機轉速的改變而移動。風機轉速愈高，所造成的風量愈大。以圖 6-24 中的動力需求曲線為例，當風機轉速分別為 275、350 與 425rpm 時，風機性能曲線與動力需求曲線交點所得操作點所對應的風量分別為 11、14 與 17m^3/min 左右。若欲使氣罩抽氣風量恰好等於設計值 12.3m^3/min，風機轉速大約為 310rpm 左右。此時所得的操作點恰好就是設計點。

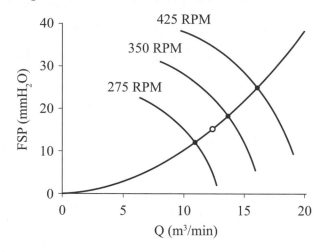

圖 6-24　不同轉速下風機性能曲線與導管動力需求曲線的交點即為操作點(實心圓點)，操作點
　　　　　與設計點(空心圓點)都在動力需求曲線上

一般導管動力需求曲線與風機性能曲線均選擇於 FSP 隨風量降低的區域交會，在此區域通常具有較高的效率、較低的噪音，最重要的是風量較穩定。局部排氣導管使用期間，導管動力需求曲線並不會保持固定，當導管或空氣清淨裝置(特別是袋濾器)發生阻塞時、導管因長久使用發生銹蝕或部份氣罩開啟關閉時，都會造成動力需求曲線的變化，如圖 6-25 所示，若有兩種風機可供選擇，分別為風機 1 與風機 2，其性能曲線分別以實線與斷線顯示，二者均與動力需求曲線交會於操作點 1。但是對風機 1 而言，交點位於 FSP 隨風量陡降的部分；對風機 2 而言，交點則位於 FSP 隨風量平穩變化的部分。當操作狀況改變致使性能需求曲線變動時，使用二風機的操作點分別移至操作點 2 與操作點 3。因操作點移動在橫軸(風量)的移動投影則有相當的差異。圖中顯示，使用風機 2 所造成的風量變化(ΔQ_2)大於使用風機 1(ΔQ_1)。

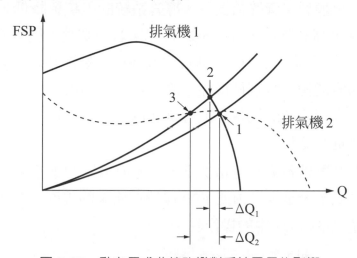

圖 6-25　動力需求曲線改變對系統風量的影響

阻塞、氣罩關閉、擋板關閉與導管銹蝕等因素都會使局部排氣系統的阻抗增加，也就在相同的 FSP 下所得到的風量降低，此時動力需求曲線會向上移動。如圖 6-26 所示，若風機轉速不變，新的交點(操作點 2)會位於原操作點(操作點 1)的左上方，造成風量的降低。在此種狀況下，若能適度提高風機轉速，可將操作點移至原操作點的正上方(操作點 3)，使風量回復。由於 FSP 也較原來提高，故消耗功率也隨之提高。

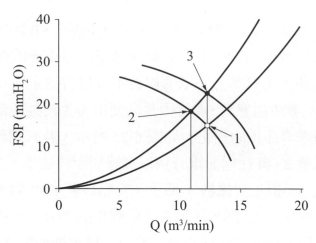

圖 6-26　導管阻抗增加對操作點的影響以及風機轉速調整方式

　　與前述相反，在導管或管件發生洩漏、安裝開啟新的氣罩、擋板開放、更換新的濾袋等、更換新導管等情況下，導管系統的阻抗會降低，也就是在相同的 FSP 下可得到更高的風量。如圖 6-27 所示，若不調整風機轉速，系統的風量會提高(操作點 1 移至操作點 2)。若非發生洩漏或安裝開啟新的氣罩，可考慮降低風機轉速以節省能源。特別值得注意的一點，無論動力需求曲線或風機性能曲線的風量是全導管系統的風量，或者是通過風機的風量，此風量為通過所有氣罩與洩漏點風量的總和。

　　在洩漏或安裝開啟新氣罩等情況下，通過原氣罩的風量反而會降低。為保持通過原氣罩的風量，至少必須使 FSP 保持在原來的程度。在此種考量下，則須提高風機轉速(如圖 6-27 中的操作點 3)。

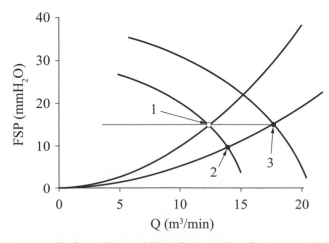

圖 6-27　加裝新的氣罩時，導管阻抗降低對操作點的影響以及風機轉速調整方式

6-6-2 系統風量

系統阻力曲線如果可以很正確的估算出來，且風機的選擇亦適當時，實際的操作點就會落在設計點(System Design Point)1 上，如圖 6-28(a)。P_{s1} 為設計的壓力損失，亦為實際的壓力損失。Q_1 為設計的系統風量，亦是實際所需的風量，此為理想的情況。但是實際上大部分的設計阻力曲線往往會和實際阻力曲線有出入。如果實際阻力高於設計值時，如圖 6-28(a)的 R_2 的阻力曲線，操作點會落在②上，系統所得到的風量只剩下 Q_2，比設計需求的 Q_1 少了 ΔQ_2 (= $Q_1 - Q_2$)。而實際的壓力損失卻增為 P_{s2}，也就是在設計風量 Q_1 之下，實際的壓力損失比設計值多出了 ΔP_2。此種情形除了是系統阻力的低估外，經常為系統工程師所疏忽的一件事，就是「系統影響」(System Effect)未考慮所造成的，如圖 6-28(b)。此項系統影響因素簡單的說就是風機出入口的配管不良造成風機性能降低，使得系統風量不足。因此估算系統阻力時，一定要考慮上述影響，才不致造成系統的性能不足。此資料可參考"AMCA Publication 201"。

另外，一般系統工程師在估算好系統的壓力損失後，大多會加上一「安全係數」(Safety Factor)，以避免因某些壓力損失未估算，造成運轉後風量不足。但是此項係數經常會造成實際的阻力低於設計的規格，如圖 6-28(a)的 R_3 阻力曲線，操作點會落在③點上。風量 Q_3 為系統實際的風量，比原設計規格風量 Q_1 多出了 ΔQ_3 (= $Q_3 - Q_1$)。實際壓力損失則降至 P_{s3}，設計壓力 P_{s1} 比實際值多出 ΔP_3。如果風機為離心式時，電流會偏高，必須留意馬達的電流是否會超載。

如果風機的性能選擇不當時，也會發生風量不足或過大，如圖 6-28(c)。R 為阻力曲線，F_1 為適當性能之風機，①為操作點，Q_1 及 P_{s1} 為設計的也是預期的風量和靜壓值。但是風機選擇太小時，操作點可能為②點，此時風量 Q_2 不足，壓力損失 P_{s2} 亦較低。風機如果選擇過大時，操作點則變為③，對應的風量 Q_3 偏大，壓力損失 P_{s3} 亦較高。

當風機接上一通風系統運轉，如碰到以上的情形時，很可能風機要增速或降速，甚至需更換整台風機。因此估算阻力曲線及選擇風機應力求正確。但實際的阻力曲線會受到管路及配件實際製作尺寸以及設計參考數據誤差的影響，並不是很容易估算得很準確，只能靠長期的累積經驗及測試求得數據，才能使設計值與實際值儘可能重疊。有些為了特定的目的，在計畫時即將風機的規格加大，但需注意加大風量的比例和加大靜壓的比例並不相同，以免運轉後與設計點偏離太遠，以致風機的操作點偏離風機的最高效率點(Best Efficiency Point)。同樣的，加大的規格不要過大，若以風門開關控制風量，長期運轉會造成相當大的能源浪費。

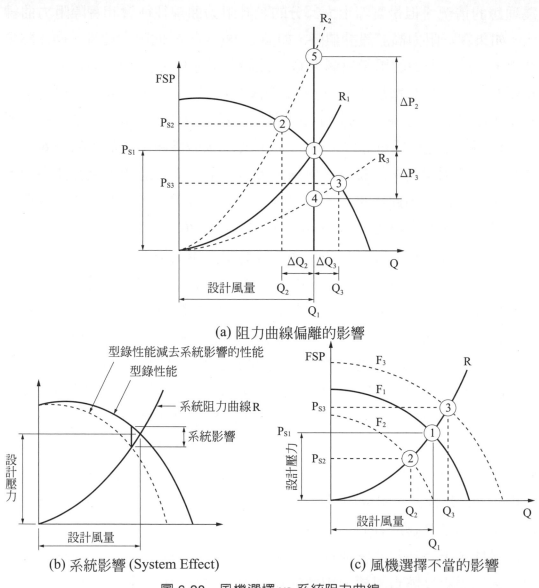

(a) 阻力曲線偏離的影響

(b) 系統影響 (System Effect)

(c) 風機選擇不當的影響

圖 6-28 風機選擇 vs.系統阻力曲線

6-6-3 風機聯結運轉

聯結運轉係指兩部或兩部以上的風機並聯或串聯運轉。當系統風量不足或產量欲增大需要較大風量時,就可考慮以並聯或串聯的方式來達到上述目的。一般的說法是當系統需要較大風量時,採用並聯運轉;而系統需要較高壓力時,則採用串聯運轉。上述說法僅對了一半,如果未能充分檢討阻力曲線與聯結運轉後的性能曲線,則無法得到預期的效果,甚至可能並聯或串聯後的風量反而比單台運轉所送出的風量還少。

一、並聯運轉

並聯運轉是兩台風機並排,出口接上同一管路系統,以期得到較大的風量,如圖 6-29。

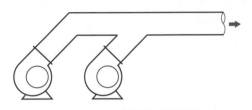

圖 6-29　風機並聯運轉

1. 相同性能的兩部風機並聯運轉。無論阻力曲線如何,並聯後的風量都會大於單台運轉送出的風量,如圖 6-30(a)。系統阻力較大時,如阻力曲線 R_2,當單台運轉時,操作點為㉑,並聯運轉後,操作點成為㉒。系統阻力較小如 R_2 阻力曲線,單台運轉時,操作點為㉛,兩台並聯運轉後,操作點為㉜。比較阻力曲線 R_1、R_2、R_3 的並聯操作點,可以得知:並聯後的風量均大於單台運轉的風量。其中阻力較小的管路系統,並聯後的效果較大,亦即風量增加的比例較大。阻力大的管路系統,並聯後的效果就相當有限。其中必須注意一點,就是當一台風機單台運轉時能送出 $100m^3/min$ 風量時,兩台相同風機並聯運轉後所送出的風量也不可能達到 $200m^3/min$。至於風量會增加多少,要由阻力曲線與性能曲線相交的操作點分析才可得知。至於並聯運轉後的馬力負載則會低於單台運轉的負載,見圖 6-30(a)。

2. 不同性能的兩部風機並聯運轉。它的運轉情形就複雜多了，首先必須知道較小風機 F_2 的逆流性能，並繪出大小 2 部風機並聯運轉的性能曲線，如圖 6-30(b) 的 F_{12}。F_{12} 曲線會與較大風機的性能曲線 F_1 相交於⑫點，此點我們姑且稱它為臨界點。因為阻力曲線 R_1 與並聯運轉後的性能曲線 F_{12} 相交於⑫點時，系統的風量 Q_1 仍維持和較大風機單台運轉相同的風量 Q_1'，也就是較小那台風機根本未送出風量。此係管路內的壓力剛好等於較小風機零風量的靜壓值，因此出口完全被堵死，當然送不出風來。管路的阻力如果偏大，如 R_2 阻力曲線，與曲線 F_{12} 交於㉒點，此時系統的風量 Q_2 反而比較大風機 F_1 單台運轉的風量 Q_2' 還小。這是因為系統內的壓力高於 F_2 風機的最大靜壓值，風量經由 F_2 風機的入口逆流出去所致。反過來說，管路阻力較小時，如阻力曲線 R_3，當它與並聯運轉的性能曲線 F_{12} 的交點，在⑫點的右邊時，如點㉜，並聯後操作點的風量 Q_3 就會大於其中任何一台的風量。由此可以得到一個結論：大小兩台風機並聯運轉時，以⑫點為臨界點，如果系統的阻力曲線與並聯後的性能曲線的交點在⑫點左邊，系統所獲得的風量反而變小，並不適合採用並聯。如果交點在⑫點的右邊，系統的風量就會增大，可採用並聯運轉。

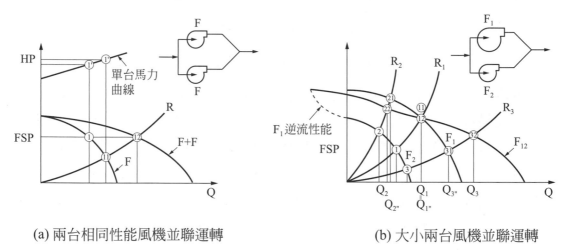

(a) 兩台相同性能風機並聯運轉　　　　　(b) 大小兩台風機並聯運轉

圖 6-30

二、串聯運轉

串聯運轉是將一台風機的出口接至另一台風機的入口，藉以提高運轉後的靜壓，得到較大的風量，如圖 6-31。

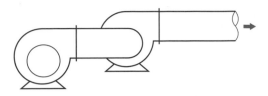

圖 6-31　風機串聯運轉

1. 相同性能兩部風機串聯運轉。此種場合可將一台的性能曲線在各風量下的靜壓值加倍，就可繪出一串聯的性能曲線，如圖 6-32(a)。系統阻力較大時，如阻力曲線 R_2，單台操作點為㉑，串聯後的操作點為㉒。系統阻力較小者，如 R_3，單台操作點為㉛，串聯後的操作點為㉜。比較 R_1，R_2，R_3 阻力曲線的串聯操作點和單台操作點，可以得知：阻力較大之管路系統，串聯後的效果較大，亦即風量增加的比例較大，而阻力小的管路系統，串聯後的靜壓與風量增加較有限。另外如並聯運轉一樣，兩台串聯接的性能曲線與阻力曲線相交的操作點，系統的靜壓值也不會成為單台操作點的兩倍。故串聯後的靜壓值仍然是「1 + 1 ≠ 2」。但要注意一點：由於串聯後，每一台風機送出的風量都比單台運轉時的風量增大，必須注意馬達是否會超載(Over Load)。

2. 不同性能的兩部風機串聯運轉。此種運轉和並聯一樣，也較複雜。串聯的性能曲線如圖 6-32(b)。當 R_1 阻力曲線與串聯的性能曲線 F_{12} 相交在點⑫，同時也交於較大風機性能曲線 F_1 上的⑪點，此點也稱為臨界點。

    因為 R_1 阻力曲線與 F ⑫曲線相交於⑫點時，串聯後的運轉風量 Q_1 仍維持和較大風機單台運轉的風量 Q_1'相同，此時小台風機已送出它最大的風量(Free Delivery)，也就是小台風機的出入口壓差等於零。

    管路阻力如果偏大，如 R_2，則與串聯性能曲線 F_{12} 交於點㉒，此時串聯後運轉的風量 Q_2 大於大小兩台風機單台運轉的風量 Q_2'及 Q_2''。

    反觀當阻力較小如 R_3，串聯的性能曲線 F_{12} 與 R_3 交於㉜時，串聯後操作點的風量反而比大台風機 F_1 單台運轉的風量為低。此時因風量已超出小台風機的最大風量值，它在串聯運轉上反而成了一種阻礙，也就是相當一個風門開關限制著大台風機的風量。因此也可得到一個結論：大小兩台風機串聯運轉，以點⑫為臨界點，如果串聯後的操作點在它的左邊，則串聯後的風量會增大，可採用串連。如果串聯後的操作點在它的右邊，則串聯後的風量反而減少，不適合採用串連。

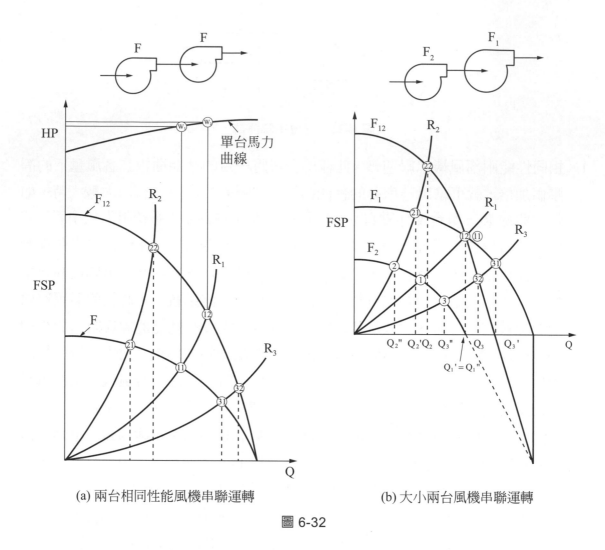

(a) 兩台相同性能風機串聯運轉　　　　(b) 大小兩台風機串聯運轉

圖 6-32

三、並聯與串聯運轉的選擇

　　當一個現有的系統風量不足或欲增大產量而需要較大風量時，如果希望以聯結另一台風機來達到目的時，到底是並聯運轉，或是串聯運轉好呢？一般的想法，可能認為只要是增加風量的場合就應該採並聯，而感覺壓力不足者，就應採用串聯。此說法並不完全是對的；因為一個系統的阻力曲線若為動阻力，即 $\Delta P = CV^2$ 時，風機的靜壓是用來克服管路阻力，只是手段，它的目的是要送出需要的風量。因此上述問題的考慮方向，應該是那種聯結方式可以得到較多的風量，就應採用那種方式，當然也不能忽略馬力負載的問題。以下就三種可能性提出討論。

1. 兩部性能相同的風機。先同時繪出並聯與串聯的性能曲線，如圖 6-33(a)。由圖上的阻力曲線與並聯、串聯的性能曲線的交點可知，不管串聯或並聯運轉後的風量均會增大。以 R_1 阻力曲線上的 ①s 點為臨界點，如果在 ①s 點左邊的阻力曲線，如 R_2，採用串聯所得到的風量 Q_{2s} 比採用並聯的風量 Q_{2p} 大，此種場合宜採串聯運轉。而阻力曲線在 ①s 右邊時，如 R_3，採用串聯所得到的風量 Q_{3p} 反而比並聯的風量 Q_{3p} 小，因此宜採用並聯。

2. 一大一小的風機，如圖 6-33(b)。仍以 R_1 阻力曲線上的①點為臨界點，當阻力曲線，如 R_2 在它的左邊時，串聯後的風量 Q_{2s} 會增大，並聯後的風量 Q_{2p} 反而比大台風機單台運轉的風量 Q_2 小。當阻力曲線，如 R_3 在①點右邊時，串聯後的風量 Q_{3s} 反而會減少，並聯後的風量 Q_{3p} 增大。因此當系統的阻力曲線在①點左邊宜採串聯運轉，在①點右邊宜採並聯運轉。

　　以上的聯結運轉，採用並聯運轉時，單機的馬達負載會低於單台運轉的負載，因此無虞超載的問題。但是採用串聯運轉時，單機的馬達負載會加大，必須注意是否會超載，以免風量是增加，但馬達卻冒煙了。

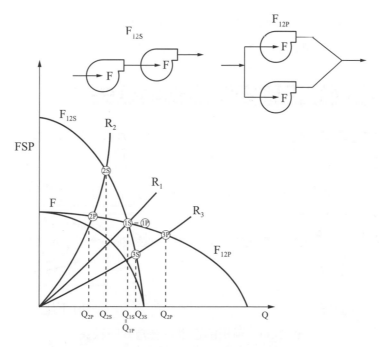

(a) 兩部性能相同風機並聯及串聯運轉的比較

圖 6-33　風機並聯及串聯運轉的比較

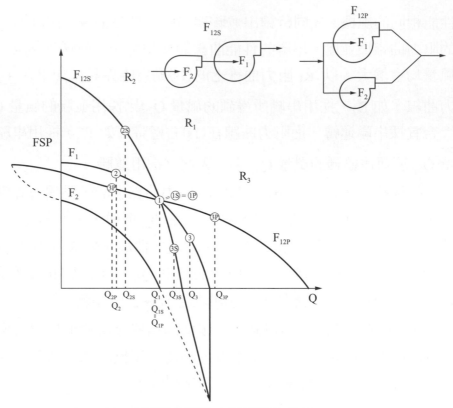

(b) 一大一小風機並聯及串聯運轉的比較

圖 6-33　風機並聯及串聯運轉的比較(續)

6-7 風機的正確安裝方式與缺失

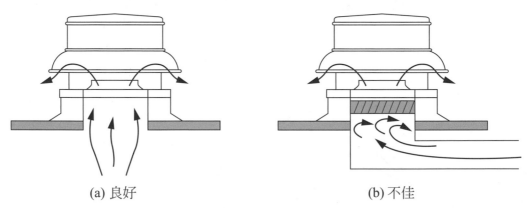

(a) 良好　　　　　　　　　(b) 不佳

圖 6-34　風機的正確安裝方式與缺失

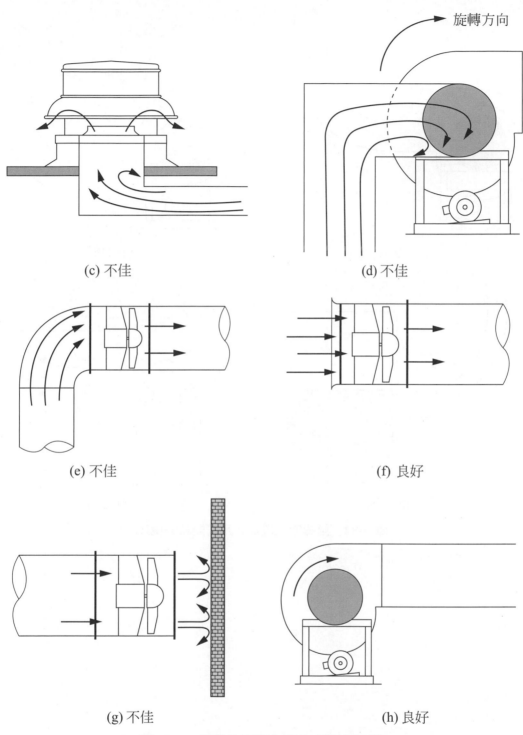

(c) 不佳   (d) 不佳

旋轉方向

(e) 不佳   (f) 良好

(g) 不佳   (h) 良好

圖 6-34　風機的正確安裝方式與缺失(續)

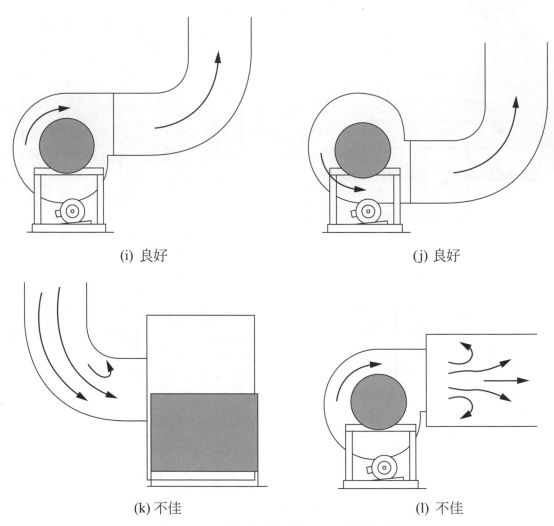

(i) 良好　　　　　　　　　　　　　　(j) 良好

(k) 不佳　　　　　　　　　　　　　　(l) 不佳

圖 6-34　風機的正確安裝方式與缺失(續)

1. AMCA. 1986. Drive arrangements for centrifugal fans. Standards Handbook 99-2404-86-R1998. Air Movement and Control Association, Arlington Heights, IL.

2. AMCA. 1986. Laboratory method of testing: In-duct sound power measurement procedure for fans. ANSI/AMCA Standard 330-86 (ANSI/ASH- RAE Standard 68-1986).

3. AMCA. 1990. Fans and systems. Application Guide 201-90.

4. AMCA. 1996. Reverberant room method for sound testing of fans. Standard 300-96.

5. AMCA. 1999. Laboratory methods of testing fans for aerodynamic performance rating. ANSI/AMCA Standard 210-99(ANSI/ASHRAE Standard 51-1999).

6. ASHRAE. 1986. Laboratory method of testing in-duct sound power measurement procedure forms. ANSI/ASHRAE Standard 68-1986 (ANSI/ ΛMCΛ Standard 330-86).

7. ASHRAE. 1999. Laboratory methods of testing fans for aerodynamic performance rating. ANSI/ASHRAE Standard 51-1999(ANSI/ AMCA Standard 210-99).

8. Clark, M.S., J.T. Barnhart, F.J. Bubsey, and E. Neitzel. 1978. The effects of system connections on fan performance. ASHRAE Transactions 84(2):227.

9. Graham, J.B. 1966. Fan selection by computer techniques. Heating, Piping and Air Conditioning (April):168.

10. Graham, J.B. 1972. Methods of selecting and rating fans. ASHRAE Symposium Bulletin SF-70-8, Fan Application—Testing and Selection.

11. 風扇的特性與適用範圍,風扇系統節能簡訊,第三期,97 年 9 月。

12. William A. Burgess, Michael J. Ellenbecker, Robert D. Treitman 2004. Ventilation for Control of the Work Environment, 2nd Edition, John Wiley & Sons, Inc.

Chapter

7

空氣清淨裝置

 7-1 前言

　　空氣清淨裝置的功用在於確保排出的空氣不致對大氣造成污染。除此之外，空氣清淨裝置尚可保護設置於其下游的排氣機不受局部排氣系統內之有害物質的腐蝕、粉塵沉積甚至爆炸。空氣清淨裝置包括除塵裝置與廢氣處理裝置。除塵裝置又包括重力沉降室、慣性除塵裝置、離心分離機、濕式集塵器、靜電集塵器與袋濾式集塵器等；廢氣處理裝置則有吸收塔、焚燒爐等。空氣清淨裝置往往是局部排氣設備中造成壓力損失最大的部份。

　　一個完整的空氣污染控制系統包括廢氣收集系統，預處理設備(如旋風集塵器)，避免因溫度過高而損害設備的溫度調理器(如熱交換器)，控制設備本體、驅動廢氣流動的風機(風車)，及粉塵排放系統與相關附屬設施。以下介紹基本控制流程中幾個主要單元的功能與特性。

1. 廢氣收集系統(或稱氣罩)

　　廢氣收集系統是整個控制流程中最重要的單元，收集效率的好壞是影響污染控制系統效能的關鍵。如收集效率不佳，縱使後續設置一套高效能的處理設備，也僅能處理被收集進入處理設備內的粉塵，但其它從氣罩旁逸散的粉塵，則仍繼續對作業環境造成污染。

2. 預處理設備

　　空氣污染控制流程的規劃，須先考慮到被收集粉塵的特性，如果粉塵的顆粒太粗或過於尖銳，或有火星等可能對後續處理設備造成損害或超負荷者，這些粉塵在進入處理設備前都應先經一預處理設備後再進入後處理設備，以避免造成危害或降低其效能。

3. 溫度調理器

　　污染源所排放的廢氣溫度，因製程條件不同而各有差異。廢氣在進入主要設備前，必須先判斷其對設備的影響，並予以適當的調理。一般而言，廢氣須要調理的情形有下列兩種：

(1) 廢氣溫度過高

廢氣溫度太高會對處理設備造成損害或導致濾袋破裂等問題，故須於處理設備前，先降低廢氣溫度，而降低的程度，則須考慮設備材質所能承受的溫度範圍。若因濾袋的承受溫度而考量降溫，由於濾袋的材質種類及價格各異，故應同時顧及日後更換的成本。如果處理設備為靜電集塵器，則應顧及廢氣溫度對處理效率的影響。而降溫的方式亦應同時考慮濕度對處理效率的影響。降溫可分間接或直接冷卻、氣冷或水冷等各種方式。

(2) 廢氣溫度過低

各種不同的廢氣有其不同的露點(dew point)溫度，當廢氣成份中含水量高，且於露點下操作時，則廢氣中的水份將被冷凝而由氣態轉為液態，而這些冷凝水在設備中則易造成腐蝕、結垢及堵塞濾袋的現象。為避免這些現象的產生，須在控制設備前，先將廢氣予以升溫，以免損害控制設備。升溫的方法可配合控制設備的特徵選擇適當的設施。

4. 風機(風車、風扇)

送風機設置的位置的不同對集塵機亦會造成不同的影響。若送風機置於集塵器之前將廢氣吹入集塵器，稱為「正壓式集塵器」；反之，若送風機置於集塵器之後而廢氣是被吸入集塵器時，則稱為「負壓式集塵器」，如圖 7-2 所示。若採用負壓式設計，整個集塵機的結構需特別的加強以免設備外殼受壓變形。設計正壓集塵器時可以使用稍微弱一點的結構，但需防止送風機的葉片及軸承受粉塵的撞擊而容易損壞。

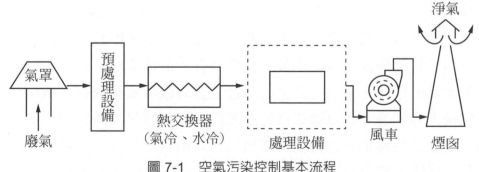

圖 7-1　空氣污染控制基本流程

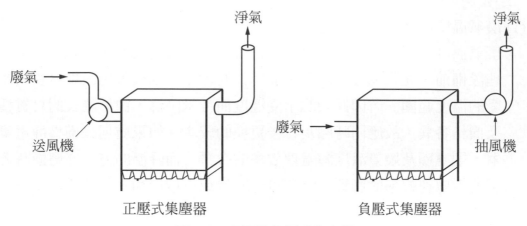

圖 7-2　正壓及負壓式集塵器

　　粒狀污染物之控制一般又稱為除塵系統，係利用重力、離心力、過濾、擴散附著力及靜電引力等物理作用來分離氣體中之粒狀物，常見之設備包含：重力沈降室、旋風式集塵器、濕式洗塵器、袋濾式集塵器、靜電除塵器。氣狀污染物之控制方法：常使用之方法包含，吸收、吸附、冷凝、燃燒。

　　重力沈降室基本上是一個擴張室，氣體進入一個大的擴張室後，速度減低，讓大的微粒有足夠的時間作重力沈降。因為重力沈降室不借助外力，對小微粒的收集效果不佳，因此工業界只用它來去除空氣動力直徑(指與一個微粒具有相同重力沈降速度的單位比重圓球之直徑)在 40～60μm 以上的大微粒。

　　旋風集塵器的基本原理是當氣體進入旋風器內時被迫旋轉，大微粒受離心力的影響，偏離流線而作徑向向外運動，最後到達旋風集塵器的內壁而被收集。旋風集塵器對於空氣動力直徑在 5μm 以下的微粒去除效果不佳，因此不適合單獨使用於燃燒製程之廢氣控制，往往只作為袋濾式集塵器及靜電集塵器的預淨器。旋風集塵器適用時機為：粗粒粉塵、高濃度粉塵或除塵效率要求不高時。

　　袋濾式集塵器是收集微粒最常用的方法之一，它使用濾布收集廢氣中的粉塵微粒。微粒被乾淨濾材收集的最主要機制有：慣性衝擊、直接截留和擴散三種，而當濾餅形成時，濾餅過濾便成為最主要的微粒收集機制。微粒被濾布及濾餅收集後，穿過濾布的氣體成為乾淨氣體，而被收集的微粒則需定期自濾布上清除。袋濾式集塵器通常的使用時機為：除塵效率要求高、具有經濟效益的粉塵回收、氣體溫度可降至攝氏二百多度以下或粉塵不具黏著性。

　　靜電集塵器是藉由放電電極線產生電暈放電(corona discharge)，使空氣分子游離而形成帶電的空氣離子，空氣離子進而接觸微粒使之帶電，帶電之微粒往與放電電極線之電性相反之集塵板方向運動而被收集。集塵板或放電電極線上累積之粉塵微粒需定期由敲擊器震落，由底部之漏斗收集及儲存，並定期排放。靜電集塵器通常的使用時機為：除塵效率要求高、具有經濟效益的粉塵回收、高溫廢氣除塵或廢氣及粉塵不具爆炸性。靜電集塵器與袋濾式集塵器相類似，對於 1μm 以下之微粒去除率均很高。

　　濕式洗塵器是利用液體除去微粒或有害氣體的設備。除塵的方式可以利用水直接噴入廢氣中，或者強使氣體通過水膜或薄片狀之水霧中，使粉塵與水滴接觸而被去除。此法既可有效去除粉塵微粒，也可去除有害氣體如 HCl 或 SO$_2$ 等。濕式洗塵器通常的使用時機為：氣體需要降溫、可燃性及爆炸性粉塵、欲同時去除粉塵及氣狀污染物或工廠有廢水處理設備時。除了文氏洗滌器(venturi scrubber)外，各種濕式集塵器對於 1μm 以下微粒之去除效果不佳。

　　以上數種控制設備的效率由高而低依序為袋濾式集塵器、靜電集塵器、濕式洗塵器、旋風集塵器及重力沈降室。所謂控制設備的效率 η(%)是指進入控制設備前的粉塵質量濃度 C$_i$(mg/Nm^3)被去除的百分率：

$$\eta(\%) = (1 - \frac{C_0}{C_i}) \times 100\% \tag{7-1}$$

其中 C$_0$ 是指經控制設備後的粉塵質量濃度(mg/Nm^3)，此 η(%)不考慮微粒粒徑。

　　若有兩個以上的控制設備串聯在一起，則總控制效率 η$_T$(%)為：

$$\eta_T(\%) = (1 - (1 - \frac{\eta_1}{100})(1 - \frac{\eta_2}{100}) \cdots \cdots (1 - \frac{\eta_n}{100})) \times 100\% \tag{7-2}$$

其中 η$_1$、η$_2$、⋯ η$_n$ 為第 1,2, ⋯, n 個控制設備之效率。

例題 7-1

　　有一粒狀污染物控制系統，由旋風集塵器和靜電集塵器串聯組成，旋風集塵器之去除效率為 65%，靜電集塵器之去除效率為 95%，請問此系統之總去除效率為多少%？

解

兩控制設備串聯在一起，則總控制效率 $\eta_T(\%)$ 為：

$$\eta_T(\%) = (1-(1-\frac{\eta_1}{100})(1-\frac{\eta_2}{100}))\times 100\%$$
$$= [1-(1.065)(1-0.95]\times 100\%$$
$$= 98.25\%$$

 # 7-2 重力沉降室

　　是最早用來控制粒狀污染物的設備之一。基本上它是一個擴張室，含塵氣流進入重力沉降室後，由於擴大流動截面積，而使氣體流速大為降低，使較重顆粒在重力作用下緩慢向灰斗沉降，如圖 7-3 所示。重力沉降室不借助外力，對小微粒的收集效果不佳。工業界只用它來去除空氣動力直徑(指與一個微粒具有相同重力沉降速度的單位比重圓球之直徑)在 40〜60mm 以上的大微粒。重力沉降室只能作為其他粒狀物控制設備之預淨器，單獨應用難以符合空氣污染排放法規。

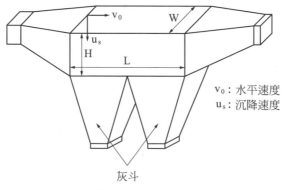

v_0：水平速度
u_s：沉降速度

灰斗

圖 7-3　重力沉降室

設水平氣流平均速度為 v_0(m/s)，粒徑為 dp 顆粒沉降速度為 u_s；沈降室長為 L(m)，高為 H(m)，處理氣體量 Q(m³/s)。

(一) 理論捕集效率

$$\eta = \frac{\dfrac{L}{v_0}}{\dfrac{H}{u_s}} = \frac{u_sL}{v_0H} = \frac{u_sLW}{Q} \quad 其中 \quad V_s = \frac{\rho_p dp^2 g}{18\mu} \tag{7-3}$$

(二) 沈降室所能捕集的最小粒徑

$$dp = (\frac{18\mu v_s}{\rho_p g})^{\frac{1}{2}} = (\frac{18\mu Q}{\rho_p gLW})^{\frac{1}{2}} \tag{7-4}$$

(三) 提高沈降室效率的主要途徑

1. 降低沈降室內氣流速度。
2. 增加沈降室長度。
3. 降低沈降室高度。

　沈降室內的氣流速度一般為 0.3～2.0m/s。

◎例題 7-2

有一沈降室長 7.0m，高 12m，氣速 30cm/s，空氣溫度 300K，塵粒密度 2.5g/cm³，空氣粘度為 28×10^{-6}Pa·s，求該沈降室能 100%捕集的最小粒徑。

解

假設粒徑 d 的微粒之控制效率為 η_d，則：

$$\eta_d = \frac{u_sL}{v_0H}，\quad u_s = \frac{v_0H}{L} \times 100\% = \frac{12 \times 30 \times 10^{-2}}{7} = 0.514 \text{m/s}$$

$$dp = (\frac{18\mu v_s}{\rho_p g})^{\frac{1}{2}} = (\frac{18 \times (2.8 \times 10^{-6})(0.0514)}{(2.5 \times 10^3) \times 9.8})^{\frac{1}{2}} = 1.03 \times 10^{-4} \text{m}$$

7-3 旋風集塵器

　　旋風集塵器通常用來收集氣動直徑大於 10μm 以上的微粒，常用在效率高的集塵器之前，當做預淨器。旋風集塵器是一種低成本的集塵設備。

　　如圖 7-4 所示，含塵氣流進入除塵器後，主要沿外壁由上向下作旋轉運動。當旋轉氣流的大部份到達錐體底部後，轉而向上沿軸心旋轉，最後經排出管排出。通常將旋轉向下之外圈氣流稱為外渦旋，旋轉向上之中心氣流稱為內渦旋(兩者的旋轉方向相同)。 氣流作旋轉運動時，塵粒在離心力作用下移向外壁，到達外壁之塵粒在氣流及重力共同作用下，沿壁面落入灰斗中。氣流從除塵器頂部向下高速旋轉時，頂部的壓力下降，一部份氣流帶著細小塵粒沿筒壁旋轉向上，到達頂部後，再沿排出管外壁旋轉向下，最後到達排出管下端附近，被上升的內渦旋從排出管排出，這股旋轉氣流稱為上渦旋。

　　旋風集塵器的微粒收集效率取決於微粒氣動直徑、旋風器直徑及其他相對尺寸的大小。有時可將數個旋風集塵器串聯或並聯使用，以增加收集效率。例如若將幾個小直徑的旋風集塵器並聯使用，作成所謂的多管式旋風集塵器，收集效率可以比單一個大的旋風器高，最小可收集到氣動直徑為 5μm 以上的微粒。

　　旋風集塵器依進氣方式分成三種型式：上部進氣式、軸向進氣式及下部進氣式，如圖 7-4 所示。其中上部進氣式(圖 7-4(a))是最典型的構造之一，氣體在集塵器的上方循切線方向進入集塵器的內部，以達到集塵的目的。在軸向進氣式的集塵器中(圖 7-4(b))，氣體由上方沿軸向方向進入，經過導翼後呈螺旋式的轉動，以達成集塵的效果。軸向進氣式旋風器所具有的氣體容量，約為同直徑之上部進氣式的兩倍。圖 7-4(c)所示的下部進氣的構造，通常使用於濕式洗滌器之後，以方便液滴之收集。氣體由下部循切線方向進入形成漩渦，含微粒的大顆粒液滴往內壁方向運動而被收集。

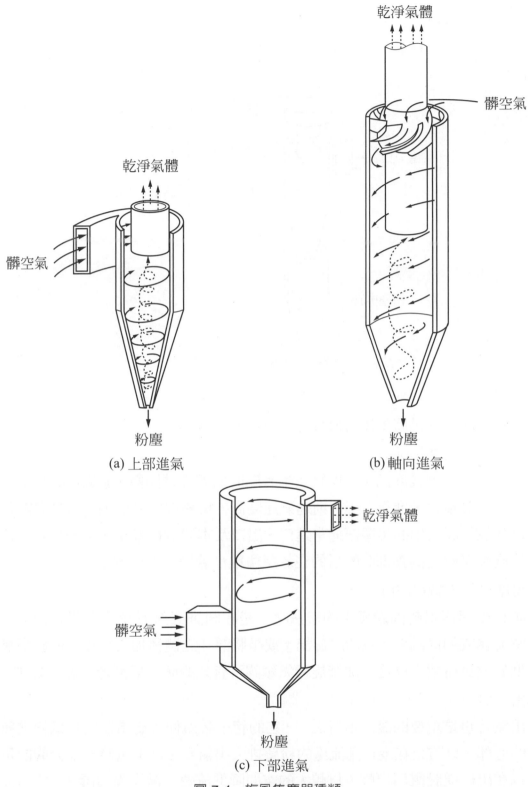

乾淨氣體

髒空氣

粉塵

(a) 上部進氣

乾淨氣體

髒空氣

粉塵

(b) 軸向進氣

乾淨氣體

髒空氣

粉塵

(c) 下部進氣

圖 7-4　旋風集塵器種類

常用的上部切線進氣式旋風集塵器如圖 7-5 所示，包含 4 個主要的部份：進氣口、本體(圓柱體和圓錐體)、粉塵排放口、出氣口。各項構造之功能說明如下：

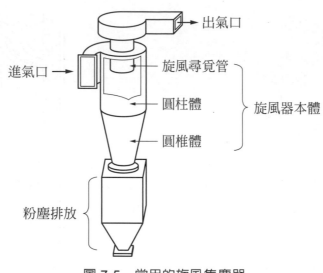

圖 7-5　常用的旋風集塵器

1. 進氣口

   進氣口的目的是將氣體的直線運動變成旋渦運動。

2. 圓柱本體及圓錐部分

   圓柱本體的總長度則決定與總效率有關的氣體旋轉圈數。進氣口的長度及寬度也十分重要，進氣口小，則進氣速度高，集塵效率會增加，但壓力降也隨之增加。高效率的集塵器通常進口、出口及本體直徑較小，全長較長。傳統的旋風集塵器圓錐部分的目的在於將微粒沿著壁上送至漏斗裡。

3. 粉塵排放系統(漏斗)

   防止粉塵再揚起問題發生的辦法之一是在圓錐底部與漏斗之間的管子加裝整流翼或軸向圓盤，以消除旋渦；或是將漏斗之體積加大加深，使旋渦無法低於收集粉塵之高度。加裝旋轉氣鎖閥可有效的防止氣流進入漏斗之中。

4. 出氣口

   出氣管也是重要的設計項目之一，它的管子必須伸入旋風器內且低於進氣口的底部，以防止在進口亂流處的粉塵排入出氣管。排出氣體一部分的能量可以在出口處設置出口鼓，以較大的空間降低流速，減少壓力降。

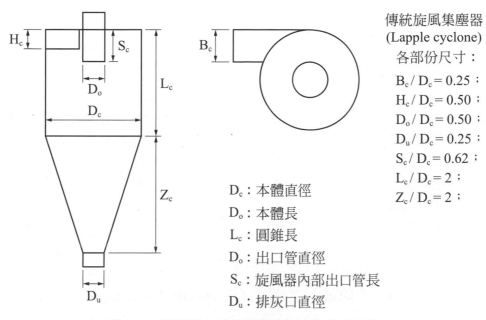

D_c：本體直徑
D_o：本體長
L_c：圓錐長
D_o：出口管直徑
S_c：旋風器內部出口管長
D_u：排灰口直徑

傳統旋風集塵器
(Lapple cyclone)
各部份尺寸：
$B_c / D_c = 0.25$；
$H_c / D_c = 0.50$；
$D_o / D_c = 0.50$；
$D_u / D_c = 0.25$；
$S_c / D_c = 0.62$；
$L_c / D_c = 2$；
$Z_c / D_c = 2$；

圖 7-6　切線進氣式旋風集塵器之各部份名稱

高效率的集塵器通常進口、出口及本體直徑較小，全長較長。傳統的集塵器直徑在 1.2 到 3.6 公尺之間，高效率者之直徑則小於 0.9 公尺。高效率旋集塵器之設計參數見圖 7-7 與表 7-1 所示。

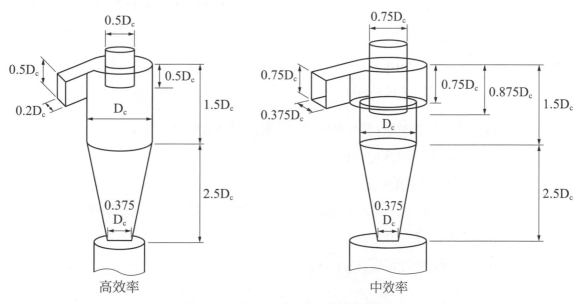

圖 7-7　高、中效率旋風集塵器設計

表 7-1　切線進氣旋風集塵器之設計尺寸比例

符號	名稱	高效率(Stairmand)	中效率(高風量)	傳統式(Lapple)
D_c	圓柱體直徑	1.0	1.0	1.0
H_c	進氣口高度	0.5	0.75	0.5
B_c	進氣口寬度	0.2	0.375	0.25
S_c	出口長度	0.5	0.875	0.625
D_o	出口直徑	0.5	0.75	0.5
L_c	圓柱體長度	1.5	1.5	2.0
Z_c	圓錐體長度	2.5	2.5	2.0
D_u	粉塵出口管直徑	0.375	0.375	0.25

旋風集塵器的性能可以用下列三個因子來表示之：

1. $[dp]_{cut} = dp_{50} = 50\%$去除效率之截取直徑(cut-off diameter)。

2. $\Delta P =$ 壓力降。

3. $\eta =$ 總效率。

(一) 截取直徑(Cut Diameter)

截取直徑越小，表示旋風集塵器可去除的微粒較小，效率較高；反之則效率較差。依據 Lapple(1951)的研究，截取直徑可以下面公式計算之：

$$[dp]_{cut} = (\frac{9\mu B_c}{2\pi N_t v_i (\rho_P - \rho)})^{\frac{1}{2}} \tag{7-5}$$

其中 $N_t =$ 旋轉總圈數(普通的旋風集塵器為 5 到 10 圈)

$v_i =$ 進口氣體速度(m/s)

$B_c =$ 進氣口寬度(m)

$\rho =$ 氣體密度(kg/m^3)，通常遠小於微粒密度 ρ_p，可忽略不計

$\rho_p =$ 微粒密度(kg/m^3)

$\mu =$ 氣體動力黏度(kg/m·s)

(二) 壓力降(Pressure Drop)

壓力降是使用污染控制設備者重要考慮參數之一。壓力降愈大的控制設備，意味著運轉所需之電力或能量愈高。一般而言，旋風集塵器之壓力降增高，集塵效率也愈高，但出口管的壓力回收裝置除外，它減少了壓力差，而集塵效率未受到影響。旋風集塵器的壓力降 $\Delta P(N/m^2)$ 與入口速度 v_i (m/s)的經驗關係式最廣為大眾所接受者如下式：

$$\Delta P = K_c(\rho v_i^2) \tag{7-6}$$

其中 K_c 為比例常數。

式(7-5)中，若 ΔP 單位為英吋水柱，則 K_c 約在 0.013 至 0.024 間。旋風集塵器之進氣速度 v_i 一般在 6～21m/s 間，常用者為 15～18m/s。當 v_i 超過 24m/s，亂流度增加，效率反而降低。此外，v_i 太高且粉塵濃度也過高時，旋風器內壁可能會被微粒刮損，此刮損現象只能靠降低 v_i 來減輕。

其他的因素如旋風器的大小及設計的方式都會影響壓力差的大小。通常旋風集塵器的壓力差範圍如下：

(1) 低效率旋風集塵器：50～100mmH₂O (2～4inH₂O)

(2) 中效率旋風集塵器：10～150mmH₂O (10～15inH₂O)

(3) 高效率旋風集塵器：200～250mmH₂O (8～10inH₂O)

(三) 總除塵效率(Collection Efficiency)

對某一直徑的微粒而言，分級效率(grade efficiency)被定義成被收集之微粒數目與進入旋風器微粒總數之比率。最常被設計者用來估計旋風集塵器的分級效率之經驗公式有二：

1. Leith 和 Licht 法

$$\eta_i = 1 - e^{\left[-2(c\psi)^{1/(2n+2)}\right]} \tag{7-7}$$

$$\psi = \frac{\rho_p dp^2 v_i}{18\mu D_c}(n+1) \tag{7-8}$$

其中 c = 旋風器之尺寸因子

ψ = 衝擊參數

n = 漩渦指數

2. Lapple 法：

$$\eta_i = \frac{1}{1 + (dp / \overline{dp_i})^2} \tag{7-9}$$

其中 η_i 為旋風集塵器對直徑為 dp_i 粉塵的分級效率

對多粒徑分佈的粉塵之總集塵效率可由下列公式求得：

$$\eta = \sum_i \eta_i m_i \tag{7-10}$$

其中 m_i = 第 i 個粒徑範圍粉塵的質量分率

影響除塵效率的因素包括：粒徑大小、微粒比重、微粒比表面積、粒狀物質濃度、氣流速度、旋風集塵器大小、圓錐體長度以及壓力降。

例題 7-3

某一鋁鑄件廠以研磨機處理鑄件表面，集氣量為 120m³/min(25℃)，所含粒狀物密度為 2,800kg/m³，其粒徑分佈如附表所示。今擬以旋風集塵器去除粒狀物，所需去除率至少需達 70%，試估算旋風集塵器之尺寸及壓損。

粒徑範圍 dp_i(μm)	0～2	2～4	4～10	10～20	20～40	40～100	> 100
質量百分率 m_i (%)	2.0	18.0	30.0	30.0	15.0	4.0	1.0

解

於 25℃，廢氣特性基本資料如下：

氣體密度 = 1.18kg/m³

氣體黏滯係數 μ = 1.86 × 10⁻³kg/m·s

採用傳統型低效率旋風集塵機(參考表 7-1)

進口高度 $H_c = 0.5D_c$

進口寬度 $B_c = 0.25D_c$

出口管直徑 $D_e = 0.5D_c$

圓柱體長度 $L_c = 2D_c$

圓錐體長度 $Z_c = 2D_c$

粉塵出口管直徑 $D_u = 0.25D_c$

截取直徑可由試誤法求取。依所要求的 70%去除效率及已知的粒徑分佈判斷，先假設截取直徑$[dp]_{cut} = 6\mu m$，計算分級效率(式 7-9)及總效率(式 7-10)結果如下：

粒徑範圍(μm)	$dp_i(\mu m)$	$([dp]_{cut}/dp_i)^2$	η_i	$m_i(\%)$	$\eta_i m_i(\%)$
0～2	1	36	0.027	2	0.054
2～4	3	4	0.200	18	3.6
4～10	7	0.73	0.578	30	17.34
10～20	15	0.16	0.862	30	25.86
20～40	30	0.04	0.962	15	14.43
40～100	70	0.0073	0.993	4	3.97
合計			$\eta = \sum\limits_{i=1}^{6} \eta_i m_i = 65.3\%$		

總收集效率 $\eta = 65.3\% < 70\%$不符合要求。

故另假設截取直徑$[dp]_{cut} = 4.5\mu m$，依下表方式計算可求得總收集效率 $\eta = 73\%(> 70\%)$，故符合所需之除塵效率。

粒徑範圍(μm)	dp_i(μm)	$([dp]_{cut}/dp_i)^2$	η_i	m_i(%)	$\eta_i m_i$(%)
0～2	1	20.25	0.047	2	0.094
2～4	3	2.25	0.308	18	5.544
4～10	7	0.413	0.708	30	21.24
10～20	15	0.09	0.917	30	27.51
20～40	30	0.0225	0.978	15	14.67
40～100	70	0.0041	0.996	4	3.984
合計			$\eta = \sum_{i=1}^{6} \eta_i m_i = 73\%$		

令截取直徑$[dp]_{cut} = 4.5\mu m = 4.5 \times 10^{-6}m$，可決定旋風集塵器圓柱體直徑 D：

$$\because [dp]_{cut} = \left(\frac{9\mu B_c}{2\pi N_t v_i (\rho_p - \rho)}\right)^{\frac{1}{2}}$$

$$\therefore \frac{B_c}{v_i} = \left[\frac{2\pi N_t (\rho_p - \rho)}{9\mu}\right] \times [dp]_{cut}^2$$

其中：旋轉總圈數 $N_t = \dfrac{L_c + 0.5Z_c}{H_c} = \dfrac{2D + 0.5 \times 2D}{0.5D} = 6$

進口風速 $v_i = \dfrac{Q}{H_c B_c} = 120(m^3/min) \times \dfrac{\frac{1}{60}(min/s)}{H_c \times B_c(m^2)} = \dfrac{2}{(H_c \times B_c)(m/s)}$

得

$$0.5(H_c \times B_c^2) = \left[\frac{2\pi N_t (\rho_p - \rho)}{9\mu}\right] \times [dp]_{cut}^2$$

$$0.5 \times (0.5D)(0.25D)^2 = [dp]_{cut}^2 \times \left[\frac{2\pi \times 6 \times (2,800-1.18)}{(9 \times 1.86 \times 10^{-3})}\right]$$

$$D = (4.03 \times 10^{10} \times [dp]_{cut}^2)^{1/3} = [4.03 \times 10^{10} \times (4.5 \times 10^{-6})^2]^{1/3} = 0.934m$$

取 D = 1m，決定旋風集塵器之尺寸，如表 7-2 所示。

表 7-2　傳統式旋風集塵器之尺寸比例

符號	D_c	H_c	B_c	S_c	D_o	L_c	Z_c	D_u
比例	1.0D	0.5D	0.25D	0.625D	0.5D	2.0D	2.0D	0.25D
尺寸(m)	1.0	0.5	0.25	0.625	0.5	2.0	2.0	0.25

查核進氣速度 v_i：

$$v_i = \frac{Q}{H_c \times B_c} = 2m^3/s \div (0.5m \times 0.25m) = 16m/s$$

(在 6～21m/s 間，符合設計原則)

決定壓力損失 ΔP

$$\Delta P = 0.5(\rho V_i^2) \times K_c \times \frac{(H_c B_c)}{D_e^2}$$

$$= 0.5 \times (16m/s)^2 \times (1.18kg/m^3) \times 16 \times \frac{(0.5m \times 0.25m)}{(0.5m)^2}$$

$$= 1,208N/m^2 = 123mmH_2O$$

　　表 7-3 列出旋風集塵器設計及氣體性質的改變對旋風集塵器性能的影響。表 7-4 所列則為旋風集塵器的操作參數對旋風集塵器之操作及性能的影響。

表 7-3　旋風集塵器尺寸及流程變化對性能之影響

旋風器及流程之改變	壓力差	除塵效率	成本
增大旋風器(D_c)	減少	減少	增加
加長圓柱體(L_c)	增加	增加	增加
加長圓錐體(Z_c)	增加	增加	增加
增加出氣管直徑(D_o)	減少	減少	增加
增加進氣口面積(v_i固定)	增加	減少	減少
增加進氣速度(v_i)	增加	增加	操作成本增加
增加溫度(v_i固定)	減少	減少	不變
增加粉塵濃度	減少(當濃度增加太多時)	增加	不變
增加微粒大小或密度	不變	增加	不變

表 7-4　操作參數對旋風集塵器之操作及性能的影響

參數	對效率的影響	對壓力降的影響
流率	$\dfrac{100-\eta_1}{100-\eta_2}=(\dfrac{Q_2}{Q_1})^{0.5}$	$\dfrac{\Delta P_1}{\Delta P_2}=\dfrac{Q_1^2\rho_1}{T_1}\left[\dfrac{T_2}{Q_2^2\rho_2}\right]$
氣體密度	$\dfrac{100-\eta_1}{100-\eta_2}=(\dfrac{\rho_p-\rho_2}{\rho_p-\rho_1})$	同上
粒狀物密度	同上	可忽略
氣體黏度	$\dfrac{100-\eta_1}{100-\eta_2}=(\dfrac{\mu_1}{\mu_2})^{0.5}$	可忽略
粉塵負載量	$\dfrac{100-\eta_1}{100-\eta_2}=\left(\dfrac{C_{i,2}}{C_{i,1}}\right)^{0.5}$	$\dfrac{\Delta P_d}{\Delta P_c}=\dfrac{1}{0.013C_i^{0.5}+1}$

◎ 例題 7-4

　　已知廢氣中粒狀物重量分級如下，經標準型旋風集塵器處理，廢氣溫度 350K、1atm 流量 150m³/min，粒狀物密度 1,600kg/m³，旋風集塵器進口斷面為 0.125m²。

粒徑(μm)	0～2	2～4	4～6	6～10	10～14	14～20	20～30	30～50	> 50
重量(mg)	5	95	200	370	190	100	34	4	2

若截取粒徑(cut size)為 6.3μm，除塵效率之關係式如下：

$$\eta_i=\left[1+(dp_c/\overline{dp_c})^2\right]^{-1},$$

(一) 試求該旋風集塵器之總效率。

(二) 若廢氣流量增為 200m³/min，則總效率為若干？

(三) 若廢氣溫度增為 400K，則總效率為若干？

解

粒徑 (μm)	平均粒徑 (μm)	$\eta_i = \left[1+(dp_c/dp_i)^2\right]^{-1}$ *	重量(mg)	所佔重量比例(%)
0~2	1	0.024	5	0.5
2~4	3	0.184	95	9.5
4~6	5	0.386	200	20
6~10	8	0.617	370	37
10~14	12	0.784	190	19
14~20	17	0.879	100	10
20~30	25	0.940	34	3.4
30~50	40	0.976	4	0.4
> 50	50	0.984	2	0.2
			總重 = 1,000mg	

*$dp_c = 6.3\mu m$，並代入各行之平均粒徑為 dp_i 求出各行之 η_i。

(一) 總效率 $= \Sigma$(第 3 行) × (第 5 行)

$$= (0.024 \times 0.5) + (0.184 \times 9.5) + (0.386 \times 20) + (0.617 \times 37)$$

$$+ (0.784 \times 19) + (0.879 \times 10) + (0.940 \times 3.4) + (0.976 \times 0.4)$$

$$+ (0.984 \times 0.2)$$

$$= 59.78\%$$

(二) $\dfrac{100-\eta_1}{100-\eta_2} = (\dfrac{Q_2}{Q_1})^{0.5} \Rightarrow \dfrac{100-59.78}{100-\eta_2} = (\dfrac{200}{150})^{0.5}$

$\therefore \eta_2 = 65.17\%$

(三) $\dfrac{100-\eta_1}{100-\eta_2} = (\dfrac{\mu_1}{\mu_2})^{0.5}$

因氣體黏滯性隨溫度之上升而增加，$\mu \propto T$

$\therefore \dfrac{100-\eta_1}{100-\eta_2} = (\dfrac{\mu_1}{\mu_2})^{0.5} \Rightarrow \dfrac{100-59.78}{100-\eta_2} = (\dfrac{350}{400})^{0.5}$

故 $\eta_2 = 57\%$

　　由以上的設計討論得知，小的旋風器比大的旋風器之集塵效率高，但壓力降也升高。因此若將數個小的旋風器串聯或並聯起來即可達到高效率、低壓力降的效果。但這種組合之旋風器易於堵塞，增加了維護上的困難，因為。此外，若僅使用一般的漏斗，粉塵再揚起也是一個困擾。

7-4 袋濾式集塵器

　　袋濾式集塵器亦稱為濾袋屋，是收集微粒最常用的方法之一，其除塵效率是所有集塵器最高者，圖 7-8 為某工廠的袋濾式集塵器。微粒被乾淨濾材收集的機制最主要者有慣性衝擊、直接截留和擴散三種。當過濾進行時，粉塵餅逐漸增厚，此時粉塵餅的過濾會變成最主要的過濾機制。

圖 7-8　工廠廢氣處理系統使用的袋濾式集塵器

　　其他比較次要的收集機制如重力沉降、微粒聚結(或凝結)和靜電吸引等亦可增加微粒的收集效率。多個微粒因外力(如音波)聚結成較大的微粒時，收集效率會增高。微粒亦可被帶電荷的濾材吸引而提高效率，這種靜電吸引效應對次微米微粒的過濾效率之提高較為顯著。靜電效應在室內空氣清靜機及空調箱過濾之應用較多，在工業用的濾袋屋上很少使用。重力沉降的收集機制對大微粒於低的過濾速度，及濾材呈水平擺置時較為重要。

　　微粒被濾布及濾餅收集後，穿過濾布的氣體成為乾淨氣體，而被收集的微粒則需定期自濾布上清除。袋濾式集塵器通常的使用時機為：除塵效率要求高、具有經濟效益的粉塵回收、氣體溫度可降至攝氏二百多度以下或粉塵不具黏著性。

　　袋濾式集塵器使用的濾布有二種：一為可丟棄者，另一為可重覆使用者。可丟棄者一般用於室內空氣過濾，它可以作成濾墊或厚濾床(0.3 公尺以上的厚度)的型式。濾墊用玻璃纖維棉作成，外面框以鐵架補強。厚濾床則使用玻璃纖維、玻璃纖維紙或其他惰性材料(如細鋼絲)，此諸濾材對粒徑大於 0.3μm 以上的微粒，收集效率很高(可達 99.97%)，但是當微粒已累積至相當量或壓力降增至很高時，則必須更換濾材。

　　工廠的廢氣處理需使用可重覆使用的濾布材料。微粒被濾布收集，穿過濾布的氣體變成乾淨氣體。可重覆使用的濾布濾材中，被收集的微粒需自濾布上清除。洗袋的方式有振盪式、逆洗空氣式及脈衝噴氣式三種，以脈衝噴氣式濾袋屋的過濾及洗袋效果最好，最爲常用。被清除的微粒掉入下方的漏斗後，定期排出或回收使用。

　　可重覆使用的袋式過濾系統稱爲袋濾式集塵器。袋濾式集塵器包括下列組件，如圖 7-9 所示。

1. 濾袋及支架。
2. 濾袋清洗設備。
3. 收集漏斗。
4. 外殼。
5. 抽(送)風車。

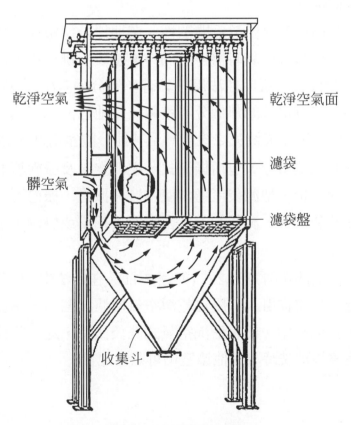

乾淨空氣　　　　　　　　　　乾淨空氣面

髒空氣　　　　　　　　　　　濾袋

　　　　　　　　　　　　　　濾袋盤

收集斗

圖 7-9　濾袋與其支架

(一) 濾袋與其支架

濾管長度及直徑依設計及製造商之不同而異，通常長度在 3～12 公尺、直徑在 0.15～0.45 公尺間。濾袋通常垂直懸掛，下方或上方用鐵環、鐵帽、夾具或扣環等支持。多孔鋼板也用在某些系統作為濾袋支撐之用。外部過濾系統之濾袋內部用鐵籠支持，濾布則用扣環夾撐在鐵籠上。袋濾式集塵器依廢氣過濾方向分成兩種方式，一是內部過濾(微粒被收集在濾袋內部)，另一是外部過濾(微粒被收集在濾袋外部)。機械振盪式及逆洗空氣式濾袋屋為內部過濾，而脈衝噴氣式濾袋屋則為外部過濾。內部過濾方式中，含微粒氣體由濾袋下方或上方經由多孔板或擴散翼進入濾袋內部，微粒在濾袋內部被收集。其中，多孔板是一個環繞著濾袋口的薄鋼板，它將乾淨氣體與濾袋屋的進氣口隔開。髒氣體經過微粒被收集在濾袋內部，乾淨空氣則從濾袋外部逸出。

(二) 濾袋清洗設備

濾袋之清洗依時間順序區分為間歇性、週期性及連續性洗袋等三種。間歇性法是在需要時才洗袋，洗袋時需停止操作，濾袋一排一排或同時被清洗，此法適用於批式生產製程。週期性法用於具有多個分隔室(濾室)的濾袋屋除塵設備，洗袋時將廢氣自欲清洗的那個分隔室轉入其他已清洗好的分隔室，過濾因而不會中斷，一個分隔室清洗完之後再轉至其他分隔室清洗，週而復始。

濾袋依清洗的方式區分，包括振盪式、逆洗空氣及脈衝噴氣式三種。振盪式可藉手動來達成，但大型濾袋屋通常使用機械振盪，振盪可以水平或上下方向為之。在振盪洗袋法裡，濾袋的上方密封連接扣環或掛鉤，下方則敞開連接多孔板(如圖 7-10)。

逆洗空氣法是最簡單的方法之一(如圖 7-11)。在此法中，廢氣暫時停止進入濾袋屋，在過濾的反方向引入低壓之乾淨空氣使濾袋凹陷，黏於其上的粉塵餅便自然破裂並掉落漏斗中。使用逆洗空氣式洗袋法時，通常將濾袋屋分成多個濾室。當一個濾室被清洗時，其他濾室仍可照常運作。

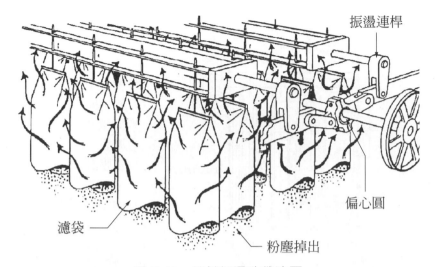

圖 7-10　機械振盪洗袋法圖

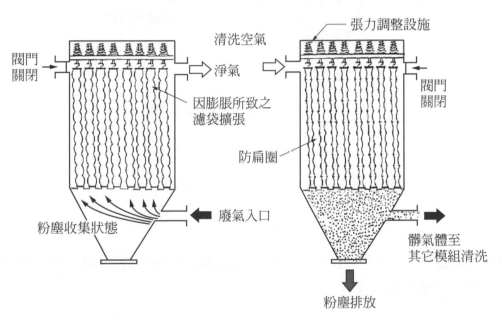

圖 7-11　逆洗空氣洗袋法

　　第三種濾袋清洗法是常用的脈衝噴氣法(如圖 7-12)。現在的濾袋屋絕大部份使用此方式洗袋，又可區分為分室噴射式以及直接脈動式。高壓的空氣經由濾袋上方的文氏管由上往下噴出，形成壓力波往下方移動，濾袋遇此壓力波時會膨脹，附著於其外的濾餅隨即破裂掉入漏斗之中。壓力波到達濾袋底部再折回之時間約 0.3～0.5 秒。在有些設計中，並未使用文氏管，空氣脈衝直接由吹管上之噴嘴噴入濾袋中，進行洗袋。

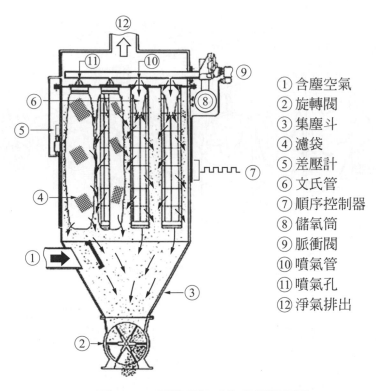

① 含塵空氣
② 旋轉閥
③ 集塵斗
④ 濾袋
⑤ 差壓計
⑥ 文氏管
⑦ 順序控制器
⑧ 儲氧筒
⑨ 脈衝閥
⑩ 噴氣管
⑪ 噴氣孔
⑫ 淨氣排出

圖 7-12　脈衝噴氣式集塵器裝置圖

(三) 外殼

袋濾式集塵器由堅固的鋼板構成，以保護內部設備。

(四) 漏斗

漏斗是儲存粉塵的裝置。通常漏斗內部設計成 60 度的斜坡，讓粉塵能從上方自由的掉到漏斗的底部。

(五) 抽(送)風車

誘引髒空氣進入或提供清洗濾袋之氣流。

設計濾袋屋時需考慮多項變數：壓力降、過濾阻力、空氣-濾布比、除塵效率以及廢氣調理等。

(一) 壓力降

壓力降是設計濾袋屋之重要變數之一，它決定了風扇馬力的大小。對同一廢氣流量而言，壓力降大的系統表示操作成本較高。壓力降最主要的來源是氣體經過乾淨濾布、洗袋後殘留之粉塵及粉塵餅時遭受到的阻力。通過乾淨濾布的壓力降 ΔP_f：

$$\Delta P_f = K_1 V_f (cmH_2O) \qquad (7\text{-}11)$$

其中 $K_1 =$ 濾布阻力係數$(cmH_2O/(cm/s))$

$\qquad V_f =$ 過濾速度(cm/s)

在洗袋後殘留粉塵餅產生的壓力降 ΔP_r 可表示成：

$$\Delta P_r = S_E V_f (cm\ H_2O) \qquad (7\text{-}12)$$

其中 $S_E =$ 濾布粉塵系統之阻力特徵，$(cmH_2O/(cm/s))$

通過粉塵餅的壓力降 ΔP_c 可用下式表示：

$$\Delta P_c = K_2 C_i V_f^2 t = K_2 W V_f\ (cmH_2O) \qquad (7\text{-}13)$$

其中 $C_i =$ 進氣粉塵濃度(g/cm^3)

$\qquad t =$ 過濾時間(s)

$\qquad W =$ 粉塵餅面密度$=C_i V_f t (g/cm^2)$

總壓力降 ΔP_T 是通過乾淨濾材及通過殘留粉塵與粉塵餅壓力降之和。然而相較起來，通過乾淨濾布的壓力降(ΔP_f)可略而不計：

$$\Delta P_T = \Delta P_f + \Delta P_r + \Delta P_c = \Delta P_r + \Delta P_c$$

或

$$\Delta P_T = S_E V_f + K_2 W V_f \qquad (7\text{-}14)$$

(二) 過濾阻力

過濾阻力是指氣體通過濾材與粉塵餅時的阻力，可以下式表示：

$$S = \frac{\Delta P_T}{V_f} \ (cmH_2O/(cm/s)) \tag{7-15}$$

真正的過濾表面在粉塵堆積層而非濾袋，粉塵阻塞了濾袋纖維間的孔隙，使過濾效率及阻力增加。

(三) 過濾速度

如前所述，過濾速度與空氣-濾布比(A/C)是相同的。過濾速度愈高，表示濾布的使用面積較少，初設成本較低，但是太高的過濾速度會使洗袋的頻率增加，濾袋的壽命會縮短，反而增加更換濾袋的費用。過濾速度可以用下式表示：

$$V_f = \frac{Q}{A_c} \tag{7-16}$$

其中 Q = 氣體之體積流率(cm^3/s)

   A_c = 濾布表面積(cm^2)

空氣-濾布比(A/C，簡稱氣布比)是單位濾布表面積所能過濾之空氣流量，與過濾速度具相同之物理意義。A/C 比隨不同之濾袋屋設計而異(表 7-5)。機械振盪式與逆洗空氣式之濾袋屋 A/C 較小，分別小於 3 與 1.5cm/s；脈衝噴氣式之 A/C 較大，在 1.0～7.5cm/s 間；對於燃燒廢氣之處理，通常使用的 A/C 在 1.0 ～2.0 cm/s 間。亦即對同一廢氣流量而言，脈衝噴氣式濾袋屋比其他兩種濾袋屋體積來的小。

A/C(或過濾速度)是設計及操作濾袋屋之重要參數。假若操作時 A/C 過高，粉塵餅可能會被緊壓在濾袋上，造成嚴重的壓力降，而且粉塵餅可能過早破裂，造成效率降低。A/C 比低之濾袋屋的問題是需增加總濾布面積始能獲得預期效果，濾袋屋之體積會變得龐大一些，不僅占空間且將增加集塵器費用。高的 A/C 將造成壓力降過高、效率降低、粉塵阻塞以及因高應力導致濾袋提前破損等。

表 7-5　典型的空氣-濾布比(A/C)

濾袋屋洗袋方式	A/C 範圍(cm/s)
振盪式	1.0～3.0
逆洗空氣式	0.5～1.5
脈衝噴氣式	1.0～7.5

表 7-6　一些工業製程之濾袋屋所用的典型之 A/C(cm/s) (EPA, 1981)

工業	濾布過濾 A/C 比		
	逆洗空氣	脈衝噴氣	機械振盪
鹼性吹氧煉鋼爐	0.76～1.01	3.05～4.06	1.27～1.52
磚塊製造	0.76～1.01	4.57～5.08	1.27～1.63
可鑄性耐火材	0.76～1.01	4.06～5.08	1.27～1.52
黏土耐火材	0.76～1.01	4.06～5.08	1.27～1.63
清潔劑製造	0.61～0.76	2.54～3.05	1.02～1.27
電弧爐	0.76～1.01	3.05～4.06	1.27～1.52
飼料工廠	－	5.08～7.62	1.78～2.54
鐵合金工廠	1.01	4.57	1.02
玻璃製造	0.76	－	－
灰鐵鑄造	0.76～1.01	3.56～4.06	1.27～1.52
製鐵及煉鋼(燒結)	0.76～1.01	3.56～4.06	1.27～1.52
石灰窯	0.76～1.01	4.06～4.57	1.27～1.52
磷肥	0.91～1.01	4.06～4.57	1.52～1.78
磷礦粉碎	－	2.54～5.08	1.52～1.78
聚氯乙烯生產	－	3.56	－
波特蘭水泥	0.76～1.01	3.56～5.08	1.02～1.52
二次鋁熔煉廠	－	3.05～4.06	1.02
二次銅熔煉廠	－	3.05～4.06	－

由氣布比 A/C 可以決定總濾布面積如下：

1. 先計算淨濾布面積(A_n)：

$$A_n = \frac{Q}{V_f} \tag{7-17}$$

其中氣體流量 Q 必須在決定了預冷之方法後才可計算出。

2. 以一安全因子 f 乘上 A_n 可得總濾布面積(A)：

$$A = f \times A_n = f \times \frac{Q}{V_f} \tag{7-18}$$

安全因子 f 可由表 7-7 查得。

如需估計濾袋數量(N)，則可以下式計算之：

$$N = \frac{A}{\pi D L} \tag{7-19}$$

其中 D 為濾袋直徑(0.1～0.3m)；L 為濾袋長度(約 10D)

表 7-7　淨濾布面積 An 與因子 f 之關係表

淨濾布面積 $A_n(m^2)$	淨濾布面積 $A_n(ft^2)$	Factor f
1～371	< 4,000	2.0
372～1,114	4,000～12,000	1.5
1,115～2,229	12,000～24,000	1.25
2,230～3,344	24,000～36,000	1.17
3,345～4,459	36,000～48,000	1.125
4,460～5,574	48,000～60,000	1.11
5,575～6,689	60,000～72,000	1.10
6,690～7,803	72,000～84,000	1.09
7,804～8,918	84,000～96,000	1.08
8,919～10,033	96,000～108,000	1.07
10,034～12,263	108,000～132,000	1.06
12,264～16,722	132,000～180,000	1.05
> 16,723	> 180,000	1.04

一個濾袋除塵器可以分成多個濾室(compartment)，當一些濾室正在使用時，另外一些濾室可以進行洗袋或維護後備用。若使用這種洗袋方式稱為離線洗袋法(off-line cleaning method)，需增加投資。通常脈衝噴氣式洗袋可利用線上洗袋法(on-line cleaning method)，機械振盪法及反洗空氣法則需利用離線洗袋法。表 7-8 列出典型的濾室數目與淨濾布面積的關係，實際的設計上，仍需保持適當的彈性。

表 7-8　典型的濾室數目與淨濾布面積的關係

淨濾布面積 $A_n(m^2)$	淨濾布面積 $A_n(ft^2)$	濾室數目
1～371	<4,000	2
372～1,114	4,000～12,000	3
1,115～2,322	12,000～24,000	4～5
2,323～3,716	24,000～40,000	6～7
3,717～5,574	40,000～60,000	8～10
5,575～7,432	60,000～80,000	11～13
7,433～10,219	80,000～110,000	14～16
10,220～13,935	110,000～150,000	17～20
> 13,936	> 150,000	> 20

(註：淨濾布面積為真正在使用中之總濾布面積)

例題 7-5

有一廢氣流量為 300Am³/min，若過濾速度採 2cm/s，試計算濾袋面積。

解

$$V_f = \frac{Q}{A_n}$$

$$A_n = \frac{Q}{V_f} = 300(m^3 / min) \div 60(s / min) \div 0.02(m / s) = 250(m^2)$$

查表 7-7 得 f = 2

$$\therefore A = 2 \times A_n = 500(m^2)$$

例題 7-6

一水泥工廠排放含水泥粉塵廢氣，排氣量 1,200m³/min，試設計一袋濾式集塵器以處理此一廢氣。

解

(1) 已知 Q，在某一假定之濾速或氣布比下，則可求得 A(總濾布面積)

取 $V_f = 4m/min$(或 6.7cm/s)

$$A = \frac{Q}{V_f} = \frac{1,200(m^3/min)}{4(m/min)} = 300(m^2)$$

(2) 假設每個濾袋直徑 0.3m、長 3m，則總濾袋數為：

$$N = \frac{A}{\pi DL} = \frac{300(m^2)}{(\pi \times 0.3m \times 3m)} = 106(支)$$

(四) 除塵效率

即使很小的微粒也可以被濾袋收集，通常除塵效率可以高達 99.99%。過濾後的乾淨空氣內若不含有毒物質時，亦可以循環於工廠內作加熱使用。但是若設計不當，需經常洗袋時，出口粉塵濃度會增加，除塵效率會降低。

濾袋屋之除塵效率計算，通常不使用理論推導的效率分率曲線，而是使用設計者的經驗值。製造商利用經驗公式設計濾袋屋及其大小，期能符合粒狀物排放標準及不透光率的管制標準。濾袋屋之除塵效率經驗公式如下：

$$\eta = 1 - e^{-(\psi L + \phi t)} \tag{7-19}$$

其中 $\psi =$ 纖維係數(m^{-1})

$\phi_c =$ 濾餅係數(s^{-1})

$L =$ 濾袋纖維厚度(m)

$t =$ 濾餅形成所需時間(sec)

例題 7-6

有一石灰工廠，其排氣欲加以處理，廢氣量為 300,000acfm，廢氣含塵量為 10^{-3}lb/ft³，現擬採用直徑 12in、長 30ft 之濾袋處理此廢氣，濾袋之壓力降公式為 $\Delta P = 0.3V_f + 4CV_f^2 t$，$\Delta P$ 為壓力降(inH₂O)，V_f 為過濾速度(ft/min)，C 為粉塵負荷(lb/ft³)，t 為過濾至洗袋之時間(min)，假設此系統操作至壓力降為 12inH₂O 時，即需洗袋，試求：

(一) 至少需多少個濾袋才足以處理此廢氣？

(二) 洗袋之時間間隔為多少分鐘？(氣布比自行作合理假設)

解

已知 $Q = 3 \times 10^5$acfm $= 3 \times 10^5$ft³/min，$C = 10^{-3}$lb/min，

$D = 12$in $= 1$ft，$L = 30$ft

且 $\Delta P = 0.3V_f + 4CV_f^2 t$ (inH₂O)

(一) $Q = A \times V_f = n \times a \times V_f = n \times (\pi DL) \times V_f$

取 $= 12$(ft/min)　或　6.1cm/s(合理)

3×10^5(ft/min) $= n \times [\pi \times 1(\text{ft}) \times 30(\text{ft})] \times 12$(ft/min)

$n \doteqdot 265$ 個濾袋

(二) $\Delta P = 0.3V_f + 4CV_f^2 t$，依題意 $\Delta P = 12$inH₂O

12(inH₂O) $= 0.3 \times 12$(ft/min) $+ 4 \times 10^3$(lb/min) $\times [12(\text{ft/min})]^2 \times t$

$t \doteqdot 14.6$(min)

例題 7-7

有一電弧爐煉鋼廠之振盪洗袋式濾袋屋之進口粉塵濃度 C_i 為 18.83g/m³，氣體之真實流量為 18.87m³/s，每個濾袋長 2.44m、直徑 0.15m，洗袋時間(t_c)240s、過濾時間 $t_f = 3,600$s。已知 $S_E = 5$cmH₂O/(cm/s)，$K_2 = 2.615$cmH₂O/[(cm/s)(g/cm²)]，求濾袋數目及風扇設計壓力降。

解

由表 7-6 查得 $V_f = 1.27$cm/s，因此：

淨濾布面積 $A_n = \dfrac{Q}{V_f} = 18.87\text{m}^3/\text{s} \div 0.0127\text{m}/\text{s} = 1{,}486\text{m}^2$

$f = 1.25$ (表 7-6)

總濾布面積 $A = 1.25 \times 1{,}486 = 1{,}857\text{m}^2$

濾室的數目 $N = 4\sim5$ (表 7-8)

　　　　　　$= 5$ (考慮一個濾室需離線洗袋或保養)

每個濾室之濾布面積 $= 1{,}857 \div 5 = 371\text{m}^2$

總濾袋數目 $= 1{,}857\text{m}^2 \div (0.15 \times 3.1416 \times 2.44)\text{m}^2 = 1{,}615$

未洗袋期間過濾速度 $V_N = \dfrac{18.87}{1857} = 0.0102\text{m}/\text{s}$

洗袋期間過濾速度 $V_{N-1} = \dfrac{18.87}{(1857 \times \frac{4}{5})} = 0.0127\text{m}/\text{s}$

未洗袋期間過濾時間 $T_N = 3{,}600 - (240 \times 4) = 2{,}640\text{s}$

未洗袋期間，粉塵累積量

$= 18.87\text{m}^3/\text{s} \times 2{,}640\text{s} \times 18.83\text{g}/\text{m}^3 \div 1{,}857\text{m}^2 = 505\text{g}/\text{m}^2$

總洗袋期間 $T_{N-1} = 240 \times 4 = 960\text{s}$

洗袋期間，其他袋粉塵累積量

$= 18.87\text{m}^3/\text{s} \times 960\text{s} \times 18.83\text{g}/\text{m}^3 \div (1{,}857\text{m}^2 \times \frac{4}{5}) = 230\text{g}/\text{m}^2$

洗袋前，最高粉塵累積量 $W = 505 + 230 = 635\text{g}/\text{m}^2 = 0.0635\text{g}/\text{cm}^2$

洗袋前，最高壓力降

$\Delta P_T = V_{N-1} \times (S_E + K_2 W)$

　　　$= 1.27\text{cm/s} \times (5 + 2.615 \times 0.0635)\text{cmH}_2\text{O}/(\text{cm/s})$

　　　$= 6.56\text{cmH}_2\text{O}$

　　　$=$ 風扇設計壓力降(僅濾袋，尚須加其他壓力降)

7-5 濕式洗塵器

濕式洗塵器(又稱爲洗滌器)是利用液體(通常爲水)去除微粒或有害氣體的設備。其最大的特點是可同時去除粒狀及氣狀污染物。

濕式洗塵器之除塵原理是使粉塵微粒與 50～500μm 直徑的水滴接觸而被收集。這些含微粒之大水滴藉著重力、與擋板衝擊或離心力自廢氣中分離,而達除塵目的。圖 7-13 所示者爲一般濕式洗塵器內的兩個區域:接觸區及分離區。液滴經由噴嘴、文氏管或機械帶動的轉子產生,在接觸區內微粒藉由三種機制與水滴接觸,即慣性衝擊(inertial impaction),直接截留(direct interception)及擴散(diffusion)。

1. 慣性衝擊:氣體流速大於 0.3m/sec 時,慣性衝擊爲 1μm 以上微粒之重要收集機構。

2. 直接截留:其效果對於微粒粒徑接近水滴粒徑者較爲重要。

3. 擴散:小微粒散效應增加接觸水滴之機會,收集收率也隨之提高。

濕式洗塵器系統含有下列諸項組件中的部份:噴嘴、文氏縮管、衝擊面(如擋板、填充物、泡罩等)、旋風集塵器等。由上列組件之不同組合便可變成數種不同的濕式洗塵器。

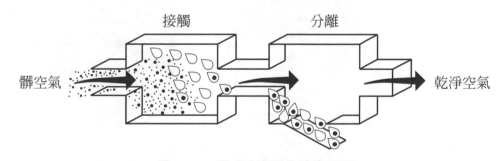

圖 7-13 濕式洗塵器的除塵原理

洗塵器利用氣體之壓力降(ΔP)可分低能量($\Delta P < 2cmH_2O$),中能量(ΔP:2～6cmH_2O)及高能量(ΔP:$> 6cmH_2O$)。大部份濕式洗塵系統遵循收集效率隨功率消耗(與 ΔP 成正比)增加而增加的原則。氣體之壓力降愈大表示除塵效率愈佳,但操作成本也會愈高。

　　濕式洗塵器的種類相當多，依能量消耗方式分為氣相接觸式、液相接觸式、氣液相接觸式及機械補助式等四種：

(一) 氣相接觸式洗塵系統

　　利用製程排出的廢氣提供微粒及液體接觸能量者。這類洗塵器包括平板洗滌器(plate scrubbers)及文氏洗滌器(venturi scrubbers)。

1. 平板洗滌器

　　為最簡單之設計之一，如圖 7-14 所示。在逆流式的系統中，水由上往下流，廢氣由下往上流動，其中之微粒打擊在霧化之液滴上而被收集。平板洗滌器是中能量型之洗滌器，除塵效率中等。當它使用於高濃度之粉塵、黏性粉塵或結垢性粉塵時可能會阻塞平板上的小孔。它適用於同時去除氣體污染物及粒狀污染物。

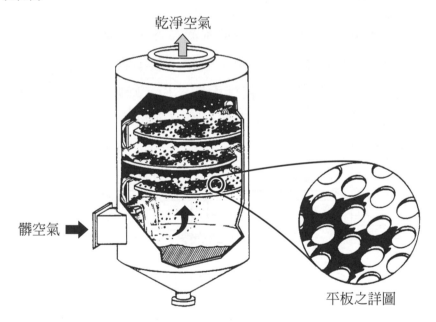

圖 7-14　多孔平板洗滌器

2. 文氏洗滌器

運用最廣泛且效率最高,如圖 7-15 所示。利用氣體通過窄小之喉部,速度加快,剪斷並打碎注入之液體,產生無數之液滴,增加收集效率。文氏洗滌器是所有濕式洗塵器中,效率可提升至最高者,也是唯一可以去除次微米微粒者,雖然欲達到高的除塵效率時,文氏洗滌器需要大的壓力差,但是因為系統之彈性使它的運用範圍很廣。氣體通過窄小的喉部時,速度可高達 61～244m/s。這個高速氣流亦產生了小的液滴,因而可以增加收集效率。在喉部產生的無數液滴以及喉部的紊流使微粒與水霧碰撞之機會大增。注水量與液滴之產生有關,通常增加液/氣量之比可以提高除塵效率。但水量超過某個上限值時,除塵效率就不再增加。含塵粒之液滴最後仍需被排除。液滴直徑通常在 50～500μm 間,因直徑大容易被旋風集塵器及除霧器的複合系統去除。

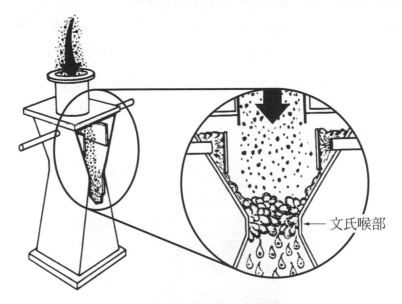

文氏喉部

圖 7-15　典型的文氏洗滌器

雖然文氏洗滌器主要用於去除粉塵微粒,但亦可用於吸收氣狀污染物,其優點是結垢及粉塵阻塞的問題比較少。唯氣體吸收需要的接觸時間較長,吸收效率才會提高,然而在文氏管喉部氣體與液體接觸時間很短暫,使氣體吸收效率難以提高。

(二) 液相接觸式洗塵系統

　　利用噴嘴霧化液滴，與氣體中的微粒碰撞接觸而除塵，因此主要的能量消耗於水的霧化，氣體的壓力降不高，消耗的能量也較少，且除塵率效率不佳，無法去除次微米的微粒。液相接觸式洗滌器又有噴霧塔和驅氣文氏洗滌器兩種。

1. 噴霧塔

　　液相接觸式洗滌器最主要者為噴霧塔。噴霧塔又稱為重力噴霧塔、噴霧洗滌器或噴霧室，基本設計如圖 7-16 所示。液體由一排或多排噴嘴中噴出於圓柱型或長方型的噴霧室中。水霧與通常是逆流而上的髒空氣接觸，便能除去其中所含的微粒。若是洗滌液重覆循環使用，噴嘴易被阻塞。因此本系統使用乾淨的水來作噴霧會較無問題。噴霧塔是低能量之裝置，其能量消耗比文氏洗滌器低很多，通常壓力降為 2.5cmH$_2$O。

　　噴霧塔之除塵效率比其他高能量設備低。一般而言，噴霧塔對 10～25 μm 粗微粒之收集是可行的。增加噴水之壓力雖可產生較細的液滴，進而除去較小的微粒。但當水滴變小時，其終端沈降速度降低，氣體與液體之相對碰撞速度便降低，可能會降低除塵效率。一般而言，發現重力噴霧塔之最佳液滴直徑範圍為 500～1,000 μm 間。

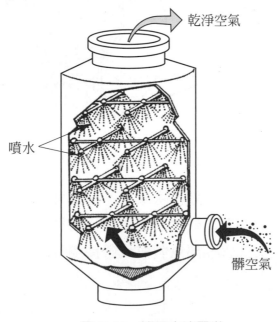

乾淨空氣

噴水

髒空氣

圖 7-16　簡單之噴霧塔

2. 驅氣文氏洗滌器

自噴嘴噴出之水霧產生微真空，吸入製程排氣，被吸入氣體原與水霧成垂直方向流動，之後為同向微粒因慣性撞擊而被去除，喉口之紊流可提高效率。

(三) 氣液相接觸式洗塵系統

1. 旋風噴霧洗滌器

氣體循切線方向進入洗滌器，提高液滴與微粒之相對速度，提高除塵效率，如圖 7-17 所示。

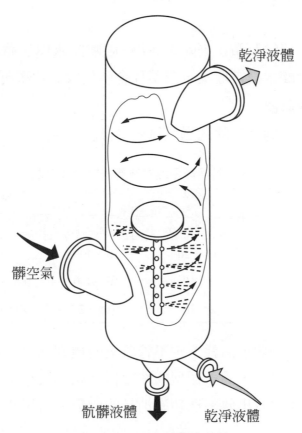

乾淨液體

髒空氣

骯髒液體　　乾淨液體

圖 7-17　旋風噴霧洗滌器

2. 流動床滌氣器

製程排氣由下往上，使如塑膠球等填充物產生運動，微粒與球體碰撞，或與噴於其上之水霧直接接觸而被收集。

3. 擋板噴霧洗滌器

    洗滌器內裝有數個使氣體轉向之擋板，水直接噴在擋板表面往下流，並被氣流霧化而去除其中之微粒。

4. 併合裝置

    數個不同除塵效果之設備併裝於同一洗滌器中，可得較佳之除塵效果。

(四) 機械補助式洗塵系統

    使用馬達帶動輪翼等，以收集含微粒之水滴。

1. 離心風扇滌氣器

    該風扇兼具氣體傳輸及微粒去除之效果，噴嘴將水與氣體流動同向噴於葉片上，微粒直接接觸水霧被收集，或葉片會產生收集效率更好之小水滴。

2. 機械誘發噴霧滌氣器

    沈水轉子產生小水滴，去除通過廢氣中之微粒。

表 7-9　各種類型濕式洗塵器之操作參數

洗塵器類型	壓力降 (in.H$_2$O)	液氣比 (gal/1,000acf)	液體壓力 (psig)	氣體速度 (ft/sec)	截取直徑 (μm)
噴霧塔	0.5～3	0.5～20	10～400	10	2～8
旋風型	2～10	2～10	10～400	105～140b	2～3
文氏	10～150	2～20	0.5～2	90～400c	0.2

    研究發現，在同一功率消耗下，不管收集的機制為何，不管壓力降是因氣體或液體高速流動所造成，同一類型的洗塵器不論其大小，對同一種粉塵的收集效率大致相同，亦即收集效率為功率消耗的函數。常用的除塵效率計算方式有下列幾種：

(一) 接觸功率法

    濕式洗塵器系統之總功率消耗(E_T)為噴射液體之功率(E_L)及運送氣體通過系統之功率(E_G)之和，即：

$$E_T(kWh/1,000Am^3) = E_G + E_L \tag{7-20}$$

或

$$E_T \, (hp/1,000acfm) = E_G + E_L \tag{7-21}$$

E_G 可用洗滌器之氣體壓力降 ΔP 表示如下：

$$E_G(kWh/1,000Am^3) = 0.0272\Delta P(cmH_2O) \tag{7-22}$$

或

$$E_G(hp/1,000acfm) = 0.157\Delta P(inH_2O) \tag{7-23}$$

使用於液體中之功率 E_L 可寫成：

$$E_L(kWh/1000Am^3) = 0.0272 \times P_L \times (\frac{Q_L}{Q_G}) \tag{7-24}$$

或

$$E_L(hp/1,000acfm) = 0.583 \times P_L \times (\frac{Q_L}{Q_G}) \tag{7-25}$$

其中 $P_L = $ 液體噴注壓力$(cmH_2O$ 或 psia$)$

$\dfrac{Q_L}{Q_G} = $液體流量與氣體流量比(液氣比)，無因次。

除塵效率 η 與 E_T 之關係式：

$$H = 1 - exp \, (-\alpha E_T{}^\beta) \tag{7-26}$$

其中 α 與 β 為實驗值，與粉塵微粒之特徵有關。表 7-10 列出不同工業製程中使用接觸功率時之 α 及 β 值。

表 7-10　接觸功率法所使用的 α 及 β 參數值

氣膠	洗滌器種類	α	β
原排氣(石灰粉塵及蘇打燻煙)	文氏和旋風噴霧	1.47	1.05
預洗排氣(蘇打燻煙)	流孔、管線及旋風噴霧	0.915	1.05
滑石粉塵	文氏	2.97	0.362
黑液回收爐燻煙	流孔及管線	2.70	0.362
冷洗滌(濕氣)	文氏和旋風噴霧	1.75	0.620
熱燻煙溶液洗滌(濕氣)	流孔、管線及旋風噴霧	0.740	0.861
熱黑液洗滌(乾氣)	文氏蒸發器	0.522	0.861
磷酸霧滴	文氏	1.33	0.647
鑄造爐粉塵	文氏	1.35	0.621
開放式煉鋼爐燻煙	文氏	1.26	0.569
滑石粉塵	旋風器	1.16	0.655
矽化鐵爐燻煙	文氏及旋風噴霧	0.870	0.459
臭味霧滴	文氏	0.363	1.41

⚙ 例題 7-8

一文氏洗塵器用以處理流量 $Q_G = 100\,Am^3/min$ 之含滑石粉塵廢氣，設定氣體壓力降 $\Delta P = 50\,cmH_2O$、$\dfrac{Q_L}{Q_G}$ = 液體流量與氣體流量比 $= 2L/m^3 = 0.002\,m^3/m^3$、$P_L$ = 液體噴注壓力 $= 10,000\,cmH_2O$)，試估算總功率消耗 E_T、除塵效率 η、小時耗電量。

解

總功率消耗

$$E_T = E_G + E_L = 0.0272\Delta P + 0.0272 \times P_L \times (\frac{Q_L}{Q_G})$$

$$= 0.0272 \times (50 + 10,000 \times 0.002)$$

$$= 1.904 (kWh/1,000 Am^3)$$

$\alpha = 4.0$ (表 7-10)

$\beta = 0.362$ (表 7-10)

除塵效率 $\eta = 1 - \exp(-\alpha E_T^\beta) = 0.994$ (或 99.4%)

小時耗電量 $= Q_G \times E_T = 100(Am^3/min) \times 60(min/h) \times 1.904(kWh/1,000Am^3)$

$$= 11.4kW$$

例題 7-9

已知文氏洗塵器處理金屬冶煉排氣之操作結果如下：

有效摩擦損失(in H$_2$O)	12.7	38.1
總除塵效率(%)	56.0	89.0

若操作溫度為 80°F，為達 97%總除塵效率，試求所需接觸功率為若干 hp/1,000cfm？

解

查表 7-10 知，金屬冶煉廠之文氏洗塵器

$\alpha = 1.35 \cdot \beta = 0.621$

∵除塵效率 $\eta = 1 - \exp(-\alpha E_T^\beta)$

∴ $0.97 = 1 - e^{1.35 E_T^{0.621}}$

故 $E_T = 4.65 (hp/1,000cfm)$

(二) 截取功率法

$$\eta = 1 - e^{-A_{cut}D_p{}^{B_{cut}}} \tag{7-27}$$

$$Pt = 1 - \eta = e^{-A_{cut}D_p{}^{B_{cut}}} \tag{7-28}$$

其中 $Pt =$ 穿透率

$A_{cut} =$ 微粒尺寸分布之特徵參數

$B_{cut} =$ 與洗滌器種類有關之經驗參數

(三) Johnstone 除塵效率公式

適用於文式洗滌器

$$\eta = 1 - e^{-kR(\psi)^{0.5}} \tag{7-29}$$

其中 $\psi =$ 慣性衝擊參數，無因次

$R =$ 液體流量與氣體流量比(gal/1,000acf)

$k =$ 相關係數，其值與系統幾何形狀及操作條件有關

（通常介於 0.1 至 0.2acf/gal 之間）

$$\psi = \frac{CD_p^2\rho_p v_t}{9\mu_G d_0} \tag{7-30}$$

其中 $D_p =$ 微粒直徑(ft)

$\rho_P =$ 微粒密度(lb/ft^3)

$v_t =$ 喉部速度(ft/s)

$\mu_G =$ 氣體黏度(lb/ft·s)

$d_0 =$ 平均霧滴直徑(ft)

$C =$ 康寧漢校正係數

對於文式洗滌器而言，標準空氣與水時的平均霧滴直徑(d_0)可用 Nukiyama – Tanasawa 關係式估算之：

$$d_0 = \frac{16,400}{v_t} + 1.45R^{1.5} \tag{7-31}$$

7-6 靜電集塵器

利用靜電力沉降微粒之靜電集塵器(ESP, electrostatic precipitator)與袋濾式集塵器的除塵效率相近，對於 1μm 以上之微粒去除效率均頗佳，但一般而言袋濾式集塵器的效率比靜電集塵器高。靜電集塵器對粒徑介於 0.1μm～1.0μm 之微粒收集效率最低。其使用時機為除塵效率要求高、回收具經濟效益的粉塵、高溫廢氣除塵或廢氣及粉塵不具爆炸性的場合。

靜電集塵器依清灰方式區分乾式及濕式兩種，乾式主要應用於乾塵去除，濕式用於油霧之去除；若依電壓區分，可分為低電壓雙級式和高電壓單級式兩種，其中高電壓單級式有平板型與圓管型，平板型主要用於乾式集塵，圓管型用於油霧之收集。髒空氣流經收集平板間或管內，粉塵或油霧受高電壓電極線充電後，被收集於與電極線帶相反電壓之集塵板或集油管內壁上，板上之微粒由敲擊器除去，管內壁以沖水洗除，微粒或回收油液掉至底部之漏斗中儲存，並由出灰或油液裝置輸送。

靜電集塵器的主要構件有：(1)集塵器本體(含放電電極線、集塵或集油板、敲擊器或水洗壁、外殼)；(2)入口及出口管道；(3)漏斗及出灰或集油設備；(4)供電系統(如變壓整流組)；(5)其他附件(如礙子、礙子加熱用風機、漏斗加熱器、漏斗震動器等)，圖 7-18 所示為 ESP 之斷面圖。

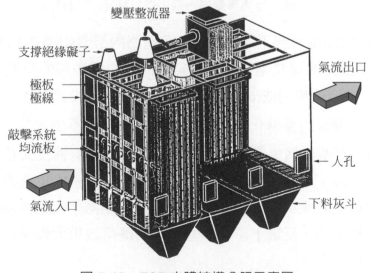

圖 7-18　ESP 本體結構分解示意圖

　　放電極線是能產生電暈放電(corona discharge)的金屬線，它可游離空氣分子進而使微粒充電。集塵板(收集電極板)之電壓與放電電極線之電性相反，使帶電之微粒被收集在其上。敲擊器是產生振動的裝置，用以將集塵板或放電電極線上累積之粉塵微粒振落；水洗壁可將集塵壁上之油污洗除；漏斗及出灰(油)設備則是在 ESP 底部用以收集及輸送粉塵或回收油液之裝置。

　　粉塵微粒進入靜電集塵器後，與電極線因電暈放電現象而產生的空氣陰離子接觸而帶電，帶電的微粒在電極線與集塵板之間之不均勻電場(圖 7-19)中往集塵板移動而被收集。

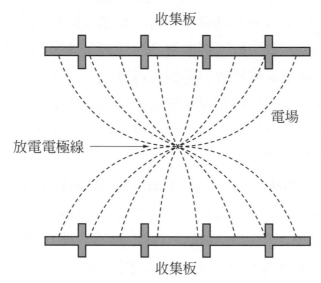

圖 7-19　靜電集塵器內的不均勻電場(上視圖)

　　一般外殼在斷面上有若干通路並列，各通路內部含如圖 7-18 所示的平板型集塵板和以支架支持的線狀電極，在煙氣流向分割爲多段的集塵室。欲處理高流量之廢氣，視需要可串列成 6-8 個集塵室，模組化多段式 ESP 具有下列優點：

1. 集塵室大小可適當的標準化，在製作及安裝上方便不少。

2. 上游、中游、下游各個集塵室的放電電暈電壓電流特性及火花電壓各異，在適當之操作條件下可得最高的集塵性能。例如在上游之集塵器，微粒濃度較高，空間電荷之效果大，電流受抑制，同時在集塵附近之電場上升之結果，會使火花電壓下降，反之下游集塵室因空間電荷效果大幅減低，火花電壓及電暈電流可以提高。

在靜電集塵的過程中，包含下列三個基本步驟：

1. 微粒之充電(Particle charging)

   當放電極線之電壓加高至其周圍產生淡藍色的亮光時，即所謂電暈放電。電暈放電產生之空氣陰離子往電極板運動與微粒接觸而使之帶電。充電的機制有電場充電(field charging)及擴散充電(diffusion charging)兩種，粒子的荷電過程主要取決於粒徑。電場充電主要對粒徑大於 1.0μm 之微粒有效；擴散充電則對小於 0.3μm 粒徑之微粒有效；對在 0.3 至 1.0μm 間之微粒，兩種機制效用較低。

   被充電的微粒會往電極板之方向運動，其飄移速度 U 的大小與除塵效率息息相關。飄移速度可用下式計算之：

   $$U = \frac{qE_p}{3\pi\mu D_p} \qquad\qquad (7\text{-}32)$$

   其中 q = 微粒帶電量(C)

   E_P = 電場強度(V/m)

   μ = 氣體黏度(kg/m.s)

   D_P = 微粒直徑(m)

   飄移速度大多介於 10～15cm/s 之間，由(7-33)式可知電場強度愈高，飄移速度 U 愈大，除塵效率愈高。如表 7-11 所列。

表 7-11　典型的飄移速率表(移動速度)(EPA, 1981)

用途別	飄移速度 U (cm/s)	用途別	飄移速度 U (cm/s)
電廠飛灰	4.0～20.4	開式熔爐廠	4.9～5.8
粉煤飛灰	10.1～13.4	煉爐廠	6.1～14.0
紙漿及造紙	6.4～9.5	熱磷廠	2.7
硫酸液滴	5.8～7.62	閃火式煅燒爐	7.6
濕式水泥廠	10.1～11.3	多爐體煅燒爐	7.9
乾式水泥廠	6.4～7.0	觸媒粉塵	7.6
石膏廠	15.8～19.5	坩鍋	3.0～3.7
熔煉廠	1.8		

2. 微粒在集塵板上放電(Particle collection)

當微粒與電極板接觸時，微粒之電荷僅有一部份被釋出，另一部份則由於微粒本身之電阻仍存於微粒上，這些電荷增加微粒吸附在集塵板上之力量。

3. 敲落電極板上之微粒

要維持連續不斷的微粒去除，需不斷的將集塵板及放電電極上的微粒除掉。在濕式的 ESP，這個工作由噴水來達成；在大部份的乾式 ESP，則是由附在極板或極線上的敲擊器來去除。

在理想狀況下，ESP 之除塵效率可以使用德安(Deutsch-Anderson)方程式計算：

$$\eta = 1 - e^{\left(-U\frac{A}{Q}\right)} \tag{7-33}$$

其中 A ＝ ESP 集塵板之有效面積(m^2)

Q ＝ 氣體實際流量(m^3/s)

U ＝ 帶電粒子移動至集塵板之飄移速度(m/s)

多年來，德安方程式一直被廣泛應用於除塵效率的理論。但是由於下列三個因素，使理論值與實際值之誤差可達 2 倍以上。第一、它忽略了敲擊時，集塵板上之粉塵可能被吹散而再進入氣流之中；第二、它假設不同粒徑微粒的飄移速度相同，但實際上飄移速度隨微粒粒徑之增加而減少；第三、它假設氣體流速均勻分佈，但實際上有些氣體經由漏斗上方之空間運動。這些因素均會影響德安方程式的準確性。因此，這個方程式僅能使用於除塵效率之初步估算。

⚙ 例題 7-10

一靜電集塵器用以處理一流量為 7,500m^3/min 之廢氣，使其塵粒去除效率 > 99%，假設塵粒在電場中之運動速度為 6m/min，請估算其相關參數。

解

(1) 先由 Deutsch-Anderson 求集塵板面積

$$\because \eta = 1 - e^{(-U\frac{A}{Q})}$$

$$\therefore A = (\frac{Q}{U}) \times \ln[\frac{1}{(1-\eta)}]$$

$$= [7,500(m^3/min) \div 6(m/min)] \times \ln[\frac{1}{(1-0.99)}]$$

$$= 5,756m^2$$

(2) 求通道數：

設定 H＝集塵板高＝10m

設定 D＝集塵板間距＝0.25m

設定 V＝氣體穿過集塵板間之流速＝100m/min

通道數

$$N_d = \frac{Q}{(VDH)} = [7,500(m^3/min)] \div [100(m/min) \times 0.25(m) \times 10(m)] = 30$$

(3) 求通道長：

通道長 $L = A \div N_d \div 2 \div H = 5,756 \div 30 \div 2 \div 10 = 9.59m$

設計 ESP 時，需考慮多項參數。本節將討論如粉塵餅電阻、比收集面積、集塵板長高比、氣流分佈、電力之分區隔離及附屬設備等多項參數。

(一) 粉塵餅比電阻係數

比電阻係數(specific resistance)係指粉塵堆積層對電流之阻力。粉塵餅之電阻係數的定義為面積 1 平方公分且厚度 1 公分的粉塵餅的電阻值，單位為「歐姆·公分」(ohm·cm)，可視為粉塵對電荷傳遞之阻力。粉塵之電阻係數可以分成下列三個範圍：

1. 低比電阻係數：$10^4 \sim 10^7$ ohm·cm
2. 正常比電阻係數：$10^7 \sim 10^{10}$ ohm·cm
3. 高比電阻係數：$> 10^{10}$ ohm·cm

低比電阻係數($10^4 \sim 10^7$ohm·cm)之微粒不容易被收集,因為它們雖容易被充電,但是當微粒到達電極板時,微粒的電荷容易消失於電極板上而失去附著力,微粒易再進入氣流之中,而未被收集。使用氨氣改變粉塵之比電阻係數已被使用多年。據理論推測,氨在 ESP 中與硫酸作用產生硫酸氨微粒,增加了比電阻係數。氨注入量為使氣流在進入 ESP 之管道中達 $15 \sim 40$ppm 的濃度,以達上述效果。粉塵之比電阻係數在 $10^7 \sim 10^{10}$ohm·cm 之範圍時,除塵效率最高。具高比電阻係數($> 10^{10}$ohm·cm)的微粒不容易被充電。當氣流中含有 SO_3 時,粉塵之電阻係數會降低。

另外,有兩種減少比電阻係數影響收集效率的方法,包括增加收集面積及提高 ESP 之進氣溫度。前者增加了 ESP 成本,不太理想;後者可利用高溫的 ESP 來達成。

(二) 收集比面積

所謂收集比面積(specific collection area,SCA)就是收集面積與氣體流量之比,亦即:

$$SCA = \text{粉塵總收集面積}(m^2)/\text{氣體流量}(m^3/hr)$$

SCA 是德安方程式中計算去除效率時重要的參數,增加 SCA 通常可以提高除塵效率。通常 SCA 之範圍為 $11 \sim 45m^2/(1,000Am^3/h)$,實際的數值需由 ESP 之設計條件及所需之收集效率而定。

(三) 縱橫比

縱橫比(aspect ratio, AR)之定義為收集表面全長及高度之比,亦即:

$$AR = \frac{\text{有效長}}{\text{有效高}}$$

在理想的狀況下,使用 AR 大的 ESP 效果較好。一般的 AR 值在 0.5 至 2.0 間。若 ESP 除塵效率需 $> 99.5\%$,AR 值應大於 1.0。

(四) 氣流分佈

流經 ESP 除塵室的氣流速度應該緩慢且均勻，氣體在 ESP 前之管道流速宜在 6～24m/s 之間，在進入 ESP 前可用多孔膨脹進氣室減低其流速，使微粒有足夠的時間被 ESP 收集。膨脹進氣室含有多孔式的擴散平板，使氣流能均勻的分佈於 ESP 內。

(五) 電力的分隔區

ESP 的性能和電力分隔區的數目有關。在每個電力分隔區內，按照氣體及微粒的特性，使用最適當的電壓，使每個分隔區內的收集效率最高。為了達到最佳的除塵效果，使用愈多分隔區愈好。每個電力分隔區都有各自獨立的電力供應及控制設備，可隨氣體條件之改變而調整區內電壓。

如圖 7-20 所示，一個 ESP 可分成一連串的電力分隔區。每區均有獨立的變壓-整流器(T-R，transformer-rectifier)、穩壓器及產生電暈放電所需的高電壓設備。ESP 的製造者建議，一個 ESP 至少需 4 個不同之電力分隔區。若收集效率需達> 99.9%，需要 7 個以上電力分隔區。

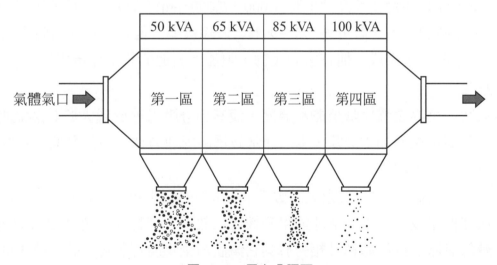

圖 7-20　電力分隔區

7-7 揮發性有機物之控制技術

7-7-1 揮發性有機物控制技術之選用

揮發性有機物的各項控制技術之選用原則如下：

1. 熱破壞法

分為熱式焚化法與觸媒焚化法：

(1) 熱式焚化法

或稱直接焚化法。可用於可燃性污染物濃度較低的情況，通常廢氣在進入焚化爐前會經過熱交換器預熱以升高燃燒所需的溫度，同時，因為廢氣的熱值較低，故需添加輔助燃料。熱式焚化爐燃燒的溫度約控制在 540 到 930℃左右。

(2) 觸媒焚化法

基本原理為藉由觸媒能改變化學反應途徑而降低燃燒反應所需要的活化能或能量障礙，因而加速反應速率及降低反應溫度。

揮發性有機物在較高濃度時(1,000～5,000ppm)，VOCs 燃燒發熱量高，適用熱破壞法，一般可達 95～99%之去除效率。但燃燒程序有時會產生不完全燃燒產物或其他有害副產物，須加上其他的設備作後處理。

2. 冷凝法

將氣狀污染物之溫度降至飽和溫度，使其部分壓力等於或大於其蒸氣壓力，產生凝結現象而加以去除，本法通常做為前處理方法，與後燃器、吸收塔或吸附塔合併使用。

需有相對較高之入口濃度(大於數千 ppm)才可達到 80%以上之效率。通常冷凝法在低溫或高壓條件下才能得到較佳之效率。其特點是可回收有價物質、可減低氣體之排放體積且相對於其它氣狀污染物處理設備，為一較簡單便宜之設備。

其設備型式可分為：

(1) 表面凝結器

利用水或空氣等冷卻介質通過管時,污染物會凝結在金屬管壁上而分離。

(2) 接觸凝結器

污染物與冷卻介質直接接觸而凝結,再將水與凝結混合物排掉,本型式較便宜,去除效率也較高,但有水污染問題。

3. 吸附法(adsorption)

係利用當污染氣體與吸附劑(adsorbent)接觸,兩者因物理接觸或化學反應吸附結合,可以特殊吸附劑除去特殊污染氣體。吸附可分為物理吸附及化學吸附:

(1) 物理吸附:當吸附劑及吸附質二者結合是藉由分子間的靜電力或凡得瓦力(Vander Waal)作用力,吸附過程是可逆的,吸附的吸附劑可再生使用。

(2) 化學吸附:化學吸附乃起因於吸附劑和吸附質之間產生化學反應,通常化學吸附過程是不可逆的,化學吸附的吸附劑並不能如物理吸附般的再生用。

一般而言,揮發性有機物的吸附熱比無機氣體分子的吸附熱大數倍。目前商業化之活性碳的形態有粉狀、粒狀、球狀或圓柱狀及纖維狀四種,其中活性碳纖維(activated carbon fibers,ACF)由於體積小且置換容易,因此常被使用做空氣清淨機吸附濾材,一般活性碳纖維之比表面積(specific surface area)約 $700 \sim 2,300$ m^2/g,其優點為比表面積大,細孔孔徑分布較為均勻,吸附及脫附速率快。常使用之吸附劑如活性碳、矽膠、活性鋁、人造沸石、高分子吸附劑等。

影響吸附的因素相當多,主要為吸附劑種類、吸附質之特性及其他影響因子:

(1) 吸附劑種類

吸附劑特性影響吸附量極大,包含有比表面積、孔隙大小分布、吸附劑的化學特性等。比表面積為判定吸附劑之首要條件,比表面積愈大者提供之吸附位置愈多,其吸附能力亦愈大,常用之活性碳其比表面積大都在 500 至 1,500m^2/g 之間。

(2) 吸附質之特性

吸附質不同，吸附能力亦有差異，造成這些差異之主要因子為分子大小、沸點、官能基及極性等。若吸附質之分子過大，其吸附速率較慢，且受吸附劑微小孔隙分布及比表面積大小影響，可擴散至吸附劑孔隙內之分子數將減少，而降低其吸附容量。但另一方面，分子較大者，與吸附劑之凡得瓦力亦較大，其吸附能力較強。吸附質之官能基及極性會影響吸附劑的吸附能力，活性碳表面為非極性，具有疏水及親有機的特性，極性的增加會使吸附劑之吸附能力降低，而官能基可能與吸附劑反應，產生化學吸附之現象，造成不可逆反應。

(3) 其他影響因子

影響吸附效果的因子很多，如溫度、相對溼度、吸附質濃度、吸附劑比表面積、吸附質與吸附劑之物化特性(如吸附劑之極性、孔洞大小、形狀、化學添著等)、壓力損失、其他氣體之競爭效應及氣體通過吸附劑流速等。吸附為一種放熱反應，溫度升高時不利於吸附作用，吸附量自然會下降。相對溼度愈大，則活性碳飽和吸附量愈低，通常在相對溼度大於 50%時效應才較明顯。而當吸附質濃度低時，相對溼度影響較大。

4. 吸收法(absorption)

藉由欲被吸收的氣體和液體彼此間相接觸，以將氣體中單一或多成份的氣體溶解於液體中而分離的操作程序。

吸收可依實際的狀況分成物理吸收及化學吸收，物理吸收只是氣體單純地溶解在液體中而加以分離，化學吸收則更進一步地涉及到氣液二相之間的化學反應。氣體在液體中的溶解度(solubility)是影響物理吸收極重要的因素，化學反應速率是影響化學吸收最重要的因素。吸收法之效率係由入流之污染物濃度來決定。通常，較低之污染物濃度(數百 ppm 以下)時，處理效率約為 90%；超過數百 ppm 之污染物濃度時，效率可超過 90%。吸收處理須考慮後續之廢水處理或吸收油液再生等問題。

吸收設備的種類型態繁多，如填充塔(packed tower)、板式吸收塔(plate tower)、噴霧塔(spray tower)、泡罩塔(bubble tower)、文式洗滌器(venturi scruber)、攪拌容器(agitated vessel)、噴射器(ejector)等。

吸收劑考慮的因素有：氣體的溶解度、揮發性及毒性、化學安定性及腐蝕性、比熱及黏度、及經濟成本等。

5. 生物處理法

利用自然界微生物之新陳代謝反應以去除空氣中的污染物質。

當空氣污染物由氣相被吸收到液相中並進一步地由微生物分解時,其通常轉換成二氧化碳、水氣及有機生質。

以生物處理法處理揮發性有機物,空塔停留時間 0.5～3.0 分鐘時可達 95% 以上處理效率。生物處理法包括生物濾床、生物滴濾塔及生物洗滌法等三種,適用條件各有不同,須謹慎選擇。

(1) 生物濾床(biological filteration)

生物濾床係將微生物固定於多孔材質或濾料上以進行污染物之分解,其中微生物可能於濾料表面上成長而形成生物膜或於懸浮於濾料周遭之水相。當空氣污染物與氧氣流經濾床時,上述物質將被吸入生物膜(或液相)內而進行生物分解,進而轉換成二氧化碳及水。

(2) 生物滴濾床(trickling bed)

生物滴濾床中,空氣污染物經過反應器前先被吸收到水相中,而後被懸浮於水相或固定於無機填充料之微生物進行分解。根據實際的操作狀況,空氣與水彼此的流動方向可分成對流式及同流式。如圖 7-21 所示。

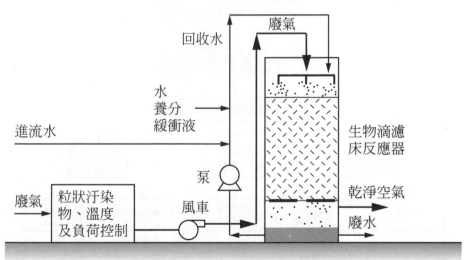

圖 7-21　生物滴濾床結構圖

(3) 生物洗滌塔(biological scrubber)

在生物洗滌塔中，類似於生物滴濾床，空氣污染物首先被吸入液體中，而後於另一容器內由整團懸浮之微生物進行分解作用，前述的氣體吸收作用可於填充塔、噴霧塔或泡罩塔內完成。如圖 7-22 所示。

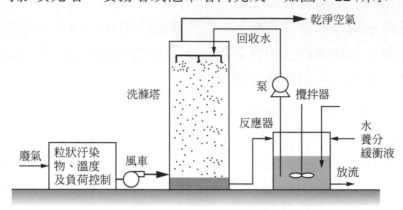

圖 7-22　生物洗滌塔結構圖

圖 7-23 為揮發性有機物控制技術選用原則及流程；圖 7-24 為 VOCs 廢氣處理濃度適用範圍 VOCs 廢氣處理濃度適用範圍；圖 7-25 為 VOCs 廢氣處理技術相對費用。

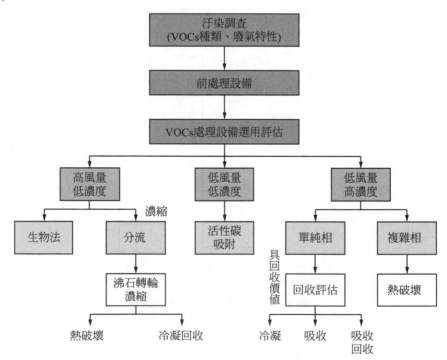

圖 7-23　揮發性有機物控制技術選用原則及流程

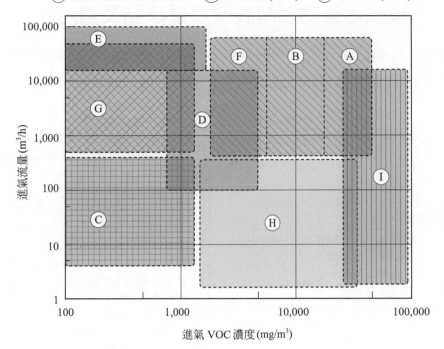

Ⓐ 火焰焚化/70%熱回收　　Ⓔ 轉輪吸附有機物濃縮/濃縮排氣熱焚化
Ⓑ 觸媒焚化/70%熱回收　　Ⓕ 蓄熱式焚化(RTO)
Ⓒ 活性碳吸附/碳不再生　　Ⓖ 生物濾床/生物洗滌
Ⓓ 活性碳吸附回收/碳再生　Ⓗ 冷凍回收(<0°C)　Ⓘ 冷凝回收(>0°C)

圖 7-24　VOCs 廢氣處理濃度適用範圍

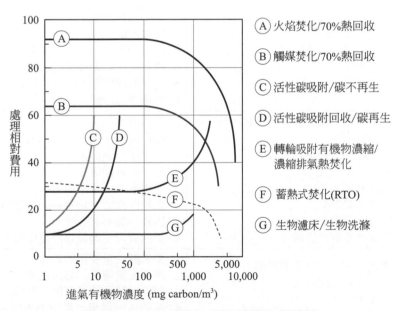

Ⓐ 火焰焚化/70%熱回收

Ⓑ 觸媒焚化/70%熱回收

Ⓒ 活性碳吸附/碳不再生

Ⓓ 活性碳吸附回收/碳再生

Ⓔ 轉輪吸附有機物濃縮/
　濃縮排氣熱焚化

Ⓕ 蓄熱式焚化(RTO)

Ⓖ 生物濾床/生物洗滌

圖 7-25　VOCs 廢氣處理技術相對費用

7-8 污染物控制設備之比較

7-8-1 粒狀污染物控制設備之優缺點及適用時機比較

表 7-12、表 7-13 所示分別爲各種粒狀污染物控制設備之優缺點及適用時機比較；圖 7-26 則爲各種粒狀污染物控制設備之除塵效率比較。

表 7-12　各種粒狀污染物控制設備之優缺點比較

設備	優點	缺點
重力沈降室	1. 結構簡單。 2. 投資少。 3. 壓力損失小(一般爲 50～100Pa) 4. 維修管理容易。	1. 體積大。 2. 效率低。 3. 僅作爲高效除塵器的預除塵裝置，除去較大和較重的粒子。
旋風集塵器	1. 結構簡單，容易設置且所佔空間小。 2. 初設及操作成本低。 3. 操作與維護容易。 4. 可處理高溫氣體，較不受溫度影響。 5. 壓力損失低，一般在 0.05～0.15 公尺水柱。 6. 可回收有用之物質。 7. 大顆粒處理效率佳。 8. 適合處理高濃度含塵量廢氣。	1. 對微細粉塵(10μm 以下)收集效率差，需配合其他高效率集塵器處理。 2. 積垢與腐蝕問題。 3. 風量小時，效率差。 4. 無法收集氣狀污染物。 5. 噪音高，約 80～100 dBA。
袋濾式集塵器	1. 設置空間需求小。 2. 除塵效率高，> 99%。 3. 設備成本低。 4. 可回收塵料。	1. 不適用高溫廢氣。 2. 對濕度敏感。 3. 需常清理。 4. 濾布老化更新成本高。 5. 過濾有機質易生爆炸。 6. 對過濾速度敏感。
靜電集塵器	1. 對粒徑大於 1μm 以上的粒狀物可達到高集塵效率。 2. 操作及維護費用便宜。 3. 廢氣壓力損失較小。 4. 能源消耗低。 5. 可處理大量廢氣。 6. 適用於高溫廢氣。 7. 耐酸鹼性及耐濕性較佳。	1. 設備成本高。 2. 操作維護不易，需要技術層次較高之人員。 3. 不適用易燃氣體。 4. 安全較有顧慮。 5. 使用愈久，效果愈差。 6. 對粒徑介於 0.1～1μm 之粒狀污染物，因荷電困難，故不易去除。 7. 集塵效果受進氣條件變化影響較大。
濕式洗塵器	1. 除塵效率不受電阻係數影響。 2. 具酸性氣體去除作用。 3. 能量使用低。 4. 可以有效去除顆粒微細的粒子。	1. 受氣體流量變化的影響大。 2. 產生大量廢水，必須處理。 3. 酸性氣體吸收率有限，無法去除所有酸氣。 4. 腐蝕情況嚴重，集塵器本體及放電極與集塵板需使用抗蝕材質。

表 7-13 各種粒狀污染物控制設備之適用時機比較

項目設備	可收集最小粒徑μm	除塵效率%	設備費	運行費	適用時機
重力沈降室	> 50	< 50	少	少	去除粒徑大粉塵。 減輕後段設備負荷。
旋風集塵器	5～30	50～90	少	中	粉塵顆粒粗大濃度高。 不需很高效率。
噴水洗塵器	> 8	< 90	少	中	需高效率去除細微粒。 排氣濕氣大。 氣態及粒狀污染物可同時去除。
旋風洗塵器	> 5	< 95			
開孔洗塵器	> 2	< 90			
衝擊洗塵器	> 5	< 97			
文式洗塵器	> 0.5	< 98			
袋式集塵器	< 1	> 99	中上	大	需很高的去除效率。 可乾燥地收集有價物質。 氣體溫度恆高於露點溫度。
靜電集塵器	< 1	95～95	大	中上	需高效率去除小粉塵。 需回收有價物質。

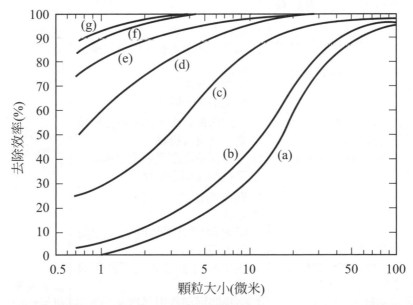

(a) 隔板式沉降室   (b) 簡易旋風集塵器   (c) 高效率旋風集器

(d) 靜電集塵器   (e) 濕式洗塵器(噴灑塔)   (f) 文氏洗塵器

(g) 袋式過濾器

圖 7-26 各種集塵器去除率比較

7-8-2 各種氣態污染物控制設備之優缺點及評選比較

表 7-14、表 7-15 所示分別爲各種氣態污染物控制設備之優缺點及設計因子及特性比較。

表 7-14　各種氣態污染物控制設備之優缺點及設計因子比較

處理技術	優點	缺點	設計因子
直接焚化	1. 操作不甚困難。 2. 能回收蒸氣或其它形式之熱能。 3. 對大部份可燃性之有機污染物控制效率佳。 4. 對各種可燃性污染物可同時去除。 5. 可處理臭味氣體。 6. 無廢棄物質需處理。	1. 操作費高，需輔助燃料。 2. 有回火或因而造成爆炸之危險。 3. 水份含量高時易浪費能源。 4. 不完全燃燒時，可能產生黑煙。 5. 廢氣流量變化太大時不易控制。 6. 可能衍生 NOx、SOx 排放問題。	燃燒溫度、停留時間、氧氣含量、混合程度、排氣流率、VOCs 濃度、排氣組成、排氣燃料值。
觸媒焚化	1. 低溫操作，可減少燃料費用。 2. 控制設備容積可減少，降低費用。 3. 選用適當觸媒時，控制效率甚佳。	1. 觸媒具選擇性，故需妥愼選擇類別。 2. 觸媒費用昂貴。 3. 觸媒可能遭毒化，故廢氣應前處理。 4. 廢棄觸媒需妥愼處理，否則將衍生廢棄物問題。	操作溫度、空間速度、觸媒性質、排氣流率、氧氣含量、VOCs 濃度、排氣組成、排氣燃料值。
冷凝處理	1. 可回收高純度物質。 2. 費用低且操作容易。 3. 對高濃度廢氣之處理效率較佳。	1. 一般處理效率不佳，單獨使用難符合排放標準。 2. 不適用於低濃度廢氣之處理。 3. 有些冷凝劑價格昂貴。	排氣組成、冷凝溫度、排氣流率、混合物露點。
吸附處理	1. 污染物可以回收。 2. 隨製程改變之操作彈性佳。 3. 當污染物回收至製程時，無廢棄物問題。 4. 可自動操作。 5. 可處理至相當低濃度。 6. 可同時處理多種有機蒸氣。	1. 回收系統須外加昂貴之蒸氣系統。 2. 吸附劑隨使用時間劣化而降低處理效率。 3. 吸附劑再生需蒸汽或眞空設備。 4. 更換吸附劑費用昂貴。 5. 廢氣須經前處理以避免粒狀污染物阻塞吸附床。 6. 廢氣須冷卻至常溫操作。 7. 脫附高分子量碳氫化合物時須消耗大量蒸汽。 8. 廢棄吸附劑需再處理。	排氣流率、吸附容量、排氣組成、進氣溫度、平衡性。

表 7-14　各種氣態污染物控制設備之優缺點及設計因子比較(續)

處理技術	優點	缺點	設計因子
吸收處理	1. 壓力降較低。 2. 標準化之 FRP 製品耐腐性佳。 3. 高質傳效率。 4. 可加塔高或板數以增加處理效率。 5. 初設費低。 6. 設備佔用空間小。 7. 能同時處理氣態及粒狀污染物。	1. 產生廢水處理問題。 2. 設計時需考慮參數較複雜。 3. 粒狀物累積可能造成堵塞。 4. 使用 FRP 材質時，對溫度較敏感。 5. 維護費高。 6. 排氣可能造成白煙問題。	填料種類、排氣流率、進氣溫度、氣液平衡。
生物處理	1. 操作費用低。 2. 操作容易。 3. 程序簡單。 4. 去除率高。	1. 濾料易結塊，不易調濕，易阻塞。 2. 不適合處理高濃度有機物。 3. 對低溶解度氣體效率不彰。 4. 對環境條件敏感。 5. 處理含鹵素氣體時不穩定。 6. 設備空間需求較大。 7. 系統一旦發生問題，要達到再穩定須時很長。	濾料大小、濾料材質、排氣流率、排氣組成、氣流溫度、廢氣前處理。

表 7-15　各種氣態污染物控制方法之特性比較

處理方法 項目	直接燃燒法	觸媒燃燒法	活性炭吸附法	吸收法	冷凝法
設備費	中	高	中	高	低
操作費	高	中	高	中	低
溫度(℃)	700～800	300～400	常溫	常溫	低溫(露點以下)
操作難易	稍複雜	稍複雜	易	稍複雜	易
排氣量之限制	小→中	小→大	小	大	中
處理氣體濃度	高	25%LEL 以下	高	低→高	高
回收能力	熱能	熱能	回收溶劑等	無	回收溶劑
衍生污染問題	有害氣體發生須留意	少	於回收過程中有發生的機會	廢液處理須考慮	無

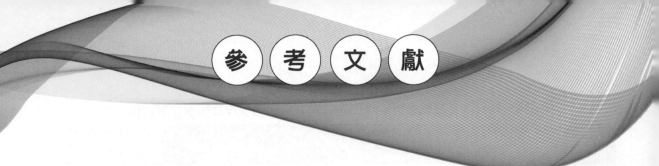

1. 郁仁貽，空氣污染，復文書局，1992。

2. 林健三，環境工程概論，鼎茂圖書出版股份有限公司，2008。

3. 張乃彬，垃圾焚化廠系統工程規劃與設計(上)，新雅出版社，1998。

4. Lapple, C. E., 1951. Processes Use Many Collection Types. Chem. Eng. 58: 145-151.

5. Leith, D. and Mehta, D., 1973. Cyclone Performance and Design. Atmos. Environ. 7: 527-549.

6. Stairmand, C. J., 1956. The Design and Performance of Modern Gas-cleaning Equipment. J. Inst. Fuel. 29: 58-81.

7. Bethea, R. M., 1978. Air Pollution Control Technology. Van Nostrand Reihhold Co. New York.

8. Johnstone, H. F., Field, R. B., and Tassler, M. C., 1954. Gas Absorption and Aerosol Collection in a Venturi Atomizer. Ind. And Eng. Chem. 46: 1601-1607.

9. Nukiyama, S. and Tanasawa, Y., 1983. An Experiment on Atomization of Liquid by Means of Air Stream, Trans. Soc. Mech. Eng. Japan: 4, 86.

10. Calvert, S., Lundgren, D. and Mehta, D. S., 1972. Venturi Scrubber Performance. J. Air Poll. Control Assoc. 22:529-532.

11. Lapple, C. E. and Kamack, H. J., 1955. Performance of Wet Dust Scrubbers. Chem. Eng. Prog. 51:110-121.

12. Semrau, K. T., 1963. Dust Scrubber Design-A Critique on the State of the Art. J. Air Poll. Control Assoc. 13:587-593.

13. Courtesy of Wheelabrator Frye, Inc., Mishawaka, Ind.

14. 經濟部工業局，揮發性有機物廢氣減量及處理技術手冊，民國 93 年 12 月。

15. 林文川，製程 VOCs 廢氣之收集與處理，工業污染防治，第 110 期(July 2009)。

16. 行政院環保署，甲級空氣污染防制專責人員訓練教材，民國 98 年。

17. Theodore Louis, 2008. Air Pollution Control Equipment Calculations, John Wiley & Sons.

18. 經濟部工業局，粒狀污染物控制設備之評估與選用，工業污染防治技術手冊之三十一，經濟部工業污染防治技術服務團，台北(1991)。

19. 經濟部工業局，袋濾集塵機設計選擇與操作，經濟部工業污染防治技術服務團，台北(1994)。

Chapter 8

局部排氣系統設計

通風裝置導管上所設置的任何管件(fittings)，舉凡氣罩、肘管、合流、擴張管、縮管、空氣清淨裝置等都會造成氣流能量損失，並反映於全壓的損失。根據經驗，大部分設備的全壓損失大略與該處的動壓成正比。因此各管件所造成的全壓損失多描述為：

$$\Delta P = K \times VP \tag{8-1}$$

式中 K 即為壓力損失係數(loss factor)，此參數即代表管件的能量損失特性。然而，若連接管件上下游管徑不同，致使上下游動壓不一致時，有些採用下游的動壓，有時則採用上下游動壓的平均值。對同一種管件，此兩種方法所定義的壓力損失係數會有所不同，在使用時須注意。

各種管件的壓力損失不外以下列方法獲得：

1. 製造廠商所提供之技術資料：一般僅限於具型錄之產品。
2. 參考文獻上的經驗公式。
3. 自行測試：根據前述全壓損失與動壓關係以線性迴歸求得。

一般而言，以自行測試較能獲得接近實際狀況的結果。雖然利用經驗公式亦為常用的方式，但通常會產生相當大的誤差。

局部排氣裝置導管設計的主要工作為：

1. 決定導管系統配置：依現場氣罩安裝點、排氣機位置以及與其他裝置之配合而定。
2. 選定各導管的管徑。
3. 決定各導管與管件所造成的壓力變化。
4. 決定達到設計要求所需的排氣機性能。

而在設計過程中所需的資料至少應包括：

1. 各氣罩的風量需求。
2. 各導管的最低風速，即輸送風速(transport velocity)值(見表 8-1)。
3. 各導管與管件的壓力損失特性(摩擦損失係數、壓力損失係數)。

表 8-1　各種物質所需之輸送風速(公制)

污染物性質	範例	輸送風速(m/s)
氣體、蒸氣、霧滴、燻煙、極輕之乾燥粉塵	各種氣體、蒸氣、霧滴、氧化鋅、氧化鋁、氧化鐵等燻煙，木材、橡膠、塑膠、綿等之微細粉塵。	10
輕質乾燥粉塵	原棉、大鋸屑、穀粉、橡膠、塑膠等之粉塵。	15
一般工業粉塵	毛、木屑、刨屑、砂塵、磨床之粉塵，耐火磚粉塵。	20
重質粉塵	鉛砂、鑄造用砂、金屬切劑。	25
重質濕潤粉塵	濕潤之鉛砂、鐵粉、鑄造用砂，窯業材料。	25 以上

　　其他可能需要考慮的因素包括：最低排氣風速要求(基於廢氣排放的考量)、能與排氣機或空氣清淨裝置進出口搭配的管徑、安裝場所對最大管徑的限制、最大容許導管風速(基於導管磨耗或靜電的考量)、空氣清淨裝置的有效操作風速(特別是旋風集塵器)等。

　　在設計局部排氣系統時，管路的直徑係由計算而來，但所求得的直徑往往不是商用的規格品，在這種情況下只有兩種抉擇：其一是訂做(客製化)，另一則是選用與計算值尺寸相近之規格品。表 8-2、表 8-3 分別爲 ISO 與 ACGIH 之標準規格管徑，以提供局部排氣系統管路設計之參考。

表 8-2　標準規格管徑(ISO 1983)

63	180	500
71	200	560
80	224	630
90	250	710
100	280	800
112	315	900
125	355	1,000
140	400	1,120
160	450	1,250

單位：mm

表 8-3-1　ACGIH 標準規格管徑

公制(單位：mm)							
20	220	450	900	1,400	1,900	2,400	2,900
40	240	475	950	1,450	1,950	2,450	2,950
60	260	500	1,000	1,500	2,000	2,500	3,000
80	280	550	1,050	1,550	2,050	2,550	3,050
100	300	600	1,100	1,600	2,100	2,600	3,100
120	325	650	1,150	1,650	2,150	2,650	3,150
140	350	700	1,200	1,700	2,200	2,700	3,200
160	375	750	1,250	1,750	2,250	2,750	3,250
180	400	800	1,300	1,800	2,300	2,800	
200	425	850	1,350	1,850	2,350	2,850	

表 8-3-2　ACGIH 標準規格管徑

英制(單位：in)							
0.5	5	13	24	36	45	58	76
1	5.5	14	26	37	46	60	78
1.5	6	15	28	38	47	62	80
2	7	16	30	39	48	64	82
2.5	8	17	31	40	49	66	84
3	9	18	32	41	50	68	86
3.5	10	19	33	42	52	70	88
4	11	20	34	43	54	72	90
4.5	12	22	35	44	56	74	

 # 8-1　局部排氣系統的設計程序

在從事局部排氣系統的設計之前要先廣泛蒐集相關資料，包括：

1. 系統裝設地點如廠房、建築及作業區之佈置圖。

2. 製造程序、生產設備、原物料之詳細資訊，包含物質之毒性、化性及逸散方式、操作習慣等。

3. 廠房內外氣流之動向及分配足以影響通風設計者。

4. 局部排氣系統之平面及高度配置草圖，包含氣罩開口方向及空氣清淨裝置，風扇之相關位置圖。

　　有了以上資訊後，再依下列步驟進行設計：

1. 依污染物之特性，選定氣罩之種類與型式。

2. 依作業之特性，決定排氣之方向。

3. 決定氣罩設置之位置，儘量靠近污染源。

4. 考慮污染物發散方向、飛散距離及氣罩型式，決定污染物之控制風速。

5. 決定個別氣罩之排氣量。

6. 在設計圖(包括平面圖和側視圖)上擬定導管系統的佈置，決定空氣清淨裝置與排氣機之位置。

7. 以導管之輸送風速及排氣量，採用流速調節平衡法順次試算吸氣側支管與主導管之內徑(長方形時為長邊、短邊之長度)。

8. 採用與輸送風速無關之較小速度(儘可能低於 10m/s)試算排氣導管之內徑(適用於空氣清淨裝置置於排氣機前方者為限)。

9. 分段計算各管段之壓力損失(包括氣罩、吸氣導管各管件、空氣清淨裝置、排氣導管、排氣口等)。

10. 依排氣機全壓、排氣量、效率並保留適當的安全係數，計算所需排氣機與馬達動力。

　　以上基本工作完成後，應即進入細部構造之檢討。

　　在單氣罩單導管系統中，於決定氣罩型式、風量、風管尺寸後，即可將各部份之壓力損失加總，並計算出排氣機全壓，以選定風車大小。然而多氣罩多導管系統的設計就比單氣罩單導管系統複雜多了，主要原因乃必須把總風量適當地分配至各個氣罩，設計前也應瞭解個別氣罩所擬捕集之物質，以免不同氣罩收集之物質混合後起反應產生腐蝕，甚至於爆炸。通常多氣罩多導管系統之設計程序和單氣罩單導管系統大同小異，即先選定風管尺寸以維持所需之輸送風速，計算經過氣罩、風管及其他管件之壓力損失，直至和其它風管之合流點，再平衡會流點之壓損，以決定是否修正其風量或管徑，因為一旦壓力不平衡，支管之風量可能低於設計風量，影響預期排氣效果，故當主、支管之壓力差在 20%以上時，就有必要調整各管路阻力，以平衡合流點。

8-2 單氣罩單導管系統設計

　　為使初學者對局部排氣系統設計之方法易於入門，本書將先從單氣罩單導管系統之設計介紹起，再逐步漸進到多氣罩多導管局部排氣系統之設計。一般使用之系統設計方法有兩種，即動壓法(velocity pressure method)及等效呎法(equivalent foot method)：

一、動壓法：

　　此法係基於壓損與動壓成正比之理論，將所有之壓損以損失係數(K)值來代表相對應之動壓乘數，逐項估算壓損係數值，相關之參數可參考第四、五章查得。

二、等效呎法：

　　此法在計算程序上與動壓法相同，主要的差異在於其將所有肘管、支管之壓損以等效之直導管長度代替，所得之值再乘上由查圖所得相對應之 100 呎直導管壓損值，故此法在非直管之壓損計算上較為簡便。

　　動壓法為目前最常用之方法，爾後之多氣罩多導管局部排氣系統亦將遵循此法設計。

　　以 ACGIH 所出版的工業通風設計手冊所推薦的設計方法六步驟為例，其標準設計步驟如下：

步驟 1： 選擇氣罩幾何尺寸－簡單的氣罩可以根據第四章的設計原則去設計，除此之外 ACGIH 工業通風設計手冊收羅了很多關於一般工業操作的氣罩設計的應用案例可供參考選用。但是，在某些情況下，系統設計者可能需要開發量身訂做的獨特氣罩。

步驟 2： 計算所需的排氣量－排氣量是氣罩設計參數中不可或缺的一部分。排氣量或許是一給定量亦可能是根據一指定的面速度或捕捉風速計算。ACGIH 工業通風設計手冊所提供的數據通常是根據作業場所實際設置的氣罩之觀察效果所得。

步驟 3： 指定最小導管速度－輸送風速的大小亦是設計參數中不可或缺的。若氣罩係應用於氣體或蒸氣，則輸送風速 1,500～2,000fpm(8～10m/s)即已足夠，若是用於粒狀汙染物之輸送，則輸送風速至少要 3,500～4,000fpm(18～23 m/s)，參見表 8-1。

步驟 4： 選擇風管尺寸－圓形導管的管徑大小是以能夠提供給定之排氣量所需的最小導管速度而求得($A = \dfrac{Q}{V}$)。透過將排氣量除以最小導管速度所求得的是最大導管截面積。若最大導管截面積所對應之管徑非標準管徑，則選用較小一級的標準管徑方可確保滿足最小輸送風速。然後，再根據所選用之標準管徑的導管面積和排氣量計算實際管道速度。

步驟 5： 管路之佈置－管路的佈置是在考慮了建築和設備等障礙物的空間限制的同時，最大限度地減少因直線管道和彎頭引起的能量損失而作的選擇。通常，可能會有好幾種佈置設計方案可供選擇，此時必須向工廠工程師和製程經理諮詢。最重要的考量通常是煙囪的設置位置。首先，必須避免排放的污染物再次進入。再者，若是需要穿透屋頂或建築物的牆壁，穿透建築的位置必須加以仔細考慮，並與建築物管理者協商。

步驟 6： 計算能量損失－一旦管路之佈置經過確認，就可以透過方程式、圖或表來決定管路系統中空氣流動所引起的摩擦和擾流損失。 此類靜壓損失可以直接計算或先換算成動壓的倍數再計算靜壓，ACGIH 工業通風設計手冊則是採用後面的方式。

　　本節以萬馬力機之氣罩為例，演示其單氣罩單導管系統之設計流程。萬馬力機又稱密閉式煉膠機(簡稱密煉機)，主要用於橡膠的塑煉和混煉，將彈性材料與促進劑、抗氧化劑、抗臭氧劑、顏料、塑化劑和硫化劑等添加劑混合，如圖 8-1 所示。在將這些粒狀粉料飼入或裝填到萬馬力機時是一項粉塵飛揚的作業，需要良好的局部排氣。

　　圖 8-2 是 ACGIH 工業通風設計手冊針對此一萬馬力機所提出的氣罩設計方案，編號 VS-60-10。其設計參數如下：

(1) Q = 200 – 300cfm/ft² 單位開口面積或 500cfm/ft 單位皮帶寬度
(如使用皮帶作物料之飼入)

(2) 最小輸送風速 3,500fpm

(3) 進入損失，在氣罩處 $h_e = 0.25VP_d$

在耳軸(trunnion)處 $h_e = 1.0VP_d$

圖 8-1　萬馬力機

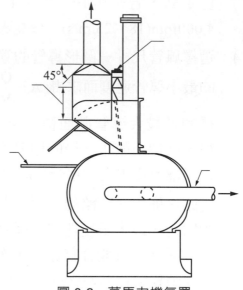

45°

圖 8-2　萬馬力機氣罩

　　在 ACGIH 工業通風設計手冊 VS-60-10 這個廣爲大家接受的設計方案中所描述的是一個位於飼料端口上方的部分密閉氣罩(圖 8-2)。它通常還提供兩個額外的小氣罩來處理從耳軸末端的防塵環中逸出的粉塵。在本案例中，只有飼料端口有提供通風。該通風系統由氣罩、風機和連接導管所構成。本設計程序的目的有二，主要是決定此系統所需的最小排氣量(cfm)和總壓損(in. H_2O)。然後可以使用這些設計數據再利用第六章所介紹的學理選擇合適的風機。

　　茲逐步驟介紹其設計過程如下：

步驟 1：選擇氣罩幾何尺寸－使用上述設計參數之數據。

步驟 2：計算所需的排氣量－經作業觀察，發現此萬馬力機是手動飼料，而不是皮帶飼料。此外，也沒有來自門、窗開閉或人員、車輛來往所引起之嚴重環境氣流(側風)。根據這些資料，開口區選擇最小排氣量爲 200cfm/ft²(相當於 200fpm 的面速度)。但如果萬馬力機係位於接收門附近並且受到嚴重環境氣流的影響，抑或有來自立式電風扇所引起的氣流時，則將選擇 VS-60-10 之設計參數中的較高值 300fpm。皮帶飼料則需要 500cfm/ft 單位皮帶寬度的排氣量。畫出該系統之設計簡圖，如圖 8-3 所示。

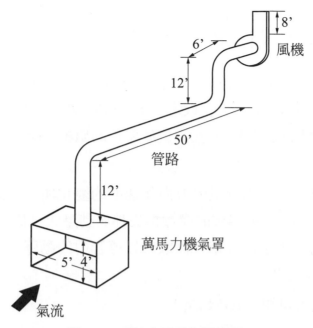

圖 8-3　系統之設計佈置簡圖

該氣罩為一 5ft × 4ft 之開口，所以排氣量計算如下：

$$Q = VA = (200\text{ft/min})(5\text{ft} \times 4\text{ft}) = 4{,}000\text{ft}^3/\text{min} \tag{8-2}$$

步驟 3：指定最小導管速度－ACGIH 工業通風設計手冊 VS-60-10 建議之最小輸送風速 3,500fpm。

步驟 4：選擇風管尺寸－將排氣量除以最小導管速度求得最大導管截面積：

$$A = \frac{Q}{V} = \frac{4{,}000(\text{ft}^3/\text{min})}{3{,}500(\text{ft/min})} = 1.14\ \text{ft}^2 \tag{8-3}$$

任何截面積小於 1.14ft^2 且流量 4,000cfm 的導管都可滿足最小管道速度 3,500fpm 的要求。經計算，截面積剛好小於 1.14ft^2 的圓管直徑是 14in.，但該 14in. 管徑圓管之截面積為 1.069ft^2。接下來就是計算實際導管流速和其所對應的動壓值，因為在設計過程需再用到。

$$V = \frac{Q}{A} = \frac{4{,}000\ (\text{ft}^3/\text{min})}{1.069\ (\text{ft}^2)} = 3{,}740\ \text{ft/min} \tag{8-4}$$

$$P_V = (\frac{V}{4,005})^2 = (\frac{3,740}{4,005})^2 = 0.87 \text{ in. H}_2O \tag{8-5}$$

步驟 5：管路之佈置－管路的佈置如圖 8-3 所示。導管上升 12ft 直到廠房天花板的下側，轉 90° 沿著天花板走 50ft，再轉 90° 走 12ft 以穿透屋頂，然後再轉 90° 沿著屋頂走 6ft 接到位於屋頂的風機，從風機出來再接一段 8ft 的煙囪。

步驟 6：計算能量損失－由於氣流方向和速度的變化所引起的動力損失以及空氣在導管中流動所導致的摩擦損失都與動壓成正比。 因此，每種能量損失都可以表示爲一損失係數乘以導管中的動壓。在此，能量損失皆以 in.H$_2$O 表之。

從第四章的討論可知，氣罩靜壓：

$$P_{sh} = P_v + h_e(\text{in. H}_2O) \tag{8-6}$$

式中 h$_e$：氣罩進入損失；in.H$_2$O

P$_v$：速度壓或動壓；in.H$_2$O

$$\because h_e = F_h \cdot P_v \tag{8-7}$$

$$\therefore P_{sh} = P_v + F_h \cdot P_v = P_v (1 + F_h) \tag{8-8}$$

其中，萬馬力機氣罩之進入損失係數是 0.25

$$故 P_{sh} = P_v (1 + F_h) = P_v (1 + 0.25) = 1.25P_v \tag{8-9}$$

此氣罩靜壓值是欲提供該系統 4,000cfm 的流量，所必須維持的靜壓量。

由於 4,000cfm 的流量流經 14-in.導管的摩擦損失也可以表示爲損失係數和導管中動壓的乘積。如圖 8-3 所示，風機上游直管長度爲 12 + 50 + 12 + 6 = 80ft，風機下游還有 8ft。由於無論導管位於風機上游還是下游，流經導管的空氣都表現出相同的摩擦損失，因此可以將 88ft 的導管總長度視爲一個單位。從圖 5-2 中可以得到以動壓表示的直管摩擦損失。找出圖中流量 4,000cfm 和導管直徑 14in.的交叉點，其所對應的值是每英尺風管的摩擦損失爲 0.0155P$_v$。由於此萬馬力機局部排氣系統有 88 ft 長的直管，所以其摩擦損失爲：

$$88(\text{ft}) \times 0.0155(P_v/\text{ft}) \quad \text{或} \quad 1.36P_v \tag{8-10}$$

每單位英尺管長之摩擦損失亦用 Loeffler 公式計算之：

$$\frac{\Delta P_f}{L} = H_f P_v = (\frac{aV^b}{Q^c})P_v = (0.0307\frac{3,740^{0.533}}{4,000^{0.612}})P_v = 0.0155P_v \tag{1-29}$$

與上面以查表的方式所得的結果是一樣的。

肘管的動力損失也與動壓成正比；典型的圓形截面肘管之壓損係數可參考表 5-3 而查得。以大部分局部排氣系統中所選用的 4 蝦節、$\frac{R}{D} = 1.5$ 肘管為例，一個肘管的動力損失為 $0.27P_v$。由於有三個 $90°$ 肘管，因此總肘管壓力損失為 $0.81P_v$。

將來自萬馬力機局部排氣系統氣罩及各管段的摩擦損失與動力損失加總如表 8-4：

表 8-4　萬馬力機局部排氣系統各項壓損彙整表

壓損來源		壓損值
氣罩靜壓	氣罩之進入損失, h_e	$0.25P_v$
	加速損失(或慣性損失), P_v	$1.00P_v$
直管的摩擦損失, ΔP_f		$1.36P_v$
肘管之動力損失		$0.81P_v$
總靜壓損失(ΔP_s)		$3.42P_v$

由於動壓在前面之步驟 4 中已求得其值為 $0.87\text{in.H}_2\text{O}$，因此驅動 4,000cfm 之氣體流動所需之實際靜壓值為：

$$P_s = (3.42)(0.87\text{in.H}_2\text{O}) = 2.98\text{in.H}_2\text{O}$$

表 8-5 為使用 excel 完成之萬馬力機局部排氣系統動壓法試算表，其結果與前述逐步計算之方式是一樣的。

表 8-5 萬馬力機局部排氣系統動壓法試算表

						算式摘要
	VELOCITY PRESSURE METHOD CALCULATION SHEET					
1	Duct Segment Identification 管段名稱				#1	
2	Target Volumetric Flow Rate 目標流率			cfm	4,000	$200(\text{cfm/ft}^2) \times 20(\text{ft}^2)$
3	Minimum Transport Velocity 最低輸送風速			fpm	3,500	
4	Maximum Duct Diameter 最大導管直徑			inches	14.4	$4000/3500 = 1.14(\text{ft}^2)$，即 d = 14.4"
5	Selected Duct Diameter 選定之導管直徑			inches	14	選比 14.4"更小的標準規格管徑
6	Duct Area 導管截面積			ft^2	1.069	d = 14.4"時，A = 1.069ft^2
7	Actual Duct Velocity 實際之導管風速			fpm	3,742	Q/A = 4000/1.069 = 3742fpm
8	Duct Velocity Pressure(VP_d) 導管動壓			$"H_2O$	0.87	$P_v = (3742/4005)^2$ = 0.87 $"H_2O$
9			Maximum Slot Area 最大狹縫面積		ft^2		本系統無狹縫式氣罩，故第 9～16 項不適用
10			Slot Area Selected 選定之狹縫面積		ft^2		
11			Slot Velocity 狹縫風速		fpm	不	
12		Slots	Slot Velocity Pressure 狹縫動壓		$"H_2O$	適	
13	Hood Losses		Slot Loss Coefficient 狹縫壓損係數			用	
14			Acceleration Factor 加速因子		(0 or 1)		
15			Slot Loss per VP 狹縫損失換算動壓之倍率	(13 + 14)			
16			Slot Static Pressure 狹縫靜壓	(12 × 15)			
17			Duct Entry Loss Coefficient 進入損失係數	(圖 4-9)		0.25	氣罩進入損失係數
18			Acceleration Factor 加速因子		(1 or 0)	1	有裝設氣罩之導管填上 1
19			Duct Entry Loss per VP 導管進入損失換算動壓之倍率	(17 + 18)		1.25	總進口損失 = $(1 + F_h) = 1.25P_v$
20			Duct Entry Loss 導管進入損失	(8 × 19)	$"H_2O$	1.09	1.25 × 0.87 = 1.09 $"H_2O$
21			Other Losses 其他損失 (如空氣清淨裝置……)		$"H_2O$		無
22			Hood Static Pressure 氣罩靜壓	(16 + 20 + 21)	$"H_2O$	1.09	0 + 1.09 + 0 = 1.09 $"H_2O$

表 8-5　萬馬力機局部排氣系統動壓法試算表（續）

		VELOCITY PRESSURE METHOD CALCULATION SHEET			
23	Straight Duct Length 直線導管之總長度		ft	88	12 + 50 + 12 + 6 + 8 = 88ft
24	Friction Factor(Hf)摩擦損失因子	Eq. (1.26)		0.0155	查(1.26)式
25	Friction Loss per VP 直線導管摩擦損失換算動壓之倍率	(23 × 24)		1.36	$0.015 \times 88 = 1.36\ P_v$
26	Number of 90 deg. Elbows 90° 肘管數目			3	系統共有 3 個 90°肘管
27	Elbow Loss Coefficient 肘管之壓損係數	表 5-3		0.27	肘管之壓損係數由表 5-3 查得
28	Elbow Loss per VP 肘管壓損換算動壓之倍率	(26 × 27)		0.81	$3 \times 0.27 = 0.81 P_v$
29	Number of Branch Entries 支管數目		(1 or 0)		本系統為單氣罩，無支風管
30	Entry Loss Coefficient 合流導管壓力損失係數				—
31	Branch Entry Loss per VP 支管之壓損換算動壓之倍率	(29×30)			
32	Special Fitting Loss Coefficients 特殊管件之壓損係數				—
33	Duct Loss per VP 導管壓損換算動壓之倍率	(25 + 28 + 31 + 32)		2.17	總管路損失=1.36 + 0.81 = 2.17P_v
34	Duct Loss 導管壓損	(33 × 8)	"H$_2$O	1.89	所有管路上之壓損係數總和
35	Duct Segment Static Pressure Loss 各管件之靜壓損失	(22 + 34)	"H$_2$O	2.98	氣罩及管路損失之總和
36	Other Losses(VP-VPr etc.)其它壓損		"H$_2$O		
37	Cumulative Static Pressure 累積靜壓		"H$_2$O		
38	Governing Static Pressure 主導靜壓		"H$_2$O		
39	Corrected Volumetric Flow Rate 修正之流率		cfm		
40	Corrected Velocity 修正風速		fpm		
41	Corrected Velocity Pressure 修正動壓		"H$_2$O		
42	Resultant Velocity Pressure 最終動壓		"H$_2$O		

例題 8-1

　　如圖 8-4 中之局部排氣系統線圖，氣罩至肘管(點 A 至點 B)長 0.5m，肘管至排氣機(點 C 至點 D)長 1.5m，排氣機至出口(點 E 至點 F)長 1m。相關設計資料如下：

(1) 排氣量需求：$Q = 12.3 \, m^3/min$ 以上。

(2) 最低輸送風速(V_T) =10 m/s。

(3) 氣罩進入損失係數(F_h) =0.8。

(4) 肘管壓力損失係數(K) = 0.3。

(5) 導管摩擦損失係數(f) = 0.0227。

(6) 排氣機上游吸氣導管需選用 ISO 標準規格管徑。

(7) 排氣機下游排氣導管可訂製，導管風速在 20m/s 以上。

假設所有管路均位於同一平面。

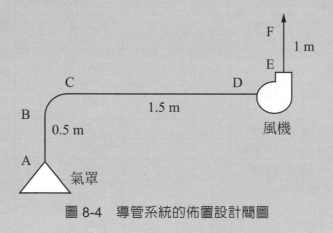

圖 8-4　導管系統的佈置設計簡圖

解

對照表 8-6，各列計算步驟如下：

(一) 吸氣導管側(AD 管段)

1.　由於本系統爲單氣罩局部排氣系統，沒有主、支流點，故此列可省略。

2. 排氣量需求：$Q = 12.3 \text{m}^3 / \text{min} = \dfrac{12.3}{60} = 0.205 \text{m}^3 / \text{s}$。

3. 輸送風速(V_T)在 10m/s 以上。

4. 達到輸送風速的最大導管截面積：$A = \dfrac{0.205}{10} = 0.0205 \text{m}^2$

   達到輸送風速的最大導管直徑：

   $d = \sqrt{4A / \pi} = \sqrt{4 \times 0.0205 / \pi} = 0.162 \text{m} = 16.2 \text{cm}$

5. 選擇 d = 16cm = 0.16m (根據表 8-2 之 ISO 標準規格管徑，選擇較 16.2cm 更小的標準規格管徑，以確保在給定風量下導管風速大於輸送風速之要求)。

6. d = 16cm 時之導管截面積：$A = \pi \times \dfrac{0.16^2}{4} = 0.0201 \text{m}^2$

7. 吸氣導管風速：

   $V_A = V_B = V_C = V_D = \dfrac{Q}{A} = \dfrac{0.205}{0.0201} = 10.2 \text{m} / \text{s} > 10 \text{m} / \text{s} \rightarrow$ 符合要求。

8. 導管動壓 $VP_d = (\dfrac{10.2}{4.04})^2 = 6.37 \text{mmH}_2\text{O}$

9.～16.因本系統無狹縫式氣罩故不予列入計算。

17. 氣罩進入損失係數為 0.8。

18. 加速因子(acceleration factor)為 1。

19. 導管進入損失係數 $= 1.0 VP_d + 0.8 VP_d = 1.8 VP_d$

20. 導管進入損失 $= 1.8 VP_d = 1.8 \times 6.37 = 11.47 \text{mmH}_2\text{O}$

21. 無其他損失。

22. 氣罩靜壓 $= 1.8 VP_d = 1.8 \times 6.37 = 11.47 \text{mmH}_2\text{O}$

23. 直線導管之總長度 $= 0.5 + 1.5 = 2.0 \text{m}$

24. 由式(1.26)：

   $\Delta P_f = f(1/d) L P_v = H_f L P_v$

   摩擦損失因子 $(H_f) = \dfrac{f}{d} = \dfrac{0.0227}{0.16} = 0.1419 \text{mmH}_2\text{O} / \text{m}$

25. 直線導管摩擦損失 $= 0.1419(mmH_2O/m) \cdot (2.0m) = 0.2838 VP_d mmH_2O$

26. $90°$肘管數目在吸氣側有 1 個。

27. 肘管之壓損係數 $= 0.3$。

28. 肘管壓損 $= 0.3 VP_d \ mmH_2O$

29.～31.本系統爲單氣罩單導管系統無支風管。

32. 無其它特殊管件。

33. 導管壓損 $=$ 直線導管摩擦損失 $+$ 肘管壓損

$$= 0.2838 \ VP_d + 0.3 VP_d = 0.5838 VP_d mmH_2O$$

34. 導管壓損 $= (0.5838)(6.37 mmH_2O) = 3.719 mmH_2O$

35. 各管件之靜壓損失 $=$ 氣罩靜壓+導管壓損

$$= 11.47 + 3.719 = 15.189 mmH_2O$$

(二) 排氣導管側(EF 管段)

1. (略)。

2. 排氣量：$Q = 12.3 m^3/min = 0.205 m^3/s$

3. 輸送風速$(V_T) = 20m/s$

4. 達到輸送風速的最大導管截面積：

$$A = \frac{Q}{A} = \frac{0.205}{20} = 0.01025 m^2$$

達到輸送風速的最大導管直徑：

$$d = \sqrt{\frac{4A}{\pi}} = \sqrt{4 \times 0.01025 / \pi} = 0.114m = 11.4cm$$

5. 由於排氣機下游排氣導管可訂製，選取 $d = 11.4cm$

6. $d = 11.4cm$ 時，導管截面積：$A = 0.01025 m^2$

7. 排氣導管風速在 $20 \ m/s$ 以上。

8. 排氣導管動壓 $VP_d = (20/4.04)^2 = 24.5 \ mmH_2O$

9.～16.因本系統無狹縫式氣罩故不予列入計算。

17. 該管段無氣罩故為 0。

18. 加速因子(acceleration factor)：無氣罩故為 0。

19. 導管進入損失係數 = 0。

20. 導管進入損失 = 0。

21. 無其他損失。

22. 氣罩靜壓 = 0。

23. 直線導管之總長度 = 1.0m。

24. 由式(1-26)：

$$\Delta P_f = f(\frac{1}{d})LP_v = H_f LP_v$$

$$摩擦損失因子 (H_f) = \frac{f}{d} = \frac{0.0227}{0.114} = 0.1991 mmH_2O / m$$

25. 直線導管摩擦損失 = 0.1991(mmH₂O/m)·1.0(m) = 0.1991VP_d mmH₂O

26. 該管段無肘管故為 0

27. 肘管之壓損係數 = 0.3

28. 肘管壓損 = 0

29.～31.本系統為單氣罩單導管系統無支風管。

32. 無其它特殊管件。

33. 導管壓損 = 直線導管摩擦損失+肘管壓損 = 0.1991VP_d mmH₂O。

34. 導管壓損 = (0.1991)·(24.5mmH₂O) = 4.8780 mmH₂O

35. 各管件之靜壓損失 = 氣罩靜壓 + 導管壓損

$$= 0 + 4.8780 = 4.8780 mmH_2O$$

　　使用如表 8-6 所示的試算表可使上述的繁複計算變得相當簡潔。表中將所有管徑不變的管段(如點 A 至點 D)視為一個導管單元，每一單元的相關數據逐項記載於同一欄中。

　　排氣機的動力需求與管道系統的靜壓損失相關，而此動力需求量反映於排氣機全壓(FTP)，可以用下面算式表之：

$$\because \quad FTP = TP_{排氣機出口} - TP_{排氣機入口} \tag{8-11}$$

$$\therefore \quad FTP = P_{T,o} - P_{T,i} = (P_{S,o} + P_{V,o}) - (P_{S,i} + P_{V,i})$$
$$= (4.8780 + 24.5) - (-15.189 + 6.37) = 38.197 mmH_2O$$

$$FSP = FTP - P_{V,o} = (P_{S,o} - P_{S,i}) - P_{V,i}$$
$$= (4.8780) - (-15.189 + 6.37) = 13.697 mmH_2O$$

電動機的消耗功率再由 FTP 與排氣機所提供風量求得：

$$W(kW) = \frac{Q(m^3 / min) \times FTP(mmH_2O)}{6,120 \times \eta} \tag{8-12}$$

式中η為排氣機效率、驅動效率等相乘積所得的總機械效率，一般介於 50%至 75%之間(請參閱第六章)。在本例中，若假設$\eta = 60\%$，則排氣機的消耗功率為：

$$W = \frac{12.3(m^3 / min) \times 38.197(mmH_2O)}{6,120 \times 0.6} = 0.128 \ (kW) \tag{8-13}$$

雖然排氣機所提供的能量與 FTP 相關，但在局部排氣裝置中，排氣機的主要功能在於克服系統壓力的損失，因此排氣機下游的氣流動壓常不被視為排氣機的性能，因此一般公認的排氣機性能參數為排氣機靜壓(FSP)，也就是排氣機全壓減去排氣機出口動壓。

根據第六章所介紹的風機動力需求曲線(PWR 曲線)，排氣機之靜壓需求大約與風量的平方成正比。因此，在本例中，動力需求曲線大略近似於

$$\frac{FSP}{13.7} = (\frac{Q}{12.3})^2 \tag{8-14}$$

圖 8-5 即為根據式(8-14)所繪製的動力需求曲線，此曲線恰好通過設計之操作點($Q = 12.3 m^3/min$；$FSP = 13.7 mmH_2O$)。

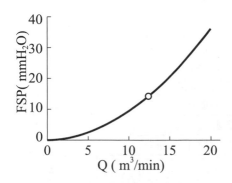

圖 8-5　動力需求曲線，圓圈所示即為設計之操作點

表 8-6　局部排氣系統動壓法試算表

	VELOCITY PRESSURE METHOD CALCULATION SHEET				
1	Duct Segment Identification 管段名稱			AD	EF
2	Target Volumetric Flow Rate 目標流率		m³/s	0.205	0.205
3	minimum Transport Velocity 最低輸送風速		m/s	10	20
4	maximum Duct Diameter 最大導管直徑		mm	162	114
5	Selected Duct Diameter 選定之導管直徑		mm	160	114
6	Duct Area 導管截面積		m²	0.0201	0.01025
7	Actual Duct Velocity 實際之導管風速		m/s	10.2	20
8	Duct Velocity Pressure(VP_d)導管動壓		mmH₂O	6.37	24.5
9	Hood Losses / Slots — maximum Slot Area 最大狹縫面積		m²	↑	↑
10	Slot Area Selected 選定之狹縫面積		m²		
11	Slot Velocity 狹縫風速		m/s	不	不
12	Slot Velocity Pressure 狹縫動壓		mmH₂O	適	適
13	Slot Loss Coefficient 狹縫壓損係數			用	用
14	Acceleration Factor 加速因子		(0 or 1)		
15	Slot Loss per VP 狹縫損失換算動壓之倍率	(13 + 14)			
16	Slot Static Pressure 狹縫靜壓	(12 × 15)		↓	↓
17	Duct Entry Loss Coefficient 進入損失係數	(圖 4.9)		0.8	
18	Acceleration Factor 加速因子		(1 or 0)	1	0
19	Duct Entry Loss per VP 導管進入損失換算動壓之倍率	(17 + 18)		1.8	0
20	Duct Entry Loss 導管進入損失	(8 × 19)	mmH₂O	11.47	0
21	Other Losses 其他損失(如空氣清淨裝置……)		mmH₂O		
22	Hood Static Pressure 氣罩靜壓	(16 + 20 + 21)	mmH₂O	11.47	0
23	Straight Duct Length 直線導管之總長度		m	2	1
24	Friction Factor(H_f)摩擦損失因子	Eq. (1.26)		0.1419	0.1991
25	Friction Loss per VP 直線導管摩擦損失換算動壓之倍率	(23 × 24)		0.2838	0.1991

表 8-6　局部排氣系統動壓法試算表(續)

	VELOCITY PRESSURE METHOD CALCULATION SHEET				
26	Number of 90 deg. Elbows 90°肘管數目			1	0
27	Elbow Loss Coefficient 肘管之壓損係數	表 5-3		0.3	
28	Elbow Loss per VP 肘管壓損換算動壓之倍率	(26 × 27)		0.3	
29	Number of Branch Entries 支管數目	(1 or 0)		0	0
30	Entry Loss Coefficient 合流導管壓力損失係數				
31	Branch Entry Loss per VP 支管之壓損換算動壓之倍率	(29 × 30)			
32	Special Fitting Loss Coefficients 特殊管件之壓損係數				
33	Duct Loss per VP 導管壓損換算動壓之倍率	(25 + 28 + 31 + 32)		0.5838	0.1991
34	Duct Loss 導管壓損	(33 × 8)	mmH$_2$O	3.719	4.8780
35	Duct Segment Static Pressure Loss 各管件之靜壓損失	(22 + 34)	mmH$_2$O	15.189	4.8780
36	Other Losses(VP−VP$_r$ etc.)其它壓損		mmH$_2$O	0	0
37	Cumulative Static Pressure 累積靜壓		mmH$_2$O	−15.189	4.8780
38	Governing Static Pressure 主導靜壓		mmH$_2$O		
39	Corrected Volumetric Flow Rate 修正之流率		m^3/s		
40	Corrected Velocity 修正風速		m/s		
41	Corrected Velocity Pressure 修正動壓		mmH$_2$O		
42	Resultant Velocity Pressure 最終動壓		mmH$_2$O		

◎例題 8-2

　　圖 8-6 為熔接作業環境中，作業範圍與作業者位置的配置圖，其作業條件如下：

(1) 被熔接物為小機械零件(35cm × 20cm × 15cm)，且採用下向熔接。

(2) 設所選用的空氣清淨裝置壓損為 50mmH$_2$O。

(3) 周遭無干擾之環境氣流。

(4) 從作業型態而言，氣罩可予以固定(氣罩之 F$_h$ = 0.49)。

試以普通鍍鋅鐵板為材料，逐步設計一局部排氣裝置。

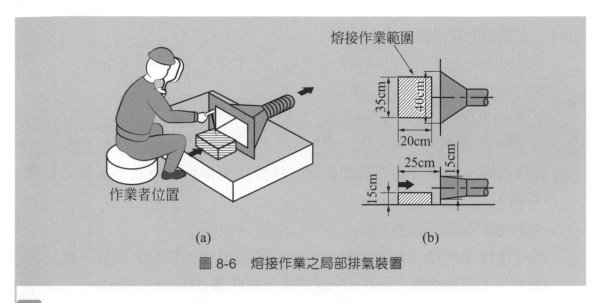

圖 8-6　熔接作業之局部排氣裝置

解

(1) 依污染物之特性，選定氣罩之種類與型式

從作業狀況而言，宜採用桌上附有凸緣的長方形外裝式氣罩，氣罩開口面應能涵蓋污染源之投影面積，因此開口面寬取 40cm、高取 15cm 應已足夠，待步驟 9 再加以確認。至於凸緣的寬度之選取原則是如氣罩開口為長方形，則與其短邊同(最多不超過 15cm)，故分別取 15cm、10cm 即可(如圖 8-6)。

(2) 依作業之特性，決定排氣方向

因為作業者位置固定，故排氣方向應往與作業者所在位置相反之方向。

(3) 決定氣罩設置之位置，應儘量靠近污染源

在不干擾作業的情況下，氣罩應儘量接近污染源，在本案例中，汙染源距離氣罩開口最遠為 25cm，所以控制距離設定為 25cm。

(4) 決定控制風速

一般而言(查表 3-1)，熔接作業之控制風速應介於 0.5m/s 至 1.0m/s 之間，故取其接近下限值 0.6m/s。

(5) 決定氣罩的排氣量

參考第五章,桌上具凸緣之矩形外裝式氣罩排氣量可以下式計算:

$Q = 60 \times 0.5 \times V_c (10x^2 + A)$

∵ $V_c = 0.6\text{m/s}$、$x = 0.25$ m、$A = 0.4 \times 0.15 = 0.0\ 6\text{m}^2$

∴ 最小排氣量 $Q = 60 \times 0.5 \times 0.6 \times (10 \times 0.25^2 + 0.06) = 12.33\text{m}^3/\text{min}$

(6) 在設計圖上擬定導管系統的佈置,決定空氣清淨裝置及排氣機之位置 (如圖 8-7)。

(7) 決定吸氣導管之輸送風速

因熔接作業所產生之污染物,是屬較輕且乾燥的粉塵,所以一般而言 (查表 8-1)其輸送風速應在 15m/s 以上,在此選定為 $V_T = 15\text{m/s}$。

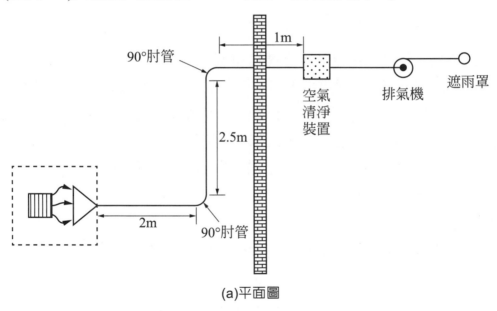

(a)平面圖

圖 8-7　導管系統的佈置設計簡圖

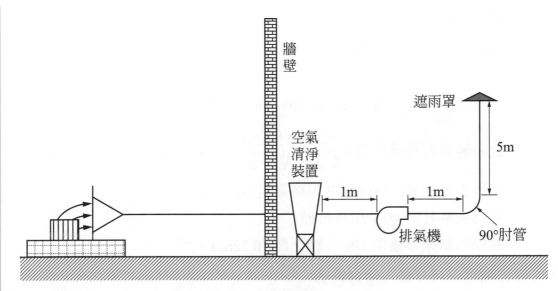

(b)立面圖

圖 8-7 導管系統的佈置設計簡圖(續)

8. 計算吸氣導管與排氣導管之內徑

利用公式 $Q = A \cdot V_T$

(1) 吸氣導管側

∵ $Q = 12.33 \text{m}^3/\text{min}$，$V_T = 15\text{m/s} = 900\text{m/min}$

∴ $A = \dfrac{12.33}{900} = 0.0137(\text{m}^2) = 137\text{cm}^2$

如使用圓形斷面導管則其直徑為：

$D = \sqrt{\dfrac{4A}{\pi}} = \sqrt{\dfrac{4 \times 137}{\pi}} = 13.2 \text{ cm}$

根據表 8-2 選取 ISO 標準規格管徑 12.5cm。

當吸氣導管直徑選定 12.5cm 時，

輸送風速亦應從 15m/s 修正為 16.75m/s。

(2) 排氣導管

在排氣側，輸送風速取 10 m/s 即可

∵ $Q = 12.33 m^3/min$，$V_T = 10m/s = 600m/min$

∴ $A = \dfrac{12.33}{600} = 0.02055 (m^2) = 205.5 cm^2$

此時導管直徑為：$D = \sqrt{\dfrac{4A}{\pi}} = \sqrt{\dfrac{4 \times 205.5}{\pi}} = 16.18\ cm$

根據表 8-2 選取 ISO 標準規格管徑 16.0 cm。

當排氣導管直徑為 16.0cm 時，

其輸送風速亦應從 10m/s 修正為 10.22m/s。

9. 確認氣罩之尺寸是否符合需求

氣罩之尺寸的決定，應滿足兩個條件：① $A \le 16a$；② $L \ge 3D$。

在步驟 1.中我們已大略選定氣罩開口之尺寸，

在此我們只需加以確認其是否滿足第①個原則，然後再決定 L 的尺寸。

∵ 氣罩開口面積 $A = 40 \times 15 = 600 cm^2$，且

$D = 12.5cm$，即吸氣導管截面積(a) $= 122.72 cm^2$

∴ $\dfrac{A}{a} = \dfrac{600}{122.72} = 4.89 \le 16$ (滿足第①個條件)

另外，因為 $L \ge 3D = 3 \times 12.5 = 37.5cm$，選定 $L = 37.5cm$

所以，氣罩尺寸之設計參數如圖 8-8 所示。

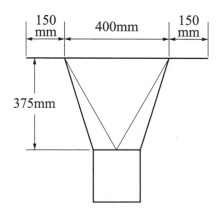
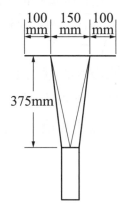

圖 8-8 氣罩之設計參數

10. 分段計算壓力損失

先根據步驟 6.(圖 8-7)中的系統配置圖，畫出如圖 8-9 之系統線圖，再逐段計算壓力損失。

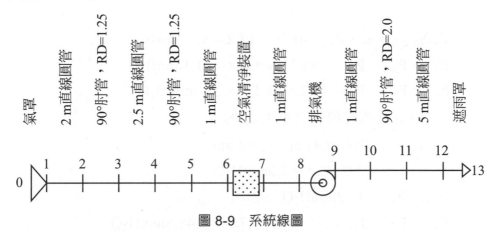

圖 8-9　系統線圖

(1) 吸氣導管側：由氣罩開口(第 0 點)計算至排氣機入口處(第 8 點)

∵$P_{T,0} = P_{V,0} = P_{S,0} = 0$(大氣壓力)

① 設氣罩之壓力損失(h_e)為 $P_{R, 0-1}$

∵$P_{V,1} = (\frac{16.75}{4.04})^2 = 17.2\, mmH_2O$

$F_h = 0.49$(已知)

$P_{S,1} = -(1 + F_h) \cdot P_{V,1} = -25.6 mmH_2O$

$P_{R, 0-1} = F_h \cdot P_{V,1} = 0.49 \times 17.2 = 8.4 mmH_2O$

$P_{T,1} = P_{V,1} + P_{S,1} = 17.2 - 25.6 = -8.4 mmH_2O$

② 設第 1 點至第 2 點間之直線導管壓力損失為 $P_{R,1-2}$

∵$Q = 12.33 m^3/min = 0.2055 m^3/s$、$D = 12.5 cm$、$V = 16.75 m/s$

且 $L = 2m$，查圖 1.11 知 $P_{RU} = 3.0 mmH_2O/m$

∴$P_{R, 1-2} = P_{RU} \times L = 3.0 \times 2 = 6.0 mmH_2O$

$P_{V,2} = P_{V,1} = 17.2 mmH_2O$

$P_{S,2} = P_{S,1} - P_{R, 1-2} = -25.6 - 6.0 = -31.6 mmH_2O$

$P_{T,2} = P_{V,2} + P_{S,2} = 17.2 - 31.6 = -14.4 mmH_2O$

(或由 $P_{T,1} = P_{T,2} + P_{R, 1-2}$ 亦可求出，以下同)

③ 設 $90°$ 肘管的壓損為 $P_{R, 2-3}$，

因為此 $90°$ 肘管之 $R/D = 1.25$

查表 5-3 知 $K = 0.55$

且 $P_{V,3} = P_{V,1} = 17.2mmH_2O$

$\therefore P_{R, 2-3} = K \times P_{V,3} = 0.55 \times 17.2 = 9.5mmH_2O$

$P_{S,3} = P_{S,2} - P_{R, 2-3} = -31.6-9.5 = -41.1mmH_2O$

$P_{T,3} = P_{V,3} + P_{S,3} = 17.2 - 41.1 = -23.9mmH_2O$

④ 設 $2.5m$ 之直線導管之壓損為 $P_{R, 3-4}$

$\because P_{RU} = 3.0mmH_2O/m$、$L = 2.5m$

$\therefore P_{R, 3-4} = 3.0 \times 2.5 = 7.5mmH_2O$

$P_{V,4} = P_{V,1} = 17.2mmH_2O$

$P_{S,4} = P_{S,3} - P_{R, 3-4} = -41.1 - 7.5 = -48.6mmH_2O$

$P_{T,4} = P_{V,4} + P_{S,4} = 17.2 - 48.6 = -31.4mmH_2O$

⑤ 設 $90°$ 肘管的壓損為 $P_{R, 4-5}$、$R/D = 1.25$

則 $K = 0.55$

$P_{V,5} = P_{V,1} = 17.2mmH_2O$

$P_{R, 4-5} = P_{R, 2-3} = 9.5mmH_2O$

$P_{S,5} = P_{S,4} - P_{R, 4-5} = -48.6 - 9.5 = -58.1mmH_2O$

$P_{T,5} = P_{V,5} + P_{S,5} = 17.2 - 58.1 = -40.9mmH_2O$

⑥ 設 $1m$ 之直線導管之壓損為 $P_{R,5-6}$

$P_{R, 5-6} = 3.0 \times 1 = 3.0mmH_2O$

$P_{V,6} = P_{V,1} = 17.2mmH_2O$

$P_{S,6} = P_{S,5} - P_{R,5-6} = -58.1 - 3.0 = -61.1mmH_2O$

$P_{T,6} = P_{V,6} + P_{S,6} = 17.2 - 61.1 = -43.9mmH_2O$

⑦ 已知空氣清淨裝置壓損為 $50\ mmH_2O$

即 $P_{R, 6-7} = 50mmH_2O$

$P_{V,7} = P_{V,1} = 17.2mmH_2O$

$P_{S,7} = P_{S,6} - P_{R, 6-7} = -61.1 - 50 = -111.1mmH_2O$

$P_{T,7} = P_{V,7} + P_{S,7} = 17.2 - 111.1 = -93.9\ mmH_2O$

⑧ 設第 7 點至第 8 點間之 1m 直線導管的壓損爲 $P_{R,7-8}$

則 $P_{R,7-8} = 3.0 \times 1 = 3.0 \text{mmH}_2\text{O}$

$P_{V,8} = P_{V,1} = 17.2 \text{mmH}_2\text{O}$

$P_{S,8} = P_{S,7} - P_{R,7-8} = -111.1 - 3.0 = -114.1 \text{mmH}_2\text{O}$

$P_{T,8} = P_{V,8} + P_{S,8} = 17.2 - 114.1 = -96.9 \text{mmH}_2\text{O}$

(2) 排氣導管側

由排氣口處往回推算至排氣機出口，此時：

$P_{V,13} = P_{S,13} = P_{T,13} = 0$ (= 大氣壓力)

① 設遮雨罩的壓損爲 $P_{R,12-13}$

若遮雨罩 h/d = 1.0，

由表 5-9 可查得 K = 1.1

$\because P_{V,12} = (\dfrac{10.22}{4.04})^2 = 6.4 \text{mmH}_2\text{O}$

$P_{R,12-13} = K \times P_{V,12} = 1.1 \times 6.4 = 7.0 \text{mmH}_2\text{O}$

$P_{T,12} = P_{T,13} + P_{R,12-13} = 0 + 7.0 = 7.0 \text{mmH}_2\text{O}$

$P_{S,12} = P_{T,12} - P_{V,12} = 7.0 - 6.4 = 0.6 \text{mmH}_2\text{O}$

② 設第點 11 至第 12 點間的 5m 直線導管之壓損爲 $P_{R,11-12}$

$\because Q = 12.33 \text{m}^3/\text{min}$、D = 16cm、V = 10.22m/s 且 L = 5m

查圖 1-11 知 $P_{RU} = 0.7 \text{mmH}_2\text{O/m}$

$\therefore P_{R,11-12} = P_{RU} \times L = 0.7 \times 5 = 3.5 \text{mmH}_2\text{O}$

$P_{V,11} = P_{V,12} = 6.4 \text{mmH}_2\text{O}$

$P_{S,11} = P_{S,12} + P_{R,11-12} = 0.6 + 3.5 = 4.1 \text{mmH}_2\text{O}$

$P_{T,11} = P_{S,11} + P_{V,11} = 4.1 + 6.4 = 10.5 \text{mmH}_2\text{O}$

③ 設第 10 點至 11 點間的 90° 肘管之壓損爲 $P_{R,10-11}$、R/D = 2.0

表 5-3 得 K = 0.27

又 $P_{V,10} = P_{V,12} = 6.4 \text{mmH}_2\text{O}$

$\therefore P_{R,10-11} = K \times P_{V,10} = 0.27 \times 6.4 = 1.7 \text{mmH}_2\text{O}$

$P_{S,10} = P_{S,11} + P_{R,10-11} = 4.1 + 1.7 = 5.8 \text{mmH}_2\text{O}$

$P_{T,10} = P_{V,10} + P_{S,10} = 6.4 + 5.8 = 12.2 \text{mmH}_2\text{O}$

④ 設第 9 點至第 10 點間的 1m 直線導管之壓損為 $P_{R, 9-10}$

$P_{R, 9-10} = 0.7 \times 1 = 0.7 mmH_2O$

$P_{V,9} = P_{V,12} = 6.4 mmH_2O$

$P_{S,9} = P_{S,10} + P_{R, 9-10} = 5.8 + 0.7 = 6.5 mmH_2O$

$P_{T,9} = P_{V,9} + P_{S,9} = 6.4 + 6.5 = 12.9 mmH_2O$

依據上述計算之結果,可畫出整個系統的靜壓(P_S)、動壓(P_V)和全壓(P_T)之變化趨勢,如圖 8-10。

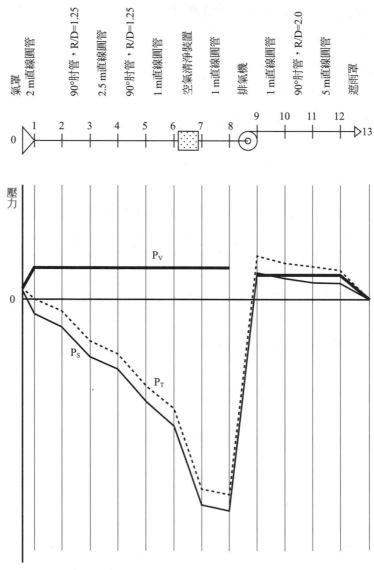

圖 8-10　局部排氣系統之靜壓(P_S)、動壓(P_V)和全壓(P_T)之變化

11. 依排氣機全壓、排氣量、效率並保留適當的安全係數，計算所需排氣機動力及馬達動力：

排氣機全壓(P_{Tf} 或 FTP) = 排氣機出口全壓 − 排氣機入口全壓

$$= P_{T,9} - P_{T,8} = 12.9 - (-96.9) = 109.8 mmH_2O$$

假設排氣機效率(η) = 0.6

∵排氣量(Q) = $12.33 m^3/min$

∴排氣機軸馬力 (BHP) $= \dfrac{12.33 \times 109.8}{6,120 \times 0.6} = 0.369$ kW

為安全起見，馬達動力宜較排氣機動力增加

20%(直結式)　或　45%(皮帶傳動式)

∴馬達動力(直結式) = 0.369 × 1.2 = 0.442kW

或馬達動力(皮帶傳動式) = 0.369 × 1.45 = 0.535kW

例題 8-3

設計某局部排氣設施，其必要排氣量 Q = $200 m^3/min$，全系統壓力損失 P_{tr} =$100 mmH_2O$ 所選擇的排氣機在 300rpm，全壓效率 $\eta_1 = 0.6$；排氣機與馬達間傳動效率 $\eta_2 = 0.6$。

(1) 求該系統所需之動力 kW？

(2) 依設計安裝後發現風量僅有 $180 m^3/min$，應如何調整至 $200 m^3/min$？

(3) 調整後所需之動力應為若干 kW？

解

(1) BHP $= \dfrac{Q(m^3/min) \times P_{tr}(mmH_2O)}{6,120 \times \eta_1 \times \eta_2} = \dfrac{200 \times 100}{6,120 \times 0.6 \times 0.9} = 6.05$ (kW)

(2) 依風扇定律：$\dfrac{Q_1}{Q_2} = \dfrac{N_1}{N_2} \Rightarrow \dfrac{180}{200} = \dfrac{300}{N_2}$　∴$N_2 = 334$rpm

(3) 依風扇定律：$\dfrac{L_1}{L_2} = (\dfrac{N_1}{N_2})^3 \Rightarrow \dfrac{6.05}{L_2} = (\dfrac{300}{334})^3$　∴$L_2 = 8.35$kW

例題 8-4

下圖是局部排氣裝置之示意圖，其中 A-B 間為側向外裝式氣罩，流入係數 $C_e = 0.82$；B-C 段為 12 米長之直線導管，每米長度之壓力損失 $PR_U = 2.3mmH_2O$，管內平均風速為 16.12m/s；C-D 段為空氣清淨裝置，其壓力損失為 $90mmH_2O$；D-E 間為 4.5 米長之直線導管；F-G 間為排氣導管而 F 點的全壓為 $26.5mmH_2O$；E-F 間為排氣機及馬達裝置，排氣機的全壓效率 $\eta_T = 0.68$，所有導管之內徑均為 15cm；請計算該排氣裝置排氣機所需之理論動力為多少仟瓦(kW)？(條件不足時，自行作合理假設)

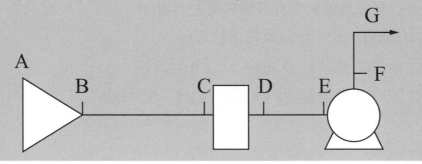

解

(1) $P_V = (\dfrac{V}{4.04})^2 = (\dfrac{16.12}{4.04})^2 = 16mmH_2O$

A-B 間氣罩之進入損失 $= F_h \cdot P_V = (\dfrac{1-C_e^2}{C_e^2})^2 \cdot P_V$

$= (\dfrac{1-0.82^2}{0.82^2})^2 \cdot 16 = 7.8mmH_2O$

B-C 段之壓力損失 $= PR_U \cdot L = 2.3(mmH_2O/m) \times 12(m) = 27.6mmH_2O$

C-D 段空氣清淨裝置之壓力損失 $= 90(mmH_2O)$

D-E 段之壓力損失 $= PR_U \cdot L = 2.3(mmH_2O/m) \times 4.5(m) = 10.35mmH_2O$

(2) 將各點靜壓(P_T)、動壓(P_V)及全壓(P_S)列表如下：

位置壓力值	A	B	C	D	E	F
P_T	0	−7.8	−35.4	−125.4	−135.75	26.5
P_V	0	16	16	16	16	16
P_S	0	−23.8	−51.4	−141.4	−151.75	10.5

(3) 排氣機全壓= $P_{T,F} - P_{T,E} = 26.5 - (-135.75) = 162.25 mmH_2O$

(4) $Q = 60AV = 60 \cdot \dfrac{\pi}{4}(0.15)^2 \cdot 16.12 = 17 \ (m^3/min)$

故排氣機動力 $= \dfrac{P_T \cdot Q}{6,120 \times \eta_T} = \dfrac{162.25 \times 17}{6,120 \times 0.68} = 0.663 \ (kW)$

8-3 多氣罩多導管局部排氣系統設計

8-3-1 基本概念

　　一般工廠所設置之局部排氣系統大多為多氣罩系統(multi-hood systems)，即污染物由不同氣罩吸入後，由各支風管進入主導管再由風機排出。多氣罩系統較單一氣罩系統複雜許多，除了在氣罩的數目方面增多之外，主要不同點在於各氣罩之風量分配須透過壓力平衡方法來達成，不良的壓損分配可能導致有些氣罩無法獲得原先之設計風量，或者污染物可能有由某些氣罩逸出之缺點，因此在主、支管匯流處之壓力平衡計算就非常重要。此外由於複合式氣罩系統乃由多種支風管與一主風管連結而成，在設計時須先考慮各氣罩欲排除之污染物之間是否相容，以免不同污染源產生之污染物互相反應生成易燃性或易爆性危害物質，引發火災爆炸之虞。

　　在前一節已針對單氣罩系統作了詳細的介紹，在多氣罩系統的設計方面相形複雜許多，其複雜程序的來源在於主、支風管間的反覆平衡計算，就如前面所述，若是各連接導管在合流點處的靜壓不平衡，則氣罩便無法獲得其合理所需之排氣量，圖 8-11 所示為其設計流程。其中，靜壓之平衡計算方法有二：其一為藉由改變導管之管徑或流量，以調整其壓力損失，重覆計算直到合流點之靜壓平衡為止，此稱為流速調節平衡法(balancing by static pressure)；另一是在支管側裝設可調整式的擋板(或風門，damper)，以產生正確之阻力，此方法稱為擋板平衡法(balancing by dampers)。在一般設計上，若支管數較少，且以粉塵為主要輸送對象時，原則上宜採用流速調節平衡法。

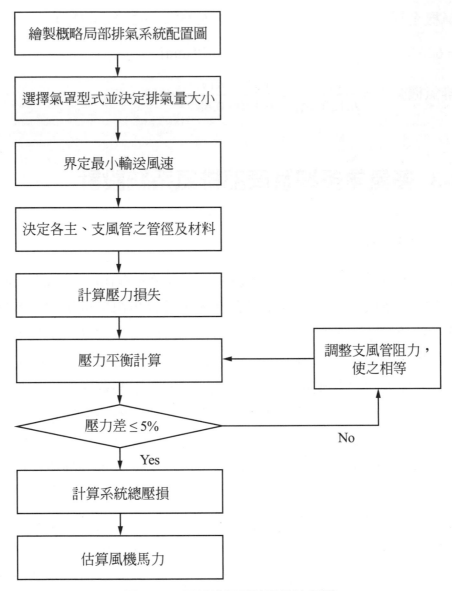

圖 8-11　局部排氣系統設計流程圖

一、流速調節平衡法(或稱靜壓平衡法)

自同一合流點分歧之各支管之氣罩，為吸取其必要之排氣量，應使各支管至合流點之壓損相等(即平衡其壓力損失)，再逐次予以修正，以計算其全體之壓力損失之方法，是為流速調節平衡法。

以此方法計算時，一般均從壓損最大(即距排氣機最遠)之支管開始計算。此時，應於二支管之污染氣流所合流之各點，使該二支管具有相等之壓損，依序往主導管計算，經由除塵裝置而至排氣機之吸氣導管側之全體壓損及自排氣機至排氣口間之排氣導管側之全體壓損，此兩側之壓損和即為全體局部排氣裝置之壓損。

若無法滿足此一條件時，則在合流點無法取得靜壓的平衡，各支管或各氣罩也就無法獲取必要之排氣量，繼而無法獲得必要之效果，以致使所設置之局部排氣裝置失去其設置之價值。

根據 ACGIH 的建議：

1. 倘若在初次計算時，主導管與支管兩側導管在合流點之靜壓值差距達 20%以上時，最好的方法就是降低壓損較低側之導管的管徑、狹縫開口或肘管之曲率半徑以增加其阻力。

2. 若差距在 5%以上、20%以內，欲達到壓力平衡原則，必須提高低靜壓損失側的靜壓損失。在各壓力損失係數均不變的狀況下，唯有藉提高風量以增加動壓。由於壓力損失與風量平方成正比，因此流量之調整方法如下：

$$Q_{修正} = Q_{設計} \times \sqrt{\frac{壓力損失較大之導管的靜壓}{壓力損失較小之導管的靜壓}} \qquad (8\text{-}15)$$

其中 $Q_{修正}$ = 壓力損失較小之導管調整後的風量，m^3/min

$Q_{設計}$ = 壓力損失較小之導管原設計之風量，m^3/min

3. 若差距在 5%內時，即無需進行壓力平衡，並以末端靜壓絕對值較高的一側累積於下游導管的靜壓值中。

依上述步驟逐步計算直到兩導管壓差在 5%以內為止，如圖 8-12。

靜壓平衡法在設計時須準備所有風管之配置圖，然後就配置圖檢討並選取由氣罩到風機間會產生最大阻力之主風管，選定後，再自該線路之氣罩開始至風機，逐步計算其壓力降，至於其他支風管之匯流點先也須決定最大阻力之路線，此路線上之風管及氣罩大小則依所須之風速而定。由此主風管氣罩計算至和支管之匯流點，再由該支管之氣罩算起，同樣算至匯流點，然後藉風量或風管直徑之調整使匯流點之壓力平衡。

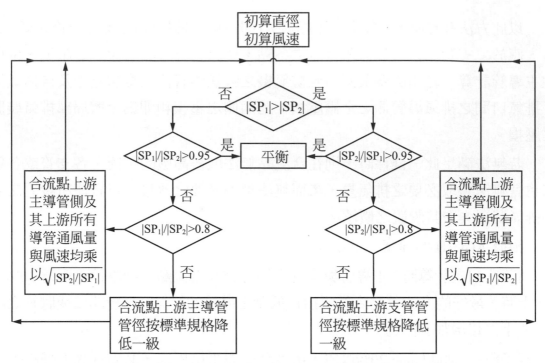

圖 8-12　流速調節平衡法之靜壓平衡調整流程圖

二、抵抗調節平衡法(或稱擋板平衡法)

　　於各支管設置風量調節用擋板，由此調節各支管之壓損，以分配各氣罩在設計上所必要之排氣量的方法，謂抵抗調節平衡法。其計算方式，仍以排氣機為重心，自具有最大壓損值之支管(距排氣機最遠之支管)開始計算，經由主導管而至排氣機。

　　此種計算方式無須實施修正，導管直徑則決定於必要排氣量與輸送風速之對應。因此，若對於具有最大壓損之支管之選擇錯誤時，雖將其擋板全部開放，亦無法獲得必要之排氣量而失去設置之目的。

　　一般以氣體、蒸氣為對象或不易採用流速調節平衡法者，大致均採用此法計算。例如，支管數目較多，或在設置裝置後必須再增加支管等，除不可避免之事實存在外，應儘量避免採用此法計算。茲將此兩法之優缺點於表 8-7 加以比較之。

表 8-7　抵抗調節平衡法與流速調節平衡法之比較

抵抗調節平衡法		流速調節平衡法	
優點	缺點	優點	缺點
1. 操作有彈性，容許他日系統之改變。 2. 安裝後如發現選取之排氣系統不適當仍可修正。 3. 設計之計算較簡單。 4. 風量最小時也可以達到平衡。 5. 安裝時容許小規模之偏離原來設計之管線配置。	1. 擋板調整不當使此系統操作不良。 2. 部分關閉擋板會腐蝕，破壞平衡。 3. 設計時，如果選擇「最大阻力之支管」錯誤，不易察覺。 4. 安裝後要平衡一複雜之氣罩系統，不太容易。	1. 腐蝕問題比抵抗調節平衡法小。 2. 錯誤選取「最大阻力支管」很容易在設計時即發現。	1. 沒有經驗之技術人員無法作風量調整。 2. 如起初估計之風量不正確，則導管需要再計算。 3. 設計方法較複雜，費時較多。 4. 有時總風量會比所需者為多。 5. 導管之安裝必須依照最初之配置。

另外，在多氣罩多導管系統中，支管進入主風管時，因風速改變有時常需作修正，其原因為在局排系統中各主、支風管常為了平衡設計而採用不同管徑風管，尤其在主、支風管匯流後，主風管之管徑若不夠大，則會發生主風管之流速大於任一支風管之風速，此時就須提供額外靜壓以達 "加速"目的。修正的方法如下：

1. 先計算合成動壓(VP_r)，算法由 $VP = (V/4,005)^2$ 之公式

$$VP_r = (\frac{Q_1}{Q_1+Q_2})VP_1 + (\frac{Q_2}{Q_1+Q_2})VP_2 \tag{8-16}$$

或

$$VP_r = (\frac{Q_1+Q_2}{4,005(A_1+A_2)})^2 \tag{8-17}$$

若兩股匯集氣流的速度相差在 500fpm 以下，用式(8-17)計算所得之結果誤差小於 4%。

2. 假定二支風管已在匯流處平衡，故 $SP_1 = SP_2$，當匯流後之動壓 VP_3 大於 VP_r 時(當 $VP_3 - VP_r \leq 0.10in.H_2O$ 時視為相等)，即需作修正。

3. 修正後之主風管靜壓值為：

$$SP_3 = SP_1 - (VP_3 - VP_r)$$

亦即修正後之靜壓值為原先平衡靜壓再加上主風管動壓與合成動壓之差，注意各靜壓值為負值。

例題 8-5

在多氣罩多導管之局部排氣系統中，常有支管需匯流入主導管的情形，如下圖中所示。然而，此合流現象也是局部排氣系統部分壓損的來源。試以下表中所提供之數據，並考慮主、支管合流後之加減速所造成之能量損失，推算合流處主導管(即管路 3)之靜壓值為多少 Pa？

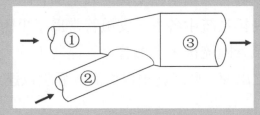

(注意：圖示管徑並未依實際尺寸描繪)

管路編號	直徑(mm)	面積(m²)	流率(m³/s)	風速(m/s)	動壓(Pa)	靜壓(Pa)
1	240	0.045	0.79	17.6	186	−530
2	120	0.011	0.19	17.3	180	−530
3	260	0.053	0.98	18.5	206	?

解

$$VP_r = (\frac{Q_1}{Q_1+Q_2})VP_1 + (\frac{Q_2}{Q_1+Q_2})VP_2 = (\frac{0.79}{0.98})(186) + (\frac{0.19}{0.98})(180) = 185 \text{ Pa}$$

$$SP_3 = SP_1 - (VP_3 - VP_r) = -530 - (206 - 185) = -551 \text{ Pa}$$

例題 8-6

　　支管與主風管在 A 點會合，如下圖。假設 A 至 B 點無靜壓損失，匯流之後請問：B 點流量(Q_B)、動壓(VP_B)以及靜壓(SP_B)，所有壓力請以 mmH_2O 為單位表示。

　　支管：$Q = 0.75m^3/s, D = 0.20m, SP_A = -9mmH_2O$

　　主風管#1：$Q = 1m^3/s, D = 0.25m, SP_A = -10mmH_2O$

　　主風管#2：$D = 0.30m$

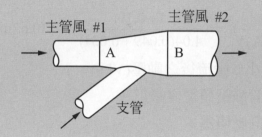

解

計算各風管截面積 A：

主風管#1 截面積 $= \dfrac{\pi D^2}{4} = \dfrac{\pi(0.25)^2}{4} = 0.049m^2$

支管截面積 $= \dfrac{\pi D^2}{4} = \dfrac{\pi(0.20)^2}{4} = 0.031m^2$

主風管#2 截面積 $= \dfrac{\pi D^2}{4} = \dfrac{\pi(0.30)^2}{4} = 0.071m^2$

因支管與主風管#1 之靜壓不平衡(相差在 5%以上、20%以下)，

故需調整支管之流量：

$$Q_{修正流量} = 0.75 \times \sqrt{\left|\dfrac{10}{9}\right|} = 0.79 \ m^3/s$$

(1) B 點流量(Q_B)：

依據質量守恆定律

$Q_B = Q_{主風管\#1} + Q_{支管} = 1 + 0.79 = 1.79 m^3/s$

(2) 計算主風管#2 內之風速：

$V_B = \dfrac{Q_{主風管\#2}}{A_B} = \dfrac{1.79}{0.071} = 25.21 m/s$

$\therefore 動壓\,(VP_B) = (\dfrac{V_B}{4.04})^2 = (\dfrac{25.21}{4.04})^2 = 38.94 mmH_2O$

(3) 合成動壓(VP_r)：

$VP_r = (\dfrac{Q_1 + Q_2}{4.04(A_1 + A_2)})^2 = (\dfrac{1+0.79}{4.04(0.049+0.031)})^2 = 30.67 mmH_2O$

因合成動壓(VP_r)小於匯流後之動壓(VP_B)，

故匯流後之主風管靜壓值需作修正。

修正後之主風管靜壓值為：

$SP_B = SP_A - (VP_B - VP_r) = (-10) - (38.94 - 30.67) = -18.27 mmH_2O$

8-3-2 設計範例

　　單一氣罩系統在決定氣罩型式、風量、風管尺寸後，即可將各部份之壓力損失總合即得，由於其計算較為單純，其步驟為多氣罩多導管系統之一部分，複合氣罩之設計比單一氣罩複雜，主要原因乃必須把總風量適當地分配至個別氣罩之故。通常複合氣罩之設計程序和單一氣罩系統一樣，即選定風管尺寸以維所須之搬送速度，計算經過氣罩、風管及其他配件之壓力損失，直至和其他風管交會之點。使每一風管在交會點之壓力損失(或靜壓值)應該相等，則為其設計過程之依據。

例題 8-7

　　圖 8-13 爲一金屬製品加工作業局部排氣系統圖，其中包括研磨(氣罩#1)及金屬熔接(氣罩#2)作業，由作業中產生之金屬粉塵及燻煙分別設計氣罩排除之，污染物經過空氣清淨裝置後經煙囪排出，爲簡化說明起見，假設所有管路位於同一平面，相關氣罩設計資料及風管長度詳見圖面說明，至於肘管及支管進入角度說明如下：

(1) 所有肘管之 R/D 比均爲 2.0 且爲光滑彎曲肘管(無蝦節銲接)。

(2) 2-A 段之肘管彎曲及進入 1-B 主風管之角度均爲 45°。

各段風管之長度及相關損失參數列表如下：

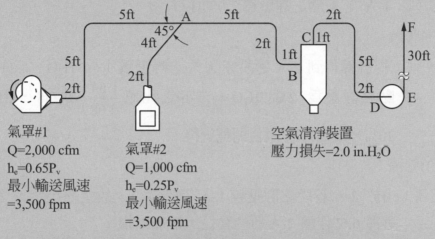

氣罩#1
Q=2,000 cfm
h_e=0.65P_v
最小輸送風速
=3,500 fpm

氣罩#2
Q=1,000 cfm
h_e=0.25P_v
最小輸送風速
=3,500 fpm

空氣清淨裝置
壓力損失=2.0 in.H_2O

圖 8-13　金屬製品加工作業局部排氣系統

管段	直管長度 (ft)	風量 (cfm)	最小輸送風速 (fpm)	損失係數(K) 氣罩	肘管	支管合流	其他	其他壓力損失
1-A	12	2,000	3,500	0.65	2 × 90°			
2-A	6	1,000	3,500	0.25	1 × 45°	1 × 45°		
A-B	8		3,500		2 × 90°			
B-C	–		–					
C-D	15		3,500			3 × 90°		空氣清淨裝置之壓損 = 2.0"H_2O
D-E	–		2,000					
E-F	30		2,000					

解

使用靜壓平衡法設計，對照表 8-8，摘要說明如下：

(1) 1-A 管段

第 4 列：最大導管直徑經計算為 10.24in.。

第 5 列：取 ACGIH 之標準規格管徑 10in.。

第 7 列：實際之導管風速 $= \dfrac{Q}{A} = \dfrac{2,000}{0.5454} = 3,667\text{fpm}$。

第 26 列：$\dfrac{R}{D} = 2.0$ 且為 90°光滑彎曲肘管在該管段有 2 個。

第 27 列：查表，肘管之壓損係數 $= 0.27$。

第 35 列：1-A 在 A 點之靜壓為 2.08"H_2O。

(2) 2-A(1)管段

第 35 列：經計算得到 2-A 管段在 A 點之靜壓為 1.64"H_2O，而 1-A 在 A 點之靜壓為 2.08"H_2O，二者之比值 $\dfrac{1.64}{2.08} = 0.788$，相差大於 20%，故 2-A 管段須調整管徑。

(3) 2-A(2)管段

第 4 列：由於 2-A 管段之靜壓較 1-A 管段為小，故應縮小 2-A 之管徑，選擇 6.5"作為 2-A 新的管徑，增加壓損。

第 35 列：變化管徑後產生之新靜壓為 2.22"H_2O 與 2.08"H_2O 之比值為 $\dfrac{2.08}{2.22} = 0.937$ 介於 5%至 20%之間，故修正靜壓值較低之流量，計算公式如下：

$$Q_{修正流量} = 2,000 \times \sqrt{\dfrac{|2.22|}{|2.08|}} = 2,070\text{cfm}$$

(4) 1-A(2)管段

第 1 列：以修正之流量 2,070cfm 計算管段壓損。

第 7 列：實際之導管風速 $= \dfrac{Q}{A} = \dfrac{2,070}{0.5454} = 3,795\text{fpm}$。

第 8 列：動壓 $= (\frac{3,795}{4,005})^2 = 0.95 \text{"H}_2\text{O}$。

第 35 列：1-A 在 A 點之靜壓爲 $2.26\text{"H}_2\text{O}$。

第 37 列：流量修正後產生之新靜壓爲 $2.26\text{"H}_2\text{O}$ 與 2-A 管段之 $2.22\text{"H}_2\text{O}$ 比值爲 $\frac{2.22}{2.26} = 0.98$，故達成平衡。

第 42 列：合成動壓(VP_r)之計算

$$VP_{r,A+B} = (\frac{Q_A}{Q_A + Q_B})VP_A + (\frac{Q_B}{Q_A + Q_B})VP_B$$

$$= (\frac{2,070}{2,070+1,000}) \times 0.95 + (\frac{1,000}{2,070+1,000}) \times 1.17$$

$$= (\frac{2,070}{3,070}) \times 0.95 + (\frac{1,000}{3,070}) \times 1.17 = 1.02\text{"H}_2\text{O}$$

因 $VP_{A-B} = 0.95\text{"H}_2\text{O}$、合成動壓 $VP_r = 1.02\text{"H}_2\text{O}$，$VP_{A-B} < VP_r$，所以不須修正。

(5) A-B 管段

第 2 列：1-A 與 2-A(2)匯流後之總風量爲 $2,070 + 1,000 = 3,070\text{cfm}$。

(6) B-C 管段

此部份之壓損來自空氣清淨裝置$= 2.00\text{"H}_2\text{O}$。

(7) C-D 管段

第 3 列：由於經過空氣清淨裝置後之空氣已不含粉塵、燻煙，故最低風管搬運速度可降至 2,000fpm。

(8) D-E 管段

一般均假定風機之系統效率損失爲 0。

(9) E-F 管段

本管段爲風機之出口段，靜壓及動壓值均爲正，故 $SP_{out} = 0.13\text{"H}_2\text{O}$。

由以上計算結果，假設機械效率爲 60%，則吾人可以估算所需風機馬力：

$\because$ 風扇全壓 $= TP_{out} - TP_{in} = (0.13 + 0.3) - (-5.23 + 0.3) = 5.36\text{"H}_2\text{O}$

故所需之制動馬力(BHP)爲：

$$BHP = \frac{Q \times FTP}{6,356\eta} = \frac{3,070 \times 5.36}{6,356 \times 0.6} = 4.31 \text{ H.P.}$$

表 8-8　金屬製品加工作業局部排氣系統試算表

1	Duct Segment Identification 管段名稱				1-A	2-A(1)
2	Target Volumetric Flow Rate 目標流率			cfm	2,000	1,000
3	minimum Transport Velocity 最低輸送風速			fpm	3,500	3,500
4	maximum Duct Diameter 最大導管直徑			inches	10.24	7.24
5	Selected Duct Diameter 選定之導管直徑			inches	10	7
6	Duct Area 導管面積			ft^2	0.5454	0.2673
7	Actual Duct Velocity 實際之導管風速			fpm	3,667	3,741
8	Duct Velocity Pressure(VP$_d$)導管動壓			"H$_2$O	0.84	0.87
9			maximum Slot Area 最大狹縫面積	ft^2		
10			Slot Area Selected 選定之狹縫面積	ft^2		
11		S l o t s	Slot Velocity 狹縫風速	fpm		
12	H o o d		Slot Velocity Pressure 狹縫動壓	"H$_2$O		
13			Slot Loss Coefficient 狹縫壓損係數			
14			Acceleration Factor 加速因子	(0 or 1)		
15	L o s s e s		Slot Loss per VP 狹縫損失換算動壓之倍率			
16			Slot Static Pressure 狹縫靜壓			
17			Duct Entry Loss Coefficient 導管進入損失係數		0.65	0.25
18			Acceleration Factor 加速因子	(1 or 0)	1	1
19			Duct Entry Loss per VP 導管進入損失換算動壓之倍率		1.65	1.25
20			Duct Entry Loss 導管進入損失	"H$_2$O	1.39	1.09
21			Other Losses 其他損失(如空氣清淨裝置……)	"H$_2$O	0	0
22			Hood Static Pressure 氣罩靜壓	"H$_2$O	1.39	1.09
23	Straight Duct Length 直線導管之總長度			ft	12	6
24	Friction Factor(H$_f$)摩擦損失因子				0.023	0.036
25	Friction Loss per VP 直線導管摩擦損失換算動壓之倍率				0.28	0.21
26	Number of 90 deg. Elbows 90°肘管數目				2	1×45°
27	Elbow Loss Coefficient 肘管之壓損係數				0.27	0.27
28	Elbow Loss per VP 肘管壓損換算動壓之倍率				0.54	0.14
29	Number of Branch Entries 歧管數目			(1 or 0)	0	1
30	Entry Loss Coefficient 合流導管壓力損失係數				0	0.28
31	Branch Entry Loss per VP 歧管之壓損換算動壓之倍率				0	0
32	Special Fitting Loss Coefficients 特殊管件之壓損係數				0	0
33	Duct Loss per VP 導管壓損換算動壓之倍率				0.82	0.63
34	Duct Loss 導管壓損			"H$_2$O	0.69	0.55
35	Duct Segment Static Pressure Loss 各管件之靜壓損失			"H$_2$O	2.08	1.64
36	Other Losses(VP−VP$_r$ etc.)其它壓損			"H$_2$O	0	0
37	Cumulative Static Pressure 累積靜壓			"H$_2$O	−2.08	−1.64
38	Governing Static Pressure 主導靜壓			"H$_2$O		
39	Corrected Volumetric Flow Rate 修正之流率			cfm	2,070	
40	Corrected Velocity 修正風速			fpm		
41	Corrected Velocity Pressure 修正動壓			"H$_2$O	0.95	
42	Resultant Velocity Pressure 最終動壓			"H$_2$O		

表 8-8　金屬製品加工作業局部排氣系統試算(續)

2-A(2)	1-A(2)	A-B	B-C	B-C	E-F			1
1,000	2,070	3,070	3,070	3,070	3,070			2
3,500	3,500	3,500		2,000	2,000			3
7	10.24	12		16	16			4
6.5	10	12		16	16			5
0.2304	0.5454	0.7854		1.3963	1.396			6
4,340	3,795	3,910		2,200	2,200			7
1.17	0.95	0.95		0.3	0.3			8
								9
								10
								11
								12
								13
								14
								15
								16
0.25	0.65							17
1	1							18
1.25	1.65							19
1.46	1.48							20
0	0		2					21
1.46	1.48							22
6	12	8		15	30			23
0.039	0.023	0.019		0.014	0.014			24
0.234	0.28	0.152		0.21	0.42			25
1 × 45°	2	2		3	0			26
0.27	0.27	0.27		0.27	0			27
0.14	0.54	0.54		0.81	0			28
1	0	0		0	0			29
0.28	0	0		0	0			30
0	0	0		0	0			31
0	0	0		0	0			32
0.65	0.82	0.69		1.02	0.42			33
0.76	0.78	0.66		0.31	0.13			34
2.22	2.26	0.66	2	0.31	0.13			35
0	0	0	0	0	0			36
−2.22	−2.26	−2.92	−4.92	−5.23				37
2.22								38
								39
								40
								41
	1.02							42

例題 8-8

如圖 8-14 所示的雙砂輪機氣罩之局部排氣系統,於 C 點距排氣機入口 10ft 處安裝一合流管,原氣罩與合流管直接;另一氣罩經一長 14 ft 的導管通過一 45°肘管以 45°斜角匯入合流管。相關參數與設計要求如圖所示。

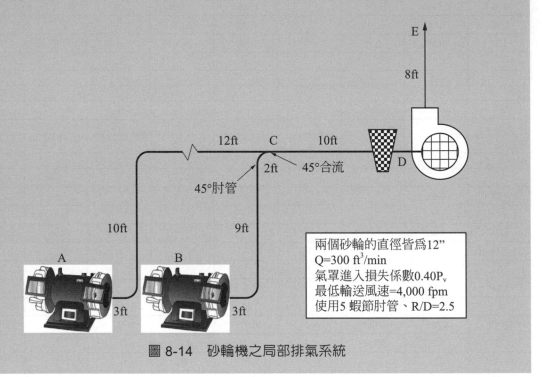

圖 8-14 砂輪機之局部排氣系統

兩個砂輪的直徑皆為12"
Q=300 ft³/min
氣罩進入損失係數0.40Pᵥ
最低輸送風速=4,000 fpm
使用5 蝦節肘管、R/D=2.5

解

使用靜壓平衡法設計,對照表 8-9,摘要說明如下:

(1) A-C 與 B-C(1)管段

第 4 列:最大導管面積:

$$A = \frac{Q}{V} = \frac{300}{4,000} = 0.075 \text{ ft}^2$$

最大導管直徑經計算為:

$$D = \sqrt{\frac{4A}{\pi}} = \sqrt{\frac{4 \times 0.075}{\pi}} = 0.3090 \text{ ft} = 3.7082 \text{ in.}$$

第 5 列:選取 ACGIH 之標準規格管徑 3.5in.

第 6 列：導管管徑 ＝ 3.5in.時，其截面積= 0.0668ft^2

第 7 列：實際之導管風速 $= \dfrac{Q}{A} = \dfrac{300}{0.0668} = 4,491\text{fpm}$

第 8 列：導管動壓：
$$P_V = (\frac{V}{4,005})^2 = (\frac{4,491}{4,005})^2 = 1.25 \text{ in. } H_2O$$

第 17 列：氣罩進入損失係數 0.40 P_v

第 19 列：導管進入損失的動壓倍率 ＝ 1.0 P_v + 0.40 P_v = 1.40P_v

第 20 列：導管進入損失 ＝ 1.40P_v = (1.4)(1.25) = 1.75" H_2O

第 24 列：鍍鋅薄鐵板之摩擦損失因子：
$$H_f = 0.0307 \frac{V^{0.533}}{Q^{0.612}} = 0.0307 \frac{4491^{0.533}}{300^{0.612}} = 0.0828(VP_d / ft)$$

第 25 列：直線導管摩擦損失的動壓倍率

　　　　A-C 管段：(25ft)(0.0828VP$_d$/ft) = 2.07VP$_d$

　　　　B-C 管段：(14ft)(0.0828VP$_d$/ft) = 1.16VP$_d$

第 26 列：90°彎曲肘管的數目：

　　　　A-C 管段：2 個

　　　　B-C 管段：1.5 個(45°彎曲肘管以 0.5 計)

第 27 列：5 蝦節、$\dfrac{R}{D}$ = 2.5肘管之壓損係數 ＝ 0.17

第 28 列：肘管壓損的動壓倍率：

　　　　A-C 管段：2 × 0.17VP$_d$ = 0.34VP$_d$

　　　　B-C 管段：1.5 × 0.17VP$_d$ = 0.26VP$_d$

第 29 列：支管數目，A-C 管段為主導管故填 0；B-C 管段為支管故填 1

第 30 列：合流導管壓力損失係數為 0.28

第 31 列：合流導管壓力損失= 0.28VP$_d$

第 33 列：導管壓損的動壓倍率：

　　　　A-C 管段：2.07VP$_d$ + 0.34VP$_d$ = 2.41VP$_d$

　　　　B-C 管段：1.16VP$_d$ + 0.26VP$_d$ + 0.28VP$_d$ =1.70VP$_d$

第 34 列：導管壓損：

A-C 管段：$2.41VP_d = 2.41 \times 1.25 = 3.01"H_2O$

B-C 管段：$1.70 \times 1.25 = 2.13"H_2O$

第 35 列：各管件之靜壓損失：

A-C 管段：$1.75"H_2O + 3.01"H_2O = 4.76"H_2O$

B-C 管段：$1.75"H_2O + 2.13"H_2O = 3.88"H_2O$

第 37 列：累積靜壓

A-C 管段：$-4.76"H_2O$

B-C 管段：$-3.88"H_2O$

第 39 列：主導靜壓

若主管與支管兩管段差距在 5% 以內，即可視為壓力平衡。

兩管段靜壓差百分比

$$= \frac{SP_{較大者} - SP_{較小者}}{SP_{較大者}} \times 100 = \frac{4.76 - 3.88}{4.76} \times 100 = 18.5\%$$

亦即兩管段差距在 5% 以上、20% 以內，

此時欲達到壓力平衡原則，必須提高低靜壓損失側的靜壓損失，

而最簡單的方法就是提高低靜壓損失側的風量。

$$Q_{調整量} = Q_{設計量} \times \sqrt{\frac{SP_{A-C}}{SP_{B-C}}} = 300 \times \sqrt{\frac{4.76}{3.88}} = 332 \ ft^3 / min$$

第 40 列：B-C 管段依上一步驟修正風速

$$V = \frac{Q}{A} = \frac{332}{0.0668} = 4,974 \ fpm$$

第 41 列：B-C 管段依上一步驟修正動壓

$$P_V = (\frac{V}{4,005})^2 = (\frac{4,974}{4,005})^2 = 1.54 \ in. \ H_2O$$

第 42 列：合成動壓(VP_r)之計算

$$VP_{r,A+B} = (\frac{Q_A}{Q_A + Q_B})VP_A + (\frac{Q_B}{Q_A + Q_B})VP_B$$

$$= (\frac{300}{300+332}) \times 1.25 + (\frac{300}{300+332}) \times 1.54$$

$$= (\frac{300}{632}) \times 1.25 + (\frac{300}{632}) \times 1.54 = 1.41"H_2O$$

將合成動壓(VP_r)與 C-D 管段的動壓作比較，若 $VP_{C-D} - VP_r \geqq 0.1"H_2O$，則要提供更多額外的吸力，以加速 C-D 管段中的空氣到較高的流速。在本案例中，因 $VP_{C-D} = 1.35"H_2O$、$VP_r = 1.41"H_2O$，兩者相差不到 $0.1"H_2O$，所以不須修正。

(2) 將 B-C 管段之風量修正至 332cfm 之後再重新計算壓力損失，其計算如表 8-9 中的第 B-C(2)欄。風量增加之後的效應，就是導管風速的增加，亦即動壓的提高。藉此所有與動壓有關的損失都隨之微微增加，最後因此導致匯流點靜壓的平衡。其餘管段亦比照上述方式加以設計。

(3) C-D 管段的累積靜壓 $6.99"H_2O$。

(4) 風扇靜壓：

$FSP = |SP_i| + |SP_o| - VP_i$

其中$|SP_i| = 6.99$in. H_2O(C-D 管段的累積靜壓)

$|SP_o| = 0.58$in. H_2O(D-E 管段的累積靜壓)

$\therefore FSP = |SP_i| + |SP_o| - VP_i = |6.99| + |0.58| - 1.35 = 6.22$in. H_2O

表 8-9　研磨機之局部排氣系統試算表

1	Duct Segment Identification 管段名稱				A-C
2	Target Volumetric Flow Rate 目標流率			cfm	300
3	minimum Transport Velocity 最低輸送風速			fpm	4,000
4	maximum Duct Diameter 最大導管直徑			inches	3.7082
5	Selected Duct Diameter 選定之導管直徑			inches	3.5
6	Duct Area 導管截面積			ft^2	0.0668
7	Actual Duct Velocity 實際之導管風速			fpm	4,491
8	Duct Velocity Pressure(VP$_d$)導管動壓			"H$_2$O	1.2574
9			maximum Slot Area 最大狹縫面積	ft^2	
10			Slot Area Selected 選定之狹縫面積	ft^2	
11		S l o t s	Slot Velocity 狹縫風速	fpm	
12	H o o d　L o s s e s		Slot Velocity Pressure 狹縫動壓	"H$_2$O	
13			Slot Loss Coefficient 狹縫壓損係數		
14			Acceleration Factor 加速因子	(0 or 1)	
15			Slot Loss per VP 狹縫損失換算動壓之倍率		
16			Slot Static Pressure 狹縫靜壓		
17		Duct Entry Loss Coefficient 進入損失係數			0.40
18		Acceleration Factor 加速因子		(1 or 0)	1
19		Duct Entry Loss per VP 導管進入損失換算動壓之倍率			1.40
20		Duct Entry Loss 導管進入損失		"H$_2$O	1.75
21		Other Losses 其他損失(如空氣清淨裝置……)		"H$_2$O	
22		Hood Static Pressure 氣罩靜壓		"H$_2$O	1.75
23	Straight Duct Length 直線導管之總長度			ft	25
24	Friction Factor(H$_f$)摩擦損失因子				0.0828
25	Friction Loss per VP 直線導管摩擦損失換算動壓之倍率				2.07
26	Number of 90 deg. Elbows 90°肘管數目				2
27	Elbow Loss Coefficient 肘管之壓損係數				0.17
28	Elbow Loss per VP 肘管壓損換算動壓之倍率				0.34
29	Number of Branch Entries 歧管數目			(1 or 0)	0
30	Entry Loss Coefficient 合流導管壓力損失係數				
31	Branch Entry Loss per VP 歧管之壓損換算動壓之倍率				
32	Special Fitting Loss Coefficients 特殊管件之壓損係數				
33	Duct Loss per VP 導管壓損換算動壓之倍率				2.41
34	Duct Loss 導管壓損			"H$_2$O	3.01
35	Duct Segment Static Pressure Loss 各管件之靜壓損失			"H$_2$O	4.76
36	Other Losses(VP−VP$_r$ etc.)其它壓損			"H$_2$O	
37	Cumulative Static Pressure 累積靜壓			"H$_2$O	−4.76
38	Governing Static Pressure 主導靜壓			"H$_2$O	−4.76
39	Corrected Volumetric Flow Rate 修正之流率			cfm	
40	Corrected Velocity 修正風速			fpm	
41	Corrected Velocity Pressure 修正動壓			"H$_2$O	
42	Resultant Velocity Pressure 最終動壓(VP$_r$)			"H$_2$O	

表 8-9 研磨機之局部排氣系統試算表(續)

B-C(1)	B-C(2)	C-D	D-E			1
300	332	632	632			2
4,000	4,000	4,000	4,000			3
3.7082	3.7082	5.382	5.382			4
3.5	3.5	5.0	5.0			5
0.0668	0.0668	0.1364	0.1364			6
4,491	4,974	4,633	4,633			7
1.2574	1.54	1.338	1.338			8
						9
						10
						11
						12
						13
						14
						15
						16
0.40	0.40					17
1	1					18
1.40	1.40					19
1.75	2.16					20
						21
1.75	2.16					22
14	14	10	8			23
0.0828	0.0821	0.0535	0.0535			24
1.16	1.15	0.54	0.43			25
1.5	1.5	0				26
0.17	0.17					27
0.26	0.26					28
1	1	0				29
0.28	0.28					30
0.28	0.28					31
						32
1.70	1.69	0.54	0.43			33
2.13	2.60	0.73	0.58			34
3.88	4.76	1.5	0			35
		2.23				36
−3.88	−4.76	−6.99	0.58			37
						38
332.28						39
4,974						40
1.54						41
1.41						42

◎例題 8-9

　　圖 8-15 爲肥料篩選和裝袋之作業場所，肥料由工作平台上倒於振動篩上以篩除粒徑較大之肥料，濾過之小粒肥料經漏斗裝袋，圖 8-16 爲圖 8-15 之管線配置系統線圖，相關參數與設計要求如圖中所示。請使用靜壓平衡法設計此一作業之通風系統。

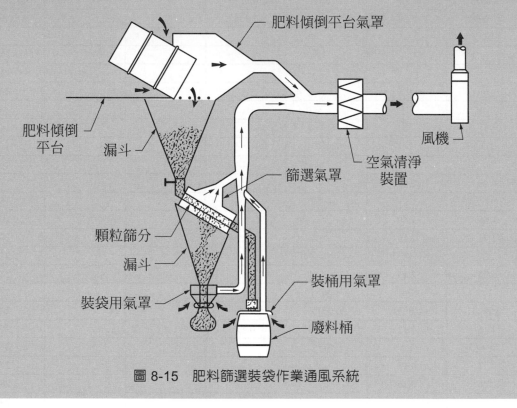

圖 8-15　肥料篩選裝袋作業通風系統

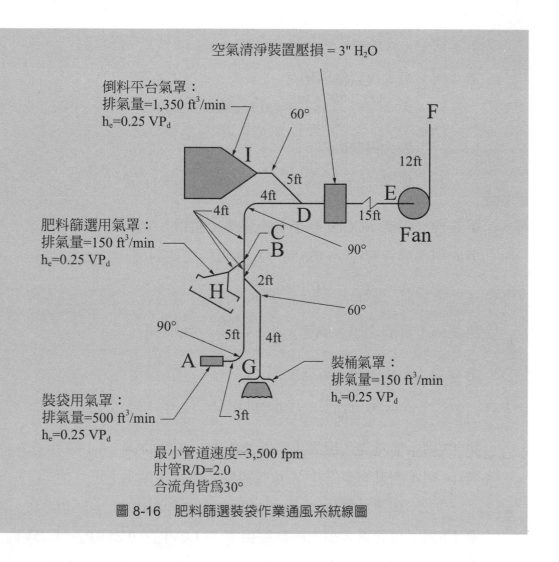

空氣清淨裝置壓損 = 3" H_2O

倒料平台氣罩：
排氣量=1,350 ft^3/min
h_e=0.25 VP_d

60°

F

I

12ft

5ft

4ft

E

D

15ft

Fan

90°

肥料篩選用氣罩：
排氣量=150 ft^3/min
h_e=0.25 VP_d

4ft

C

B

H

2ft

60°

90°

5ft

4ft

A

G

裝桶氣罩：
排氣量=150 ft^3/min
h_e=0.25 VP_d

裝袋用氣罩：
排氣量=500 ft^3/min
h_e=0.25 VP_d

3ft

最小管道速度=3,500 fpm
肘管R/D=2.0
合流角皆為30°

圖 8-16　肥料篩選裝袋作業通風系統線圖

解

將圖 8-15 重新繪製管線配置如圖 8-16 之系統線圖。風管之最小輸送風速可查表 8-1。

由配置圖選定由裝袋機至煙囪之管線(A 至 F)為最大阻力風管，從廢料桶到煙囪之管線長度雖相當，但進入氣罩之風量較小，壓力調整也較容易。

表 8-10 為壓力計算之試算表，設計之第一步就是計算每支導管之管徑及每一氣罩所需之排氣量。

(一) A-B(1)管段

第 1 列：標明各管段名稱

第 2 列：A-B 管段之目標流率為 500cfm

第 4 列：最大導管截面積：
$$A = \frac{Q}{V} = \frac{500 \text{ cfm}}{3,500 \text{ fpm}} = 0.1429 \text{ ft}^2$$

最大導管直徑：
$$管徑 (D) = \sqrt{\frac{4 \times 0.1429}{\pi}} = 0.4266 \text{ ft} = 5.11 \text{ in.}$$

第 5 列：根據 ACGIH 標準管徑規格，選用 5.0"風管

第 6 列：導管管徑= 5.0in.時，A-B 管段之截面積：
$$A = \frac{\pi}{4}(\frac{5}{12})^2 = 0.1364 \text{ ft}^2$$

第 7 列：實際之導管風速 $= \frac{Q}{A} = \frac{500}{0.1364} = 3,666\text{fpm}$

第 8 列：A-B 管段之導管動壓：
$$VP_d = (\frac{3,666}{4,005})^2 = 0.838\text{in.H}_2\text{O}$$

第 17 列：氣罩進入損失係數 0.25($\because h_e = 0.25VP_d$)

第 18 列：對裝有氣罩之 A-B 管段風管而言，須加上

加速係數(Acceleration Factor) = $1.0VP_d$

第 19 列：導管進入損失的動壓倍率 $= 1.0VP_d + 0.25VP_d = 1.25VP_d$

第 20 列：導管進入損失 $= 1.25VP_d = (1.25)(0.838) = 1.0475\text{"H}_2\text{O}$

第 22 列：氣罩靜壓 $= (1 + F_h)VP_d = (1 + 0.25) \times 0.838 = 1.0475\text{"H}_2\text{O}$

第 23 列：A-B 管段直線導管之總長度 = 8ft

第 24 列：$\because V = 3,666\text{fpm}$、$Q = 500\text{cfm}$

$\therefore$ 鍍鋅薄鐵板之摩擦損失因子(H_f)：
$$H_f = 0.0307 \frac{V^{0.533}}{Q^{0.612}}$$
$$= 0.0307 \frac{3666^{0.533}}{500^{0.612}} = 0.0543(VP_d / \text{ft})$$

第 25 列：直線導管摩擦損失的動壓倍率 $= H_fL = 0.0543 \times 8 = 0.4347$

第 26 列：A-B 管段有一 90°肘管

第 27 列～第 28 列：A-B 管段之 90°肘管、$\dfrac{R}{D} = 2.0$，

查表得 90°肘管壓損爲 $0.27VP_d$

第 29 列：A-B 管段非支管，故爲 0

第 30 列：A-B 管段爲主風管故其壓損係數爲 0

第 31 列：A-B 管段爲主風管

第 33 列：A-B 管段導管壓損的動壓倍率：

$$0.4347VP_d + 0.27VP_d = 0.7047VP_d$$

第 34 列：A-B 管段導管壓損：

$$0.7047VP_d = 0.7047 \times 0.838 = 0.5905"H_2O$$

第 35 列：各管件之靜壓損失 ＝ 進入損失 ＋ 導管壓損

$$= 1.0475 + 0.5905 = 1.638"H_2O$$

第 37 列：累積靜壓 $= -1.638"H_2O$

(二) G-B 管段

第 2 列：G-B 管段之目標流率爲 150cfm

第 4 列：最大導管截面積：

$$A = \frac{Q}{V} = \frac{150 \text{ cfm}}{3,500 \text{ fpm}} = 0.0429 \text{ ft}^2$$

最大導管直徑：

$$管徑 (D) = \sqrt{\frac{4 \times 0.0429}{\pi}} = 0.2337 \text{ ft} = 2.80 \text{ in.}$$

第 5 列：根據 ACGIH 標準管徑規格，選用 2.5"風管

第 6 列：導管管徑= 2.5in.時，G-B 管段之截面積：

$$A = \frac{\pi}{4} \times (\frac{2.5}{12})^2 \text{ ft}^2 = 0.0341 \text{ ft}^2$$

第 7 列：實際之導管風速 $= \dfrac{Q}{A} = \dfrac{150}{0.0341} = 4,399\text{fpm}$

第 8 列：導管動壓：

$$VP_d = (\frac{V}{4,005})^2 = (\frac{4,399}{4,005})^2 = 1.2063 \text{ in. H}_2\text{O}$$

第 17 列：氣罩進入損失係數 $0.25VP_d$

第 18 列：對裝有氣罩之 G-B 管段風管而言，須加上

加速係數(Acceleration Factor) $= 1.0VP_d$

第 19 列：導管進入損失的動壓倍率 $= 1.0VP_d + 0.25VP_d = 1.25VP_d$

第 20 列：導管進入損失 $= 1.25VP_d = (1.25)(1.2063) = 1.51"\text{H}_2\text{O}$

第 22 列：氣罩靜壓 $= (1 + F_h)VP_d = (1 + 0.25) \times 1.2063 = 1.51"\text{H}_2\text{O}$

第 23 列：直線導管之總長度 $= 6\text{ft}$

第 24 列：$\because V = 4,399\text{fpm}$、$Q = 150\text{cfm}$

$\therefore$ 鍍鋅薄鐵板之摩擦損失因子(H_f)：

$$H_f = 0.0307\frac{V^{0.533}}{Q^{0.612}} = 0.0307\frac{4,399^{0.533}}{150^{0.612}} = 0.1251(VP_d\,/\,\text{ft})$$

第 25 列：直線導管摩擦損失的動壓倍率 $= H_f L = 0.1251 \times 6 = 0.751$

第 26 列：$60°$肘管 $= (\dfrac{2}{3}) - 90°$ 肘管

第 27 列～第 28 列：G-B 管段有一 $60°$肘管、$\dfrac{R}{D} = 2.0$，

查表得 $90°$肘管壓損為 $0.27VP_d$，

故 $60°$肘管壓損為 $0.27 \times (\dfrac{2}{3}) = 0.18VP_d$

第 29 列：G-B 管段為支管，故為 1

第 30 列：G-B 管段與主風管之合流角為 $30°$，

查表 5-8 知其壓損係數為 0.18

第 31 列：支管壓損之動壓倍率 $= 0.18VP_d$

第 33 列：G-B 管段導管壓損的動壓倍率：

$$0.751VP_d + 0.18VP_d + 0.18VP_d = 1.11VP_d$$

第 34 列：G-B 管段導管壓損：$1.11VP_d = 1.11 \times 1.2063 = 1.34"H_2O$

第 35 列：各管件之靜壓損失　=　進入損失　+　導管壓損

$$= 1.51 + 1.34 = 2.85"H_2O$$

第 37 列：累積靜壓 $= -2.85"H_2O$

A-B(1)管段與 G-B 管段之靜壓差百分比：

$$\frac{|SP_{較大者}| - |SP_{較小者}|}{|SP_{較大者}|} \times 100 = \frac{2.85 - 1.638}{2.85} \times 100 = 42.5\% > 20\%$$

∴若兩管段欲達成平衡則 A-B 管段須調整管徑。

(三) A-B(2)管段

第 1 列：A-B 管段調整管徑後標示其管段名稱為 A-B(2)

第 5 列：調整管徑，選用 4.5"風管

第 6 列：導管管徑= 4.5in.時，A-B 管段之截面積：

$$A = \frac{\pi}{4}(\frac{4.5}{12})^2 = 0.1104 \text{ ft}^2$$

第 7 列：實際之導管風速$= \frac{Q}{A} = \frac{500}{0.1104} = 4,529fpm$

第 8 列：A-B(2)管段之導管動壓：

$$VP_d = (\frac{4,529}{4,005})^2 = 1.279 \text{ in. } H_2O$$

第 24 列：∵ V = 4,529fpm、Q = 500cfm

∴鍍鋅薄鐵板之摩擦損失因子(H_f)：

$$H_f = 0.0307\frac{V^{0.533}}{Q^{0.612}} = 0.0307\frac{4,529^{0.533}}{500^{0.612}} = 0.0608(VP_d / ft)$$

第 37 列：累積靜壓 $= -2.566"H_2O$

A-B(2)管段與 G-B 管段之靜壓差百分比：

$$= \frac{|SP_{較大者}| - |SP_{較小者}|}{|SP_{較大者}|} \times 100 = \frac{2.85 - 2.56}{2.85} \times 100 = 10\% > 5\%$$

∴若兩管段欲達成平衡則 A-B 管段須提高流量為：

$$修正流量 = 500 \times \sqrt{\frac{2.85}{2.566}} = 527cfm$$

(四) A-B(3)管段

第 2 列：調整流率為 527cfm

第 5 列：沿用 A-B(2)管段之 4.5"風管，A = 0.1104ft^2

第 7 列：實際之導管風速 $= \dfrac{Q}{A} = \dfrac{527}{0.1104} = 4,774$fpm

第 8 列：導管動壓：

$$VP_d = (\dfrac{V}{4,005})^2 = (\dfrac{4,774}{4,005})^2 = 1.421in.H_2O$$

第 24 列：$\because V = 4,774$fpm、$Q = 527$cfm

$\therefore$ 鍍鋅薄鐵板之摩擦損失因子(H_f)：

$$H_f = 0.0307\dfrac{V^{0.533}}{Q^{0.612}} = 0.0307\dfrac{4,774^{0.533}}{527^{0.612}} = 0.0606(VP_d / ft)$$

第 37 列：累積靜壓 $= -2.85"H_2O$

與 G-B 管段達成平衡

第 42 列：合成動壓(VP_r)之計算

$$VP_r = (\dfrac{Q_A}{Q_A + Q_B})VP_A + (\dfrac{Q_B}{Q_A + Q_B})VP_B$$

$$= (\dfrac{527}{527 + 150}) \times 1.421 + (\dfrac{150}{527 + 150}) \times 1.2063$$

$$= (\dfrac{527}{677}) \times 1.421 + (\dfrac{150}{677}) \times 1.2063 = 1.373\,"H_2O$$

$\because VP_{B-C} = 1.05"H_2O$、$VP_r = 1.373"H_2O$

$\rightarrow VP_{B-C} < VP_r$，所以不須修正。

(五) B-C 管段

第 2 列：流率為 150 + 527 = 677cfm

第 4 列：B-C 管段之截面積：

$$A = \dfrac{Q}{V} = \dfrac{675\ cfm}{3,500\ fpm} = 0.1929ft^2$$

第 5 列：B-C 管段之最大截面積：

$$管徑 (D) = \sqrt{\frac{4A}{\pi}} = \sqrt{\frac{4 \times 0.1929}{\pi}} = 0.4955 \text{ft} = 5.95 \text{in.}$$

第 6 列：根據 ACGIH 標準管徑規格，選用 5.5"風管

B-C 管段之風管截面積：

$$A = \frac{\pi}{4}(\frac{5.5}{12})^2 = 0.1650 \text{ ft}^2$$

B-C 管段之風管風速：$V = \frac{677}{0.1650} = 4,103 \text{ fpm}$

第 8 列：B-C 管段之動壓：

$$VP_d = (\frac{4,103}{4,005})^2 = 1.05 \text{ in. } H_2O$$

第 24 列：$\because V = 4,103\text{fpm}$、$Q = 677\text{cfm}$

$$\therefore H_f = 0.0307 \frac{4,103^{0.533}}{677^{0.612}} = 0.0479(VP_d / \text{ft})$$

第 26 列～第 32 列：$\because$B-C 管段為主風管、無氣罩

$$\therefore 各項均為 0$$

第 37 列：累積靜壓 $= -3.0513"H_2O$

(六) H-C(1)管段

氣罩排氣量 $= 150\text{ft}^3/\text{min}$、$h_e = 0.5VP_d$

第 2 列：H-C(1)管段之目標流率為 150cfm

第 4 列：最大導管截面積：

$$A = \frac{Q}{V} = \frac{150 \text{ cfm}}{3,500 \text{ fpm}} = 0.0429 \text{ ft}^2$$

最大導管直徑：

$$管徑 (D) = \sqrt{\frac{4 \times 0.0429}{\pi}} = 0.2337 \text{ ft} = 2.805 \text{ in.}$$

第 5 列：根據 ACGIH 標準管徑規格，選用 2.5"風管。

第 6 列：導管管徑= 2.5in.時，H-C(1)管段之截面積：

$$A = \frac{\pi}{4} \times (\frac{2.5}{12})^2 \ ft^2 = 0.0341 \ ft^2$$

第 7 列：實際之導管風速 $= \frac{Q}{A} = \frac{150}{0.0341} = 4,399 fpm$

第 8 列：導管動壓：

$$VP_d = (\frac{V}{4,005})^2 = (\frac{4,399}{4,005})^2 = 1.2063 in.H_2O$$

第 17 列：氣罩進入損失係數 $0.5VP_d$

第 18 列～第 35 列計算過程與 G-B 管段雷同。

第 37 列：累積靜壓$= -2.63"H_2O$

H-C(1)管段與 B-C 管段之靜壓差百分比：

$$= \frac{\left| SP_{較大者} \right| - \left| SP_{較小者} \right|}{\left| SP_{較大者} \right|} \times 100 = \frac{3.0513 - 2.63}{3.0513} \times 100 = 13.8\% < 20\%$$

$\therefore$若兩管段欲達成平衡則 H-C(1)管段須調整流量為：

$$修正流量 = 150 \times \sqrt{\frac{3.0513}{2.63}} = 162 \ cfm$$

(七) H-C(2)管段

以調整後之流量 162 cfm 重複上一個步驟

第 37 列：累積靜壓 $= -3.06"H_2O$

與 B-C 管段達成平衡

第 42 列：合成動壓(VP_r)之計算

$$VP_r = (\frac{Q_A}{Q_A + Q_B})VP_A + (\frac{Q_B}{Q_A + Q_B})VP_B$$

$$= (\frac{677}{677 + 162}) \times 1.05 + (\frac{162}{677 + 162}) \times 1.407$$

$$= (\frac{677}{839}) \times 1.05 + (\frac{162}{839}) \times 1.407 = 1.12 \ "H_2O$$

$\therefore VP_{C-D} = 1.05"H_2O$、$VP_r = 1.373"H_2O$

$\rightarrow \ VP_{C-D} < VP_r$，所以不須修正。

(八) C-D 管段

第 2 列：流率為 677 + 162 = 839cfm

第 4 列：C-D 管段之截面積：

$$A = \frac{Q}{V} = \frac{839 \text{ cfm}}{3,500 \text{ fpm}} = 0.2397 \text{ ft}^2$$

第 5 列：C-D 管段之最大截面積：

$$管徑 (D) = \sqrt{\frac{4A}{\pi}} = \sqrt{\frac{4 \times 0.2397}{\pi}} = 0.5525 \text{ft} = 6.63 \text{in.}$$

第 6 列：根據 ACGIH 標準管徑規格，選用 6.5"風管

C-D 管段之風管截面積：

$$A = \frac{\pi}{4}(\frac{6.5}{12})^2 = 0.2304 \text{ft}^2$$

C-D 管段之風管風速： $V = \frac{839}{0.2304} = 3,641 \text{fpm}$

第 8 列：C-D 管段之動壓：

$$VP_d = (\frac{3,641}{4,005})^2 = 0.8267 \text{in.H}_2\text{O}$$

第 24 列：$\because V = 3,641 \text{fpm}$、$Q = 839 \text{cfm}$

$$\therefore H_f = 0.0307 \frac{3,641^{0.533}}{839^{0.612}} = 0.0394(VP_d / \text{ft})$$

第 26 列：C-D 管段有一 90°肘管。

第 27 列～第 28 列：C-D 管段之 90°肘管、$\frac{R}{D} = 2.0$，壓損為 $0.27VP_d$

第 29 列～第 32 列：C-D 管段為主風管，故為 0

第 33 列：C-D 管段導管壓損的動壓倍率：

$$0.3155VP_d + 0.27VP_d = 0.5855VP_d$$

第 34 列：C-D 管段導管壓損：

$$0.5855VP_d = 0.5855 \times 0.8267 = 0.4840"\text{H}_2\text{O}$$

第 35 列：各管件之靜壓損失 ＝ 進入損失 ＋ 導管壓損

$$= 0 + 0.4840 = 0.4840"H_2O$$

第 37 列：累積靜壓 $= -3.544"H_2O$

(九) I-D(1)管段

第 2 列：I-D(1)管段之目標流率為 1,350cfm

第 4 列：最大導管截面積：

$$A = \frac{Q}{V} = \frac{1,350\ cfm}{3,500\ fpm} = 0.3857ft^2$$

最大導管直徑：

$$管徑\,(D) = \sqrt{\frac{4 \times 0.3857}{\pi}} = 0.7008ft = 8.41in.$$

第 5 列：根據 ACGIH 標準管徑規格，選用 8.0"風管

第 6 列：導管管徑 ＝ 8.0in.時，I-D(1)管段之截面積：

$$A = \frac{\pi}{4} \times (\frac{8}{12})^2\ ft^2 = 0.3491ft^2$$

第 7 列：實際之導管風速 $= \frac{Q}{A} = \frac{1,350}{0.3491} = 3,867fpm$

第 8 列：導管動壓：

$$VP_d = (\frac{V}{4,005})^2 = (\frac{3,867}{4,005})^2 = 0.9323in.H_2O$$

第 17 列：氣罩進入損失係數 $0.25VP_d$

第 18 列：對裝有氣罩之 I-D(1)管段風管而言，

須加上加速係數(Acceleration Factor) $= 1.0VP_d$

第 19 列：導管進入損失的動壓倍率 $= 1.0VP_d + 0.25VP_d = 1.25VP_d$

第 20 列：導管進入損失 $= 1.25VP_d = (1.25)(0.9323) = 1.165"H_2O$

第 22 列：氣罩靜壓 $= (1 + F_h)VP_d = (1 + 0.25) \times 0.9323 = 1.165"H_2O$

第 23 列：直線導管之總長度$= 5ft$

第 24 列：$\because V = 3,867fpm$、$Q = 1,350cfm$

$\therefore$鍍鋅薄鐵板之摩擦損失因子(H_f)：

$$H_f = 0.0307\frac{3,867^{0.533}}{1,350^{0.612}} = 0.0304(VP_d\,/\,ft)$$

第 25 列：直線導管摩擦損失的動壓倍率 $= H_f L = 0.0304 \times 5 = 0.1522$

第 26 列：$60°$肘管 $= (\dfrac{2}{3}) - 90°$肘管

第 27 列～第 28 列：I-D(1)管段有一 $60°$肘管、$\dfrac{R}{D} = 2.0$，

查表得 $90°$肘管壓損為 $0.27 VP_d$，

故 $60°$肘管壓損為 $0.27 \times (\dfrac{2}{3}) = 0.18 VP_d$

第 29 列：I-D(1)管段為支管，故為 1

第 30 列：I-D(1)管段與主風管之合流角為 $30°$，

查表 5-8 知其壓損係數為 0.18

第 31 列：支管壓損之動壓倍率 $= 0.18 VP_d$

第 33 列：I-D(1)管段導管壓損的動壓倍率：

$0.1522 VP_d + 0.18\ VP_d + 0.18\ VP_d = 0.5122 VP_d$

第 34 列：I-D(1)管段導管壓損：

$0.5122 VP_d = 0.5122 \times 0.9323 = 0.4775"H_2O$

第 35 列：各管件之靜壓損失 $=$ 進入損失 $+$ 導管壓損

$= 1.165 + 0.4775 = 1.6425"H_2O$

第 37 列：累積靜壓 $= -1.6425"H_2O$

I-D(1)管段與 C-D 管段之靜壓差百分比：

$\dfrac{|SP_{較大者}| - |SP_{較小者}|}{|SP_{較大者}|} \times 100 = \dfrac{3.544 - 1.6425}{3.544} \times 100 = 53.7\% > 20\%$

$\therefore$若兩管段欲達成平衡則 I-D(1)管段須調整管徑。

(十) I-D(2)管段

第 5 列：調整 I-D(2)管段管徑

$8" \times \sqrt[4]{\dfrac{1.6425}{3.544}} = 6.6\ \text{in.}$

根據 ACGIH 標準管徑規格，選用 6.5"風管。

第 6 列：導管管徑= 6.5in.時，I-D(2)管段之截面積：
$$A = \frac{\pi}{4} \times (\frac{6.5}{12})^2 \ \text{ft}^2 = 0.2304 \ \text{ft}^2$$

第 7 列：實際之導管風速 $= \frac{Q}{A} = \frac{1,350}{0.2304} = 5,859 \text{fpm}$

第 8 列：導管動壓：
$$VP_d = (\frac{V}{4,005})^2 = (\frac{5,859}{4,005})^2 = 2.14 \text{in.H}_2O$$

第 22 列：氣罩靜壓= $(1 + F_h)VP_d = (1 + 0.25) \times 2.14 = 2.68\text{"H}_2O$

第 35 列：各管件之靜壓損失 ＝ 進入損失 ＋ 導管壓損
$$= 2.68 + 0.8045 = 3.48\text{"H}_2O$$

第 37 列：累積靜壓 $= -3.48\text{" H}_2O$

第 42 列：合成動壓(VP_r)之計算
$$VP_r = (\frac{Q_A}{Q_A + Q_B})VP_A + (\frac{Q_B}{Q_A + Q_B})VP_B$$
$$= (\frac{839}{839+1,350}) \times 0.8267 + (\frac{1,350}{839+1,350}) \times 2.14$$
$$= (\frac{839}{2,189}) \times 0.8267 + (\frac{1,350}{2,189}) \times 2.14 = 1.64\text{ "H}_2O$$

$\because VP_{D-E} = 1.05\text{"H}_2O$、$VP_r = 1.64\text{"H}_2O$

$\rightarrow$ $VP_{D-E} < VP_r$，所以不須修正。

I-D(2)管段與 C-D 管段之靜壓差百分比：
$$\frac{|SP_{較大者}| - |SP_{較小者}|}{|SP_{較大者}|} \times 100 = \frac{3.544 - 3.48}{3.544} \times 100 = 1.8\% < 5\%$$

(十一) D-E 管段

第 2 列：流率為 $839 + 1,350 = 2,189 \text{cfm}$

第 4 列：D-E 管段之截面積：
$$A = \frac{Q}{V} = \frac{2,189 \ \text{cfm}}{3,500 \ \text{fpm}} = 0.6254 \text{ft}^2$$

第 5 列：D-E 管段之最大截面積：

$$管徑(D) = \sqrt{\frac{4A}{\pi}} = \sqrt{\frac{4 \times 0.6254}{\pi}} = 0.8924 \text{ ft} = 10.7 \text{in}.$$

第 6 列：根據 ACGIH 標準管徑規格，選用 10.0"風管

D-E 管段之風管截面積：

$$A = \frac{\pi}{4}(\frac{10}{12})^2 = 0.5454 \text{ft}^2$$

D-E 管段之風管風速：$V = \dfrac{2,189}{0.5454} = 4,014 \text{fpm}$

第 8 列：D-E 管段之動壓：

$$VP_d = (\frac{4,014}{4,005})^2 = 1.004 \text{in.H}_2\text{O}$$

第 24 列：$\because V = 4,014 \text{fpm} \cdot Q = 2,189 \text{cfm}$

$$\therefore H_f = 0.0307 \frac{4,014^{0.533}}{2,189^{0.612}} = 0.0234 (VP_d / \text{ft})$$

第 26 列～第 32 列：D-E 管段為主風管，故皆為 0

第 33 列：D-E 管段導管壓損的動壓倍率：

$$0.3506 VP_d + 0 = 0.3506 VP_d$$

第 34 列：D-E 管段導管壓損：

$$0.3506 VP_d = 0.3506 \times 1.004 = 0.3520 \text{"H}_2\text{O}$$

第 35 列：各管件之靜壓損失 ＝ 進入損失 ＋ 導管壓損

$$= 0 + 0.3520 = 0.3520 \text{"H}_2\text{O}$$

第 36 列：其它壓損=空氣清淨裝置壓損 ＝ 3"H$_2$O

第 37 列：累積靜壓 ＝ － 6.896"H$_2$O

(十二) E-F 管段

第 2 列：流率為 2,189cfm

第 6 列：與 D-E 管段同樣選用 10.0"風管

$$\therefore 風速 ＝ 4,014 \text{fpm}$$

第 8 列：動壓=1.004"H_2O

第 26 列～第 32 列：D-E 管段爲主風管，故皆爲 0

第 33 列：E-F 管段導管壓損的動壓倍率：

$$0.2808VP_d + 0 = 0.2808VP_d$$

第 34 列：E-F 管段導管壓損：

$$0.2808VP_d = 0.2808 \times 1.004 = 0.2819"H_2O$$

第 35 列：各管件之靜壓損失 ＝ 進入損失 ＋ 導管壓損

$$= 0 + 0.2819 = 0.2819"H_2O$$

第 37 列：累積靜壓 = 0.2819"H_2O

如以上之說明，在 A 至 F 段主風管之設計完成後，即可計算風機之靜壓：

$$FSP = SP_{out} - SP_{in} - VP_{in} = 0.2819 - (-6.896) - 1.004 = 6.17"H_2O$$

因此選定之風機規格爲風量 2,189cfm，風機靜壓 6.17"H_2O。

表 8-10　肥料篩選和裝袋之局部排氣系統試算表

1	Duct Segment Identification 管段名稱				A-B(1)
2	Target Volumetric Flow Rate 目標流率			cfm	500
3	minimum Transport Velocity 最低輸送風速			fpm	3,500
4	maximum Duct Diameter 最大導管直徑			inches	5.11
5	Selected Duct Diameter 選定之導管直徑			inches	5.0
6	Duct Area 導管截面積			ft²	0.1364
7	Actual Duct Velocity 實際之導管風速			fpm	3,666
8	Duct Velocity Pressure(VP$_d$)導管動壓			"H₂O	0.838
9	H	S	maximum Slot Area 最大狹縫面積	ft²	
10	o	l	Slot Area Selected 選定之狹縫面積	ft²	
11	o	o	Slot Velocity 狹縫風速	fpm	
12	d	t	Slot Velocity Pressure 狹縫動壓	"H₂O	
13		s	Slot Loss Coefficient 狹縫壓損係數		
14	L		Acceleration Factor 加速因子	(0 or 1)	
15	o		Slot Loss per VP 狹縫損失換算動壓之倍率		
16	s		Slot Static Pressure 狹縫靜壓		
17	s	Duct Entry Loss Coefficient 進入損失係數			0.25
18	e	Acceleration Factor 加速因子		(1 or 0)	1
19	s	Duct Entry Loss per VP 導管進入損失換算動壓之倍率			1.25
20		Duct Entry Loss 導管進入損失		"H₂O	1.0475
21		Other Losses 其他損失(如空氣清淨裝置⋯⋯)		"H₂O	
22		Hood Static Pressure 氣罩靜壓		"H₂O	1.0475
23	Straight Duct Length 直線導管之總長度			ft	8
24	Friction Factor(H$_f$)摩擦損失因子				0.0543
25	Friction Loss per VP 直線導管摩擦損失換算動壓之倍率				0.4347
26	Number of 90 deg. Elbows 90°肘管數目				1
27	Elbow Loss Coefficient 肘管之壓損係數				0.27
28	Elbow Loss per VP 肘管壓損換算動壓之倍率				0.27
29	Number of Branch Entries 歧管數目			(1 or 0)	0
30	Entry Loss Coefficient 合流導管壓力損失係數				0
31	Branch Entry Loss per VP 歧管之壓損換算動壓之倍率				0
32	Special Fitting Loss Coefficients 特殊管件之壓損係數				
33	Duct Loss per VP 導管壓損換算動壓之倍率				0.7047
34	Duct Loss 導管壓損			"H₂O	0.591
35	Duct Segment Static Pressure Loss 各管件之靜壓損失			"H₂O	1.638
36	Other Losses(VP−VP$_r$ etc.)其它壓損			"H₂O	
37	Cumulative Static Pressure 累積靜壓			"H₂O	−1.638
38	Governing Static Pressure 主導靜壓			"H₂O	
39	Corrected Volumetric Flow Rate 修正之流率			cfm	
40	Corrected Velocity 修正風速			fpm	
41	Corrected Velocity Pressure 修正動壓			"H₂O	
42	Resultant Velocity Pressure 最終動壓(VP$_r$)			"H₂O	

表 8-10 肥料篩選和裝袋之局部排氣系統試算(續)

G-B	A-B(2)	A-B(3)	B-C	H-C(1)	H-C(2)	C-D	I-D(1)	I-D(2)	1
150	500	527	677	150	162	839	1,350	1,350	2
3,500	3,500	3,500	3,500	3,500	3,500	3,500	3,500	3,500	3
2.803	5.11	5.11	5.95	2.803	2.913	6.63	8.41	8.41	4
2.5	4.5	4.5	5.5	2.5	2.5	6.5	8.0	6.5	5
0.0341	0.1104	0.1104	0.1650	0.0341	0.0341	0.2304	0.3491	0.2304	6
4,399	4,529	4,774	4,103	4,399	4,751	3,641	3,867	5,859	7
1.2063	1.279	1.421	1.05	1.2063	1.407	0.8267	0.9323	2.14	8
									9
									10
									11
									12
									13
									14
									15
									16
0.25	0.25	0.25		0.5	0.5		0.25	0.25	17
1	1	1		1	1		1	1	18
1.25	1.25	1.25		1.5	1.5		1.25	1.25	19
1.51	1.598	1.776		1.809	2.111		1.165	2.68	20
									21
1.51	1.598	1.776		1.809	2.111		1.165	2.68	22
6	8	8	4	4	4	8	5	5	23
0.1251	0.0608	0.0606	0.0479	0.1251	0.1243	0.0394	0.0304	0.0380	24
0.751	0.4865	0.4845	0.1917	0.5	0.497	0.3155	0.1522	0.1899	25
2/3	1	1				1	2/3	2/3	26
0.27	0.27	0.27				0.27	0.27	0.27	27
0.18	0.27	0.27				0.27	0.18	0.18	28
1	0	0		1	1		1	1	29
0.18	0	0		0.18	0.18		0.18	0.18	30
0.18	0	0		0.18	0.18		0.18	0.18	31
									32
1.11	0.7565	0.7545	0.1917	0.68	0.677	0.5855	0.5122	0.5499	33
1.34	0.968	1.0722	0.2013	0.820	0.953	0.4840	0.4775	0.8045	34
2.85	2.566	2.566	0.2013	2.63	3.06	0.4840	1.6425	3.48	35
									36
−2.85	−2.566	−2.85	-3.0513	−2.63	−3.06	−3.544	−1.6425	−3.48	37
−2.85			−3.0513		−3.06	−3.544			38
	527								39
									40
									41
		1.373			1.12			1.64	42

表 8-10　肥料篩選和裝袋之局部排氣系統試算表(續)

D-E	E-F								1
2,189	2,189								2
3,500	3,500								3
10.7	10.7								4
10	10								5
0.5454	0.5454								6
4,014	4,014								7
1.004	1.004								8
									9
									10
									11
									12
									13
									14
									15
									16
									17
									18
									19
									20
									21
									22
15	12								23
0.0234	0.0234								24
0.3506	0.2808								25
									26
									27
									28
									29
									30
									31
									32
0.3506	0.2808								33
0.3520	0.2819								34
									35
3.00									36
−6.90	0.2819								37
									38
									39
									40
									41
									42

參 考 文 獻

1. Cutnell, J. D. and Johnson, K. W., *Physics*, 4th ed., John Wiley & Sons, 1997.

2. Moody, L. F., "Friction Factors for Pipe Flow", trans ASME, 66, 1944.

3. Churchill, S. W., "Frictional Factor Equation Spans All Fluid Flow Regimes", Chemical Engineering, 84, 1977.

4. Loeffler, J. J., "Simplified Equations for HVAC Duct Friction Factors", ASHRAE J., 1980.

5. Huebscher, R. G., "Friction Equivalents for Round, Square, and Rectangular Ducts", trans ASHRAE, 54, 1948

6. McDermott, H. J., Handbook of Ventilation for Contaminant Control. Third Edition, American Conference of Governmental Industrial Hygienists, 2001.

7. ACGIH, Industrial Ventilation, A Manual of Recommended Practice. 21st ed. American Conference of Governmental Industrial Hygienists, 1992.

8. ASHRAE, ASHRAE Handbook – Fundamentals. ASHRAE, 1992.

9. 勞委會，工業通風原理，1993。

10. Burgess, W. A., Ellenbecker, M. J., and Treitman, R. D., Ventilation for Control of the Work Environment. 2nd Edition. John Wiley & Sons, 2004.

11. 沼野雄志，局排設計教室，中央勞働災害防止協會。

工業通風系統測定與維護

通風測定之目的如下：

1. 為確認通風系統設計及操作是否正確。
2. 為確認通風系統之保養是否維持原裝置之設計效果。
3. 為決定通風設施是否須保養或換修，以達預期之通風換氣效果。
4. 為決定再增添設備於此通風系統之可行性。
5. 為將來裝設相同設備時之參考數據。
6. 為確定是否符合法令規定。

通風系統的測定，包括下列項目：

1. 氣流之觀察。
2. 風量之測定。
3. 流入風速之測定。
4. 抑制濃度之測定。
5. 導管性能之測定：

    (1) 靜壓、動壓、全壓之測定。
    (2) 導管中壓力損失之測定。

9-1 通風系統之測定儀表

9-1-1 測溫儀表

1. 水銀溫度計

    通風系統測試溫度的常用範圍為 $0 \sim 50°C$，分度值有 $1°C$、$0.5°C$、$0.2°C$、$0.1°C$。當測量高精度溫度場時，還有分度值為 $0.05°C$、$0.02°C$、$0.01°C$的水銀溫度計。

2. 熱電偶溫度計

將兩種不同性質的金屬導體(一般用銅–鎳銅)的兩端銲在一起，構成一個閉合回路。當兩端接點溫度不同時，在閉合回路中就會有熱電位產生，形成熱電效應。根據熱電位的大小就可反映出其測點的溫度。熱電偶溫度計需與二次儀表(電位差計)配套使用。

3. 電阻溫度計

它是根據金屬(常用鉑、鎳、銅)導體的電阻值，隨溫度變化而變化這一特性原理製成的。溫度愈高，電阻值愈大；溫度愈低。電阻值愈小。它需與二次儀表(溫度自動記錄儀)配套使用。另外，當採用半導體熱敏電阻作感溫元件時，稱為半導體溫度計。它常用來測量物體的表面溫度。

4. 雙金屬溫度計

它的感溫元件是由兩種線膨脹係數不同的金屬片銲接在一起構成。當周圍溫度變化時，雙金屬片產生彎曲，其彎曲程度與周圍溫度變化的大小成正比。通過傳動機構與記錄指針相聯，可在記錄筒上直接自動記錄當天或一周的空氣溫度變化情況。

9-1-2 濕度量測儀表

1. 普通乾濕球溫度計

它由乾、濕球二支水銀溫度計組成。乾球溫度計為一般溫度計，濕球溫度計的感溫球上包有二層紗布，其下端浸入充水的小玻璃瓶中。按測得的乾、濕球溫度。

可從專用表中查得空氣的相對濕度。

2. 通風乾濕球溫度計

乾濕球溫度計是以兩支相同的溫度計合為一組使用：一支為乾球溫度計(即通常測定氣溫者)，一支為濕球溫度計，係將其水銀球部包以紗布並吸收水使其濕潤，故合稱為乾濕球溫度計，在測得乾濕球溫度後就可對照相對濕度表查出相對濕度。圖 9-1 為通風乾濕球溫度計中最常見之乾濕計–阿斯曼通風乾濕計。它採用小型電風扇(上方，手把)，使空氣進入金屬管，內裝有溫度計，可獲得適當通風，且金屬管也有防太陽輻射的功能。

圖 9-1　阿斯曼通風乾濕計(引用自網路)

9-1-3 風速量測儀表

1. 葉輪風速儀

由葉輪和計數機構組成，分為帶計時裝置和不帶計時裝置兩種，前者可直接讀出風速值，而後者則需與碼錶配合使用。計量方法是長針每走一圈為100m，短針每走一圈為 1,000m，風速值可按下式計算：

$$v = \frac{最後讀數 - 最初讀數}{測定時間} \tag{9-1}$$

葉輪風速儀一般測風速範圍為 0.5～10m/s(如圖 9-2)。

圖 9-2　葉輪風速儀(引用自網路)

2. 轉杯式風速儀

由三個半球形轉杯(風杯)和計數機構組成。也分帶計時裝置和不帶計時裝置兩種,一般測風速範圍為 1.0~40m/s。

3. 熱線風速計

由探針(由電熱線圈和熱電偶組成)和指示儀表組成(如圖 9-3)。熱線風速計是根據熱電勢的大小與氣流速度有關的原理製成的。風速越大,散熱越快,溫升愈小,從而熱電勢值就愈小;反之,風速越小,散熱愈慢,溫升愈大,熱電勢值也就愈大。目前國產的熱線風速計可測 0.05~10.0m/s 的風速。

圖 9-3　熱線風速計(引用自網路)

⊘ 9-1-4　壓力計

在通風系統中主要是測量風管內的氣流速度和壓力(靜壓、動壓、全壓)。測量風壓通常用液體壓力計和皮托管(如圖 9-4、圖 9-5)配合測定。

液體壓力計有 U 形管壓力計、杯形壓力計、斜管壓力計、補償式微壓計、傾斜式微壓計等。

根據 U 形管兩端之液位差(h),可求出被測點空氣壓力 P(Pa)為

$$P = \rho gh \tag{9-2}$$

當用斜管壓力計時,其液位差為

$$h = L \sin \alpha \tag{9-3}$$

ρ = 工作流體的密度(kg/m³)

L = 斜管上工作流體的長度(m)

α = 傾斜角度。

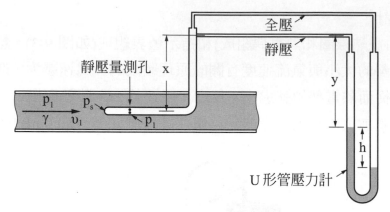

圖 9-4　以皮托管與 U 形管壓力計量測動壓

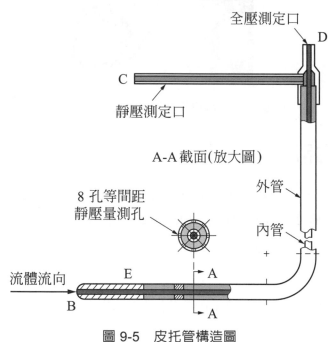

圖 9-5　皮托管構造圖

　　皮托管由兩根管子套裝在一起組成，端部彎成 90°。測壓時通過頭部 B 中間的細管感受氣流的全壓，由尾部細管 D 引出，在皮托管頭部 E 處的外管壁上，沿圓周均勻地開有 4〜8 個小孔用以感受靜壓，由尾部細管 C 引出。

使用時，將尾部的兩根細管透過軟管接在 U 形壓力計或微壓力計的介面上，即可測得動壓值；壓力計僅與 C 管道相接則可測得全壓。需要注意，測量時皮托管頭部管段的方向必須與氣流方向平行，如果偏斜角達到 10°時，測得的結果將有 3%以上的誤差。

由於測量風速時需將皮托管插入氣流，這樣將對氣流的正常流動產生干擾從而影響測量精度。根據能量方程轉換原理，其影響主要來自兩個方面，其一是氣流流經頭部時，局部地區速度增大導致靜壓下降；另一是垂直氣流方向的桿部使該處氣流撞擊桿部而停滯，速度下降而導致靜壓增加。由於這種影響隨著離頭部頂端距離的增加互為消長，因此合理選擇皮托管靜壓感受孔的位置，可使這兩種干擾互相抵消。對於圖示的皮托管，在距離頂端約 4 倍於皮托管直徑處開設靜壓感受孔，即能達到上述要求。皮托管的外形有很多種，如有錐形頭、圓形頭、橢圓桿、圓形桿等它們的靜壓孔開設位置各不相同，但原理相同。

前已述及，皮托管和測壓計配合可分別測得靜壓、全壓和動壓。測量時的連接方法如圖所示。需要注意的是，皮托管應放置在氣流流動達到穩定的地區，即遠離彎頭、三通、閥門等管件的直長風管部分，以避免渦流對測量精度所帶來的影響。

空氣之流動靠壓力差作為驅動力，促使空氣開始流動及維持其繼續流動之壓力即為全壓，分為靜壓及動壓二部分。

$$靜壓(P_s) + 動壓(P_v) = 全壓(P_t) \tag{9-4}$$

一、動壓或速度壓(P_v)

空氣流動時所產生之壓力為動壓，因此與動能相當類似，只有流動時產生，且作用之方向恆為流動之方向。如圖 9-6、圖 9-7。

動壓是以裝酒精等液體之 U 形管量測之，U 形管一端連接至管壁、一端置於導管中心軸處，開口正對著氣流的來向，讀取其水位差即可，如圖 9-6。

二、靜壓(Ps)

　　靜壓為空氣本身所具有之壓力，使得空氣開始流動及克服空氣流動時管壁所產生之阻力暨流速、流向改變時所產生之阻抗，與位能相似，當不流動時，各點靜壓相同，且垂直作用於管壁，在排氣機上游時有將風管吸扁之趨勢；在排氣機下游則有將風管漲破之趨勢。因此靜壓在風機上游時為負值，下游時則為正值。如圖 9-6、圖 9-7。

　　靜壓亦是以裝酒精等液體之 U 形管量測之，U 形管一端連接至管壁、一端開放至大氣，讀取其水位差即可，如圖 9-6。

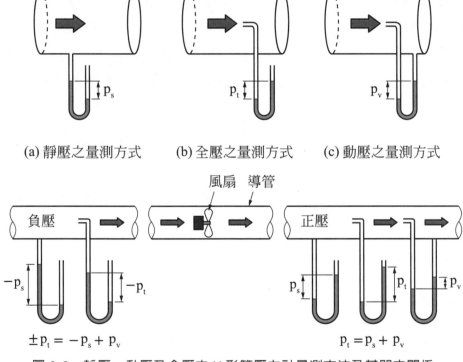

(a) 靜壓之量測方式　　(b) 全壓之量測方式　　(c) 動壓之量測方式

圖 9-6　靜壓、動壓及全壓之 U 形管壓力計量測方法及其間之關係

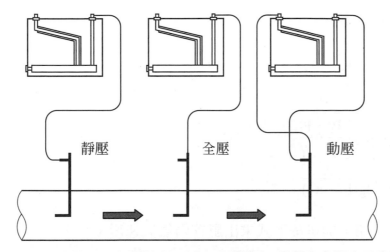

圖 9-7　以皮托管配合傾斜式壓力計量測靜壓、動壓及全壓之示意圖

三、全壓(P_t)

　　空氣流動能力之大小，亦即局部排氣裝置系統內須有一壓力，使得空氣開始流動及克服流動時之阻抗，並應有一壓力維持其繼續流動，此二壓力之和即為靜壓及動壓之和。當風管內流速增加時，動壓即增加，亦即有一部分靜壓轉換為動壓；當流速減低時，則有一部分動壓或動能轉換為靜壓或位能，靜壓和動壓雖可互相轉換，但轉換率無法達到百分之百，亦即有一部分轉換為熱能逸失。如圖 9-6、圖 9-7。

　　同樣地，全壓亦是以裝酒精等液體之 U 形管量測之，U 形管一端置於導管中心軸處，開口正對著氣流的來向，另一端開放至大氣，讀取其水位差即可求得，如圖 9-6。

四、氣罩靜壓($P_{s,h}$)

　　所謂氣罩靜壓就是克服氣罩進入損失所必要之壓力及使吸入空氣加速達 P_V 之壓力和(如式)。假如能夠設計一種完美的氣罩將氣罩靜壓全部轉變成為速度壓，則可以達到理想氣流量，但這是不可能的，一個類似但是用的比較多的公式可用來估計 C_e 其顯示如下：

$$C_e = \frac{Q_{actual}}{Q_{ideal}} = \sqrt{\frac{P_v}{|P_{s,h}|}} = \sqrt{\frac{1}{1+F_h}}$$

依柏努利方程式：

$$\frac{P_1}{g} + z_1 + \frac{V_1^2}{2g} = \frac{P_2}{g} + z_2 + \frac{V_2^2}{2g} \Rightarrow \frac{P_1}{g} + \frac{V_1^2}{2g} = \frac{P_2}{g} + \frac{V_2^2}{2g}$$

$$V_2 = \sqrt{2g\left[\frac{P_1}{\gamma} - \frac{P_2}{\gamma}\right]}$$

$$V = \sqrt{2g(h_1 - h_2)}$$

若動壓(P_v)為已知，則可按下式求出風管內氣流速度 v：

$$v(m/s) = 4.04\sqrt{P_v(mmH_2O)} \tag{9-5}$$

$$或\ v(m/s) = 1.29\sqrt{P_v(Pa)}$$

$$或\ v(ft/min) = 4,005\sqrt{P_v(inH_2O)}$$

上述量測儀表在使用前，應按照相關國家標準進行校正，以保證測量結果的正確性。

例題 9-1

下表為附圖中導管內風扇上游 1、2 及下游 3、4 四個測點所測得空氣壓力 (air pressure)值，試求表中 a、b、c、d 四處之相關壓力值(請列明其計算過程)。

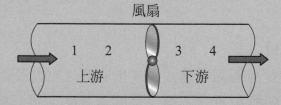

測點	空氣壓力(mmH$_2$O)		
	全壓(P_t)	靜壓(P_s)	動壓(P_v)
1	(a)	−7.40	2.00
2	−6.60	−8.60	(b)
3	7.90	(c)	2.00
4	6.10	4.10	(d)

解

$P_t = P_s + P_v$

(a)$P_t = (-7.40) + 2.00 \rightarrow P_t = -5.40$

(b)$P_v = (-6.60) - (-8.60) \rightarrow P_v = 2.00$

(c)$P_s = (7.90) - (2.00) \rightarrow P_s = 5.90$

(d)$P_v = (6.10) - (4.10) \rightarrow P_v = 2.00$

將以上結果填入表中：

測點	空氣壓力(mmH$_2$O)		
	全壓(P_t)	靜壓(P_s)	動壓(P_v)
1	−5.40	−7.40	2.00
2	−6.60	−8.60	2.00
3	7.90	5.90	2.00
4	6.10	4.10	2.00

9-2 局部排氣系統之測定

9-2-1 氣流之觀察

　　透過氣流之觀察可瞭解有害物質是否被吸引進入氣罩、氣罩附近氣流情形、管路是否有漏洩或逆流之情形。最常被使用之氣流觀察法為發煙管法(如圖9-8)：四氯化鈦、四氯化錫遇空氣中之水蒸汽產生氫氧化鈦、氫氧化錫、鹽酸之白煙或將氨與鹽酸接觸產生氯化銨白煙，均可當發煙管使用。四氯化鈦、四氯化錫可利用粉狀介質將其吸附，密封於玻璃管內製成，當使用時將玻璃管兩末端截斷，擠壓橡皮吸球，使空氣通過玻璃管產生白煙。惟此等氣體均具有刺激性，使用時應避免吸入。

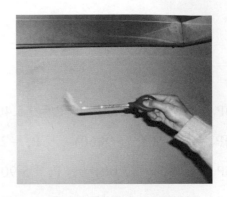

<table>
<tr><td>(a) 發煙管</td><td>(b) 使用發煙管檢點空氣流通效果</td></tr>
</table>

圖 9-8　(a)發煙管(引用自網路)；(b)使用發煙管檢點空氣流通效果

9-2-2　風管內風量之測定

　　風管內之風量可使用壓力計、皮氏管壓力計(Pitot Tube)、文氏管壓力計、熱線風速計、熱偶風速計等測定，惟應選擇非擾流位置(Turbulent Flow)測定，不管是圓形風管或矩形風管測點之位置及數目，於施測前應妥為規畫，始能得到代表性之風速及風量。由於氣流速度在風管斷面上的分佈是不均勻的，管中心處流速較大，靠近管壁處比較小，所以在同一斷面上應測若干點，然後取其平均值。

　　皮氏管為最常用而且可靠的量測儀器，可以量測動壓。並由其求得風速值。求得風速平均值之平均值後，再以此值乘以截面積而求得風量。

$$Q(m^3/min) = 60 \times V_a(m/sec) \times A(m^2) \tag{9-6}$$

(一) 矩形風管

　　對於矩形斷面，應將其斷面劃分為若干個接近正方形的面積相等的格子。其斷面積一般不得大於 $0.05m^2$，即邊長一般取 150～200mm，測點位於格子的中心處，如圖 9-9 所示。

　　將風管截面積等分為 16 至 64 等分之等面積方格，每方格寬度小於 15 公分以下，量測各方格中心之風速為代表性之風速。

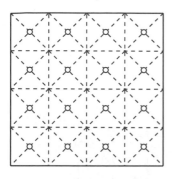

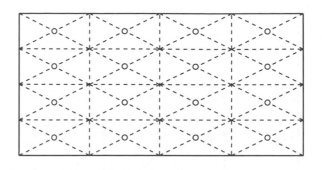

(a) 正方形截面之風管　　　　　　　　　　(b) 矩方形截面之風管

圖 9-9　(a)正方形截面之風管；(b)矩形截面風管測定點佈點圖例

　　正方形截面之風管的量測點之決定與上同。圖 9-10 所示為以皮托管進行導管內動壓之測定實況。

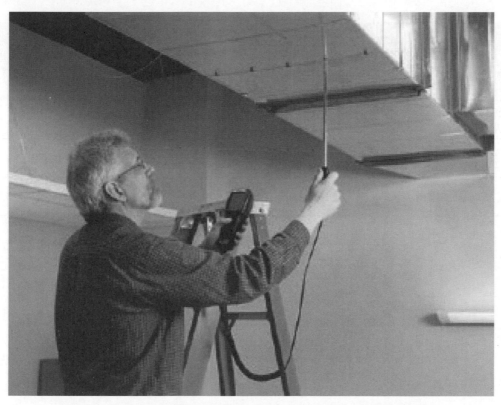

圖 9-10　以皮托管進行導管內動壓之測定實況(引用自網路)

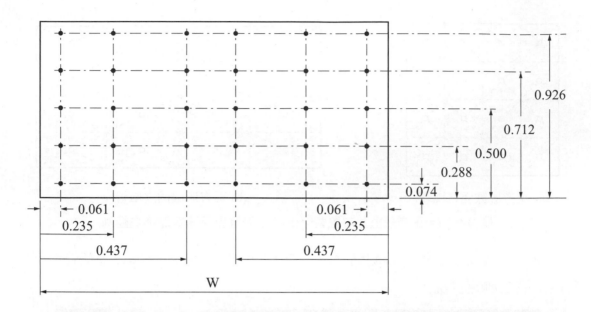

導管截面尺寸 (H、W)	每條測量線上的測點數	測點相對於導管內壁的距離(W 之分率)						
		1	2	3	4	5	6	7
45.72 cm < H 或 W < 76.2 cm	5	0.074	0.288	0.500	0.712	0.926	–	–
76.2 cm < H 或 W < 91.44 cm	6	0.061	0.235	0.437	0.563	0.765	0.939	–
H 或 W > 91.44 cm	7	0.053	0.203	0.366	0.500	0.634	0.797	0.947

圖 9-11　矩形截面風管內風速測點之 Log-Tchebycheff 佈點方式

(二) 圓形風管

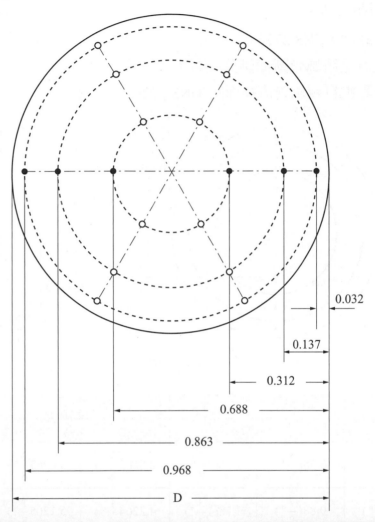

圖 9-12　圓形截面風管內風速測點之 Log-Tchebycheff 佈點方式

每條測量線上的測點數	測點相對於導管內壁的距離(D 之分率)									
	1	2	3	4	5	6	7	8	9	10
4	0.043	0.290	0.710	0.957						
6	0.032	0.135	0.321	0.679	0.865	0.968				
8	0.021	0.117	0.184	0.345	0.655	0.816	0.883	0.979		
10	0.019	0.077	0.153	0.217	0.361	0.639	0.783	0.847	0.923	0.981

　　圖 9.12 是按照 ISO 3966 算數計算法之圓形截面風管內風速測點之 Log-Tchebycheff 佈點方式。

　　對於圓形斷面，CNS 2726 的作法如圖 9.13 所示，測點的位置係按等截面分環法確定，也就是將風管斷面劃分成若干個面積相等的同心圓環，每個圓環測四個點。測定點數目視風管直徑而定(CNS 2726)，見表 9-2。

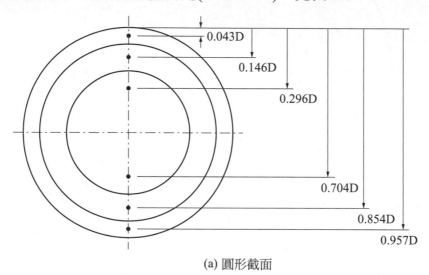

(a) 圓形截面

	1	2	3	4	5	6
	0.043D	0.146D	0.296D	0.704D	0.854D	0.957D
4"	$0.17(\frac{1}{8}")$	$0.58(\frac{5}{8}")$	$1.18(1\frac{1}{8}")$	$2.82(2\frac{7}{8}")$	$3.42(3\frac{3}{8}")$	$3.83(3\frac{7}{8}")$
6"	$0.26(\frac{1}{4}")$	$0.88(\frac{7}{8}")$	$1.78(1\frac{3}{4}")$	$4.22(4\frac{1}{4}")$	$5.12(5\frac{1}{8}")$	$5.74(5\frac{3}{4}")$
8"	$0.34(\frac{3}{8}")$	$1.17(1\frac{1}{8}")$	$2.37(2\frac{3}{8}")$	$5.63(5\frac{5}{8}")$	$6.83(6\frac{7}{8}")$	$7.66(7\frac{5}{8}")$

圖 9-13　CNS 2726 圓形斷面風管，管壁至同心圓之中心六個風速量測點的距離

表 9-2　圓形風管之測點數

圓形風管直徑(mm)	< 200	200～400	400～600	600～800	800～1,000	> 1,000
圓環數(個)	3	4	5	6	8	10
測點數(個)	12	16	20	24	32	40

如圖 9.13 所示，可將其劃分成 n 個等面積的同心圓環，測點則定於 n 等分圓環截面的中心線與管直徑的交點處。

令各同心圓相對圓心的距離為 R_i(i 為同心圓環序號)，導管半徑為 R，圓環截面積為 A_i，則：

$$A_1 = A_2 = \cdots = A_n = \frac{\pi R^2}{n}$$

由圖可知：

$$\pi R_i^2 + \frac{A_i}{2} = i \frac{\pi R^2}{n}$$

$$\pi R_i^2 + \frac{\pi R^2}{2n} = i \frac{\pi R^2}{n}$$

$$2n\pi R_i^2 + \pi R^2 = 2i\pi R^2$$

$$2nR_i^2 = 2iR^2 - R^2$$

$$R_i = R\sqrt{\frac{2i-1}{2n}} = \frac{D}{2}\sqrt{\frac{2i-1}{2n}}$$

若以管壁作為基準，測點離管壁的距離 X_i 為：

$$X_i = R - R_i = R[1 - \sqrt{\frac{2i-1}{2n}}] = \frac{D}{2}[1 - \sqrt{\frac{2i-1}{2n}}]$$

式中 R_i：從風管中心至第 i 個測點的距離(mm)；

　　　R：風管半徑(mm)；

　　　i：自風管中心算起的圓環序號；

　　　n：風管劃分的圓環數。

$$Q(m^3/s) = V_a \times A = \frac{\sum_{i=1}^{n} V_i}{n}(m/s) \times \frac{\pi D^2}{4}(m^2) \tag{9-7}$$

$$Q(m^3/min) = 60 \times V_a(m/sec) \times \frac{\pi D^2}{4}(m^2) \tag{9-8}$$

　　由於導管橫切面的氣流並不均勻，ACGIH 是通過測量橫切面中上多個相等面積的量測點的動壓來獲得其平均值。一般而言，其作法是在導管的兩個相互垂直的直徑方向上進行等分，再讀取等面積圓環的中心點之動壓(見圖 9-14(a) 和 9-9-14(b))。除此之外，量測點應選在任何主要空氣干擾來源(如彎頭、氣罩、支管入口等)的下游 7.5 倍管徑以上之位置處。

　　對於 6"以下的圓形導管，至少應有 6 個橫向測點。對於直徑大於 6"的圓形導管，則應至少應有 10 個以上之橫向測點。沿一直徑的橫向測點數量和所需的準確度有關。表 9-3、9-6 和 9-7 中給出了各種導管直徑的六個、十個和二十個的橫向測點。爲了盡可能減少誤差，直徑小於 12"的導管應使用小於標準 5/16"O.D.的皮托管。

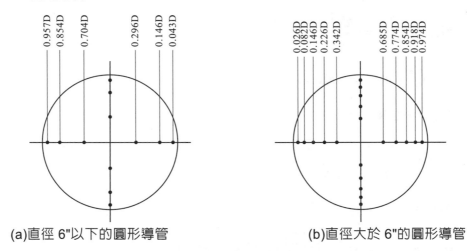

(a)直徑 6"以下的圓形導管　　　　　(b)直徑大於 6"的圓形導管

圖 9-14　(a) 6"以下的圓形導管至少需 6 個橫向測點；
　　　　　(b)直徑大於 6"的圓形導管至少需 10 個橫向測點

表 9-3　圓形風管管壁至動壓量測點的距離(6 個橫向測點時)

導管直徑	R_1 0.043D	R_2 0.146D	R_3 0.296D	R_4 0.704D	R_5 0.854D	R_6 0.957D
3	1/8	1/2	7/8	2 1/8	2 1/2	2 7/8
3 1/2	1/8	1/2	1	2 1/2	3	3 3/8
4	1/8	5/8	1 1/8	2 7/8	3 3/8	3 7/8
4 1/2	1/4	5/8	1 3/8	3 1/8	3 7/8	4 1/4
5	1/4	3/4	1 1/2	3 1/2	4 1/4	4 3/4
5 1/2	1/4	3/4	1 5/8	3 7/8	4 3/4	5 1/4
6	1/4	7/8	1 3/4	4 1/4	5 1/8	5 3/4

表 9-4　圓形風管管壁至動壓量測點的距離(10 個橫向測點時)

DUCTDIA	R₁ 0.026DIA	R₂ 0.082DIA	R₃ 0.146DIA	R₄ 0.226DIA	R₅ 0.342DIA	R₆ 0.658DIA	R₇ 0.774DIA	R₈ 0.854DIA	R₉ 0.918DIA	R₁₀ 0.974DIA
4	1/8	3/8	5/8	7/8	1 3/8	2 5/8	3 1/8	3 3/8	3 5/8	3 7/8
4 1/2	1/8	3/8	5/8	1	1 1/2	3	3 1/2	3 7/8	4 1/8	4 3/8
5	1/8	3/8	3/4	1 1/8	1 3/4	3 1/4	3 7/8	4 1/4	4 5/8	4 7/8
5 1/2	1/8	1/2	3/4	1 1/4	1 7/8	3 5/8	4 1/4	4 3/4	5	5 3/8
6	1/8	1/2	7/8	1 3/8	2	4	4 5/8	5 1/8	5 1/2	5 7/8
7	1/8	5/8	1	1 5/8	2 3/8	4 5/8	5 3/8	6	6 3/8	6 7/8
8	1/4	5/8	1 1/8	1 3/4	2 3/4	5 1/4	6 1/4	6 7/8	7 3/8	7 3/4
9	1/4	3/4	1 1/4	2	3 1/8	5 7/8	7	7 3/4	8 1/4	8 3/4
10	1/4	7/8	1 1/2	2 1/4	3 3/8	6 5/8	7 3/4	8 1/2	9 1/8	9 3/4
11	1/4	7/8	1 5/8	2 1/2	3 3/4	7 1/4	8 1/2	9 3/4	10 1/8	10 3/4
12	3/8	1	1 3/4	2 3/4	4 1/8	7 7/8	9 1/4	10 1/4	11	11 5/8
13	3/8	1	1 7/8	2 7/8	4 1/2	8 1/2	10 1/8	11 1/8	12	12 5/8
14	3/8	1 1/8	2	3 1/8	4 3/4	9 1/4	10 7/8	12	12 7/8	13 5/8
15	3/8	1 1/4	2 1/4	3 3/8	5 1/8	9 7/8	11 5/8	12 3/4	13 3/4	14 5/8
16	3/8	1 1/4	2 3/8	3 5/8	5 1/2	10 1/2	12 3/8	13 5/8	14 3/4	15 5/8
17	1/2	1 3/8	2 1/2	3 7/8	5 3/4	11 1/4	13 1/8	14 1/2	15 5/8	16 1/2
18	1/2	1 1/2	2 5/8	4 1/8	6 1/8	11 7/8	13 7/8	15 3/8	16 1/2	17 1/2
19	1/2	1 1/2	2 3/4	4 1/4	6 1/2	12 1/2	14 3/4	16 1/4	17 1/2	18 1/2
20	1/2	1 5/8	2 7/8	4 1/2	6 7/8	13 1/8	15 1/2	17	18 3/8	19 1/2
22	5/8	1 3/4	3 1/4	5	7 1/2	14 1/2	17	18 3/4	20 1/4	21 3/8
24	5/8	2	3 1/2	5 1/2	8 1/4	15 3/4	18 1/2	20 1/2	22	23 3/8
26	5/8	2 1/8	3 3/4	5 7/8	8 7/8	17 1/8	20 1/8	22 1/4	23 7/8	26 3/8
28	3/4	2 1/4	4 1/8	6 3/8	9 5/8	18 3/8	21 5/8	23 7/8	25 3/4	27 1/4
30	3/4	2 1/2	4 3/8	6 3/4	10 1/4	19 3/4	23 1/4	25 5/8	27 1/2	29 1/4
32	7/8	2 5/8	4 5/8	7 1/4	11	21	24 3/4	27 3/8	29 3/8	31 1/8
34	7/8	2 3/4	5	7 3/4	11 5/8	22 3/8	26 1/4	29	31 1/4	33 1/8
36	1	3	5 1/4	8 1/8	12 3/8	25 5/8	27 7/8	30 3/4	33	35
38	1	3 1/8	5 1/2	8 5/8	13	25	29 3/8	32 1/2	34 7/8	37
40	1	3 1/4	5 7/8	9	13 5/8	26 3/8	31	34 1/8	36 3/4	39
42	1 1/8	3 3/8	6 1/8	9 1/2	14 3/8	27 5/8	32 1/2	35 7/8	38 5/8	40 7/8
44	1 1/8	3 5/8	6 3/8	10	15	29	34	37 5/8	40 3/8	42 7/8
46	1 1/4	3 3/4	6 3/4	10 3/8	15 3/4	30 1/4	35 5/8	39 1/4	42 1/4	44 3/4
48	1 1/4	4	7	10 7/8	16 3/8	31 5/8	37 1/8	41	44	46 3/4

表 9-5　圓形風管管壁至動壓量測點的距離(20 個橫向測點時)

Duct dia	R₁ 0.013D / R₁₁ 0.612D	R₂ 0.039D / R₁₂ 0.694D	R₃ 0.067D / R₁₃ 0.750D	R₄ 0.097D / R₁₄ 0.796D	R₅ 0.129D / R₁₅ 0.835D	R₆ 0.165D / R₁₆ 0.871D	R₇ 0.204D / R₁₇ 0.903D	R₈ 0.250D / R₁₈ 0.933D	R₉ 0.306D / R₁₉ 0.961D	R₁₀ 0.388D / R₂₀ 0.987D
40	1/2	1 1/2	2 5/8	3 7/8	5 1/8	6 5/8	8 1/8	10	12 1/4	15 1/2
	24 1/2	27 3/4	30	31 7/8	33 3/8	24 7/8	36 1/8	37 3/8	38 1/2	39 1/2
42	1/2	1 5/8	2 7/8	4 1/8	5 3/8	6 7/8	8 5/8	10 1/2	12 7/8	16 1/4
	25 3/4	29 1/8	31 1/2	33 3/8	35 1/8	36 5/8	37 7/8	39 1/8	40 3/8	41 1/2
44	1/2	1 3/4	3	4 1/4	5 5/8	7 1/4	9	11	13 1/2	17 1/8
	26 7/8	30 1/2	33	35	36 3/4	38 3/8	39 3/4	41	42 1/4	43 1/2
46	5/8	1 3/4	3 1/8	4 1/2	6	7 5/8	9 3/8	11 1/2	14 1/8	17 7/8
	28 1/8	31 7/8	34 1/2	36 5/8	38 3/8	40	41 1/2	42 7/8	44 1/4	45 3/8
48	5/8	1 7/8	3 1/4	4 5/8	6 1/4	7 7/8	9 3/4	12	14 3/4	18 5/8
	29 3/8	23 1/4	36	38 1/4	40 1/8	41 3/4	43 3/8	44 3/4	46 1/8	47 5/8
50	5/8	2	3 3/8	4 7/8	6 1/2	8 1/4	10 1/4	12 1/2	15 3/8	19 3/8
	30 5/8	34 5/8	37 1/2	39 3/4	41 3/4	43 1/2	45 1/8	46 5/8	48	49 3/8
52	5/8	2	3 1/2	5	6 3/4	8 1/4	10 5/8	13	15 7/8	20 1/8
	31 7/8	36 1/8	39	41 3/8	43 1/2	45 1/4	47	48 1/2	50	51 3/8
54	5/8	2 1/8	3 5/8	5 1/4	7	8 7/8	11	13 1/2	16 1/2	21
	33	37 1/2	40 1/2	43	45 1/8	47	48 3/4	50 3/8	51 7/8	53 3/8
56	3/4	2 1/8	3 3/4	5 3/8	7 1/4	9 1/4	11 3/8	14	17 1/8	21 3/4
	34 1/4	38 7/8	42	44 5/8	46 3/4	48 3/4	50 5/8	52 1/4	53 7/8	55 1/4
58	3/4	2 1/4	3 7/8	5 5/8	7 1/2	9 1/2	11 7/8	14 1/2	17 3/4	22 1/2
	35 1/2	40 1/4	43 1/2	46 1/8	48 1/2	50 1/2	52 3/8	54 1/8	55 3/4	57 1/4
60	3/4	2 3/8	4	5 7/8	7 3/4	9 7/8	12 1/4	15	18 3/8	23 1/4
	36 3/4	41 5/8	45	47 3/4	50 1/8	52 1/4	54 1/8	56	57 5/8	59 1/4
62	3/4	2 3/8	4 1/8	5	8	10 1/4	12 5/8	15 1/2	19	24 1/8
	37 7/8	43	46 1/2	49 3/8	51 3/4	54	56	57 7/8	59 5/8	51 1/4
64	3/4	2 1/2	4 1/4	6 1/4	8 1/4	10 1/2	13 1/8	16	19 5/8	24 7/8
	39 1/8	44 3/8	48	50 7/8	53 1/2	55 3/4	57 3/4	59 3/4	61 1/2	63 1/4
66	7/8	2 5/8	4 3/8	6 3/8	8 1/2	10 7/8	13 1/2	16 1/2	20 1/4	25 5/8
	40 3/8	45 3/4	49 1/2	52 1/2	55 1/8	57 1/2	59 5/8	61 5/8	63 3/8	65 1/8
68	7/8	2 5/8	4 1/2	6 5/8	8 3/4	11 1/4	13 7/8	17	20 7/8	26 3/8
	41 5/8	47 1/8	51	54 1/8	56 3/4	59 1/4	61 3/8	63 1/2	65 3/8	67 1/8
70	7/8	2 3/4	4 3/4	6 3/4	9	11 1/2	14 1/4	17 1/2	21 1/2	27 1/8
	42 7/8	48 1/2	52 1/2	55 3/4	58 1/2	61	63 1/4	65 1/4	67 1/4	69 1/8
72	7/8	2 3/4	4 7/8	7	9 1/4	11 7/8	14 3/4	18	22	28
	44	50	54	57 1/4	60 1/4	62 3/4	65	67 1/8	69 1/4	71 1/8
74	7/8	2 7/8	5	7 1/8	9 1/2	12 1/8	15 1/8	18 1/2	22 5/8	28 3/4
	45 1/4	51 3/8	55 1/2	58 7/8	61 7/8	64 1/2	66 7/8	69	71 1/8	73 1/8
76	1	3	5 1/8	7 3/8	9 7/8	12 1/2	15 1/2	19	23 1/4	29 1/2
	46 1/2	52 3/4	57	60 1/2	63 1/2	66 1/8	68 5/8	70 7/8	73	75
78	1	3	5 1/4	7 1/2	10 1/8	12 7/8	15 7/8	19 1/2	23 7/8	30 1/4
	47 3/4	54 1/8	58 1/2	62 1/8	65 1/8	67 7/8	70 1/2	72 3/4	75	77
80	1	3 1/4	5 3/8	7 3/4	10 3/8	13 1/8	16 3/8	20	24 1/2	31
	49	55 1/2	60	63 5/8	66 7/8	69 5/8	72 1/4	74 5/8	74 7/8	79

例題 9-2

一矩形風管大小如下圖所示，實施定期自動檢查時於測定孔位置測得之動壓分別爲：

16.24mmH$_2$O，16.32mmH$_2$O，16.32mmH$_2$O，16.12mmH$_2$O，

16.00mmH$_2$O，16.08mmH$_2$O，16.40mmH$_2$O，16.81mmH$_2$O，

16.24mmH$_2$O，16.32mmH$_2$O，16.32mmH$_2$O，16.12mmH$_2$O，

16.00mmH$_2$O，16.08mmH$_2$O，16.40mmH$_2$O，16.81mmH$_2$O，

試計算其輸送之風量爲多少(m^3/min)？

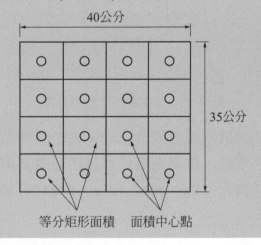

等分矩形面積　面積中心點

解

$\because V(m/s) = 4.04\sqrt{P_v}$

$\therefore V_1(m/s) = 4.04\sqrt{16.24} = 16.24$，$V_2 = 16.28$，$V_3 = 16.28$，$V_4 = 16.18$，

$V_5 = 16.12$，$V_6 = 16.16$，$V_7 = 16.32$，$V_8 = 16.52$，$V_9 = 16.24$，$V_10 = 16.28$，

$V_{11} = 16.28$，$V_{12} = 16.18$，$V_{13} = 16.12$，$V_{14} = 16.16$，$V_{15} = 16.32$，$V_{16} = 16.52$

$$V_a(m/s) = \frac{\sum_{i=1}^{n} V_i}{n} = \frac{16.24 + 16.28 + \cdots + 16.52}{16} = 16.26(m/s)$$

$Q = 60 \times A(m^2) \times V(m/s) = 60 \times (0.4 \times 0.35) \times 16.26 = 136.6(m^3/min)$

故其輸送之風量爲 136.6(m^3/min)

測定截面位置的選擇：

測定截面應選擇在氣流比較均勻穩定的直管段上，同時應距離局部構件有一定的距離。根據氣流流向，可選在局部構件後 4～5 倍直徑(d)，以及在局部構件前 1.5～2 倍直徑(或矩形風管長邊尺寸 a)的直管段上。如圖 9-15 所示。

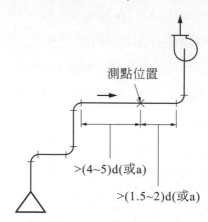

測點位置

>(4~5)d(或a)

>(1.5~2)d(或a)

圖 9-15　測定截面位置的選擇

當遇到某些測點的讀數出現零或負值時，表示該測點氣流不穩定，產生了渦流，建議計算時均按零計，但測點數仍應包括在內。例如，某截面共測八個點，其動壓值分別為：6Pa、2Pa、5Pa、40Pa、80Pa、120Pa、4Pa、0，則平均動壓為

$$P_{v,avg} = \left[\frac{\sqrt{6} + \sqrt{2} + \cdots + \sqrt{4} + 0}{8} \right]^2 = 18.4 \text{ Pa}$$

當各測點的動壓值相差不大時，可按算術平均值計算之。

9-2-3 進氣口和出風口風量之測定

(一) 直接量測法：

使用氣罩式風量計(如圖 9-16)，包括來自末端過濾器或出風口的所有流出空氣。其測試過程如下：

1. 將氣罩口完全罩住過濾器或出風口，將風罩的正面四周緊貼在一平坦表面上，以避免空氣從旁流出造成不正確的讀數。

2. 測量並記錄過濾器或出風口的風量 L/sec(或 cm^3/min)。

(二) 風速測定法：

1. 將該方形進氣口加以平均等分為方格(每方格寬度須小於 15 公分)。

2. 使用風速計(如熱線風速計)測量各個進氣口方格中心點之風速(V_i)。

3. 將各進氣口方格中心點之風速加總後除以方格數目，即為進氣口之平均風速(V_a)。

4. 使用 $Q(m^3/min) = 60 \times V_a(m/s) \times A(m^2)$ 公式，求得風量。

(三) 壓力測定法：

1. 將該方形進氣口加以平均等分為方格(每方格寬度須小於 15 公分)。

2. 使用皮氏管測量各個進氣口方格中心點之動壓(P_V)。

3. 依 $V = 4.04\sqrt{P_V}$ 公式，可得各個進氣口方格中心點之風速(V_i)。

4. 將各進氣口方格中心點之風速加總後除以方格數目，即為進氣口之平均風速(V_a)。

5. 使用 $Q(m^3/min) = 60 \times V_a(m/s) \times A(m^2)$ 公式，求得風量。

圖 9-16　氣罩式風量計(引用自網路)

9-2-4 控制風速之測定

控制風速之測定可使用熱線風速計、熱偶風速計等測定，惟應經校正，使其具有足夠之精確度及使用之穩定性。

測定時應先以發煙管偵知流線方向，使用具有方向性之風速計垂直於流線測定。包圍型氣罩則將其開控制風速之測定口面分割為 16 個以上之方格，每一方格邊長在 0.15m 以下(如圖 9-17)，各方格中心之速度不得低於 0.4m/s；如為氣態特定化學物質作業控制風速不得低於 0.5m/s；如為粒狀有害物(粉塵、纖維、燻煙、霧滴)不得低於 1m/s。外裝式氣罩則量測發生源離氣罩最遠點之風速。

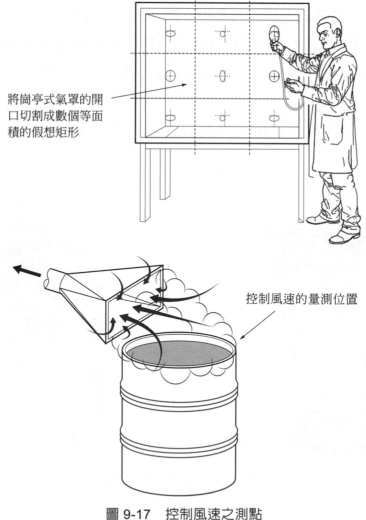

將崗亭式氣罩的開口切割成數個等面積的假想矩形

控制風速的量測位置

圖 9-17　控制風速之測點

9-2-5 測定孔之開設

　　測定孔位置應開設於層流位置之管段，否則其測定結果平均值即不代表任何意義，測定孔平時應以橡皮塞、螺絲栓住或以膠帶彌封，不使漏氣。圖 9-18 為風管測定孔之開設位置示意圖。局部排氣系統測定點位置及測定目的可見表 9-5 之說明。

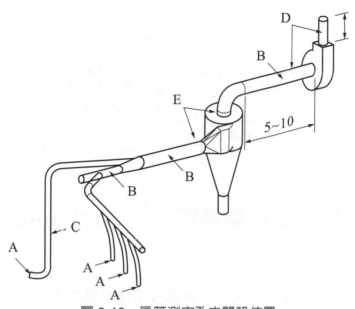

圖 9-18　風管測定孔之開設位置

表 9-6　局部排氣系統測定點位置(對照圖 9-18)及測定目的

測定點	測定	測定位置	測定目的
A	氣罩靜壓	坦坡形氣罩在離氣罩與導管之接點一倍直徑處；其他氣罩在離接點三倍直徑處。	1.估計風量 $C_e = \dfrac{Q_{ideal}}{Q_{actual}} = \sqrt{\dfrac{P_v}{\vert P_{s,h}\vert}} = \sqrt{\dfrac{1}{1+F_h}}$ $Q = 4.04 C_e A \sqrt{\vert P_{s,h}\vert}$ 2.檢查氣罩及系統之操作情形。
B	風速及靜壓	從肘管、支管等具攪動位置以下約 7.5 倍管徑處。	1. 輸送風速。 2. 排氣量：$Q = VA$。 3. 圓形導管測靜壓。
C	導管中心之動壓	同上；只讀取導管中心線風速。	

表 9-6　局部排氣系統測定點位置(對照圖 9-18)及測定目的 (續)

測定點	測定	測定位置	測定目的
D	靜壓、動壓全壓	在風機入口及出口，每一位置讀取三者中之任兩個。	1. 風機靜壓及全壓。 $FSP = P_{so} - P_{si} - P_{vi}$ $FTP = P_{so} - P_{si} + P_{vo} - P_{vi}$ 2. 馬達能力之大小或風量： $$BHP = \frac{Q \times FTP}{6{,}120 \times \eta (\text{M.E. of fan})} \ (kW)$$ 3. 以 P_s 作為系統檢查點。
E	靜壓	空氣清淨裝置之入口和出口之靜壓差	1. 與正常操作時之壓降比較。 2. 做為維護之測定點： 讀數高於或低於正常值表示阻塞、損壞及需清理。
其他尚有控制風速及氣罩面之平均風速需測定。			

9-3 整體換氣之換氣率(Air Exchange rate)量測方法

　　流經一房間或建築物的氣流量之多寡可用追蹤氣體法(tracer gas methods)量測之，所謂追蹤氣體量測是將追蹤氣體注入待測空間中，再針對其逸散速率、濃度增加或減少、分佈狀態、進氣量等進行測量，能清楚了解室內氣流與通風狀況或氣罩之捕集效率。

　　追蹤氣體的釋放有下列幾個方式：

1. 由空調之空氣入口處統一釋放。
2. 轉動空間內之風扇，追蹤氣體發生源置於扇後釋放。
3. 工作人員手持採樣袋(內含追蹤氣體)，在空間中走動並擠壓採樣袋。
4. 經由特定之釋放器釋放。

　　一般追蹤氣體的的量測方式可分成換氣率量測法(Air Change Rate measurement)與空氣年齡量測法(Age of Air measurement)，分別說明如下：

一、換氣率量測法

換氣率量測法又有三種：濃度－衰減法(Concentration-decay method)、定量釋放法 (Constant-emission method) 以及等濃度法 (Constant-concentration method)，此三法皆是連續方程式(Continuity equation)之應用，即：

室內追蹤氣體之改變量=進入室內之追蹤氣體量－離開室內之追蹤氣體量

$$V\frac{dC}{dt} = F(t) + Q(t) \times C_{oa} - Q(t) \times C(t) \tag{9-9}$$

其中 V：室內氣積(m^3)

C：室內空氣中追蹤氣體之濃度(m^3/m^3)

t：時間(hr)

F：釋入室內之追蹤氣體速率(m^3/hr)

C_{oa}：室外空氣中追蹤氣體之濃度(m^3/m^3)

Q：流經室內之氣流量(m^3/hr)

(9-10)可改寫成

$$Q(t) = \frac{F(t) - V\dfrac{dC}{dt}}{C(t) - C_{oa}} (m^3\ /\ hr) \tag{9-10}$$

欲計算換氣率(ACH)，可將流經室內空氣之氣流量除以房間之氣積即可獲得。

(一) 濃度－衰減法

適用於欲量測一短時間內之換氣速率時。將少量之追蹤氣體釋入一待測空間內，且將之與室內空氣完全混合(可用大型風扇)，而後將追蹤氣體源關掉，並測量其在室內之濃度衰減情形。為確定在某一特定時間時，室內任一點之氣體濃度皆一樣，在測定時段內保持大型風扇持續運轉。假設在量測時段內無追蹤氣體再被釋出且換氣量固定，則室內追蹤氣體之濃度會隨著時間呈指數衰減，若以自然對數之圖形表之，則可得一直線，且其換氣速率為其斜率：

$$ACH = \frac{\ln C(0) - \ln C(t_1)}{t_1} \tag{9-11}$$

其中 C(0)：t = 0 時之氣體濃度(m^3/m^3)

C(t_1)：t = t_1 時之氣體濃度(m^3/m^3)

t_1：量測時間(hr)

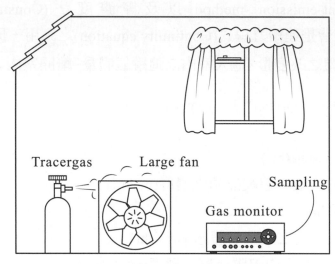

圖 9-19　濃度衰減法示意圖

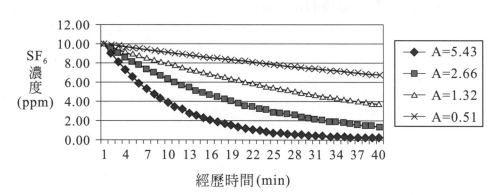

圖 9-20　濃度衰減法追蹤氣體濃度隨時間之變化關係

例題 9-3

使用追蹤氣體 SF_6 測量一作業環境的每小時換氣量。若在 $t = 0$ 時施放 SF_6 於該室內，並以風扇使之完全混合，然後在三個時間點分別測得 SF_6 濃度如下：

t, min	C(t), ppm
15	12
30	6
45	3

若該室內環境之氣積為 $60 \ m^3$，請估算該室內環境之每小時換氣量。

解

首先計算 SF_6 濃度之自然對數值：

將 $\ln C(t)$ 對 t 繪圖，得一直線，直線之斜率為：

$$ACH = \frac{2.48 - 1.10}{\dfrac{45 - 15}{60}} = 2.76 \ hr^{-1}$$

$V = 60 \ m^3$

$Q = ACH \times V = 2.76 \times 60 = 165.6 \ m^3/hr$

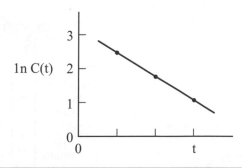

(二) 等追蹤氣體釋放率(或稱定量釋放法)

此法適用於單一區域間之長時間之連續換氣速率測定。也用適用於通風管道內氣流量的量測。當使用此法進行量測時，追蹤氣體定速定量釋放於空間中，則追蹤氣體每單位時間內供給量相同，量測單位時間內之濃度值，並計算供給量與室內濃度之差值便為單位時間內之換氣量。顧名思義，在整個量測時段內，追蹤氣體以固定速率釋出，此意味著換氣量與室內追蹤氣體的濃度皆維持一定，因此換氣速率：

$$\text{ACH} = \frac{G}{V \times C} \, (\text{hr}^{-1}) \tag{9-12}$$

其中 G：追蹤氣體釋放率

在量測時段內，若換氣量或追蹤氣體釋放速率任何一個有改變，則應使用連續方程式求其換氣速率。就如同濃度衰減法一樣，追蹤氣體在任一時間時在任一處之濃度應相同，因此，需以一大型風扇使室內空氣充分混合。另外，還需以一流量計用以量度釋入房間之追蹤氣體流量。由於追蹤氣體是連續釋出，因此需特別注意的是其成本及使用量。所以選用一對較價廉的氣體有較低之偵測下限之氣體監測器是非常重要的。

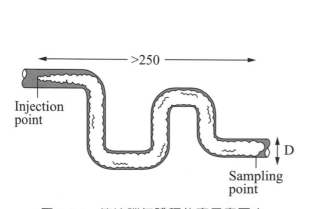

圖 9-21　等追蹤氣體釋效率示意圖之一

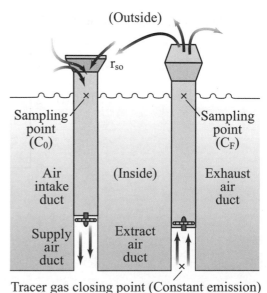

圖 9-22　等追蹤氣體釋效率示意圖之二

(三) 定濃度法

此種方法主要使用在一個或多個空間中之連續換氣率量測。當使用定濃度法進行量測時，其追蹤氣體是利用多點氣體釋放控制儀進行量測，為了保持固定濃度，需將實測值傳送至控制追蹤氣體釋放量之儀器，同時並需使用風扇以幫助追蹤氣體與室內空氣混合；但在多數的案例中，每個區域中的空氣並不需要充分的混合。但如同定量釋放法般需考量其追蹤氣體之消耗量。

$$N = \frac{G(t)}{V \times C}(hr^{-1}) \qquad\qquad (9\text{-}13)$$

其中 G(t)：追蹤氣體釋放率

二、空氣年齡量測法

此類換氣率量測法又分為三種：(1)脈衝注射法；(2)濃度階升法；(3)濃度衰減法。

(一) 脈衝注射法

短時間內注射一少而定量之追蹤氣體，並進行室內與出口處之採樣點量測，此法最大的優點為可以最少的追蹤氣體進行快速量測，但因很難維持室內固定混合狀態的濃度而將影響量測結果。

(二) 濃度階升法

連續地注射定量之追蹤氣體於入口處釋放，如此進入室內空間之氣體便被「標示」，量測室內追蹤氣體濃度增長之狀態，其計算原理如同濃度衰減法，唯其不同點乃必須將釋放量扣除量測值以計算之，使用此法的優點為當室內空氣無法完全混合時，如飛機場、大賣場等空間。

(三) 濃度衰減法

當注射之追蹤氣體濃度達平衡時，即停止注射追蹤氣體，任其濃度遞減。此法之實驗程序如濃度衰減法換氣量量測之步驟，量測結果如圖 9-23。

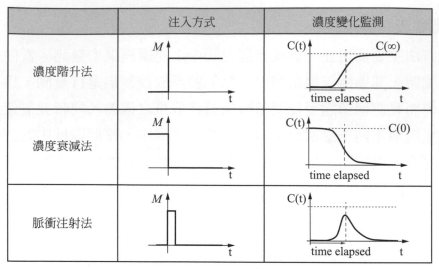

	注入方式	濃度變化監測
濃度階升法		
濃度衰減法		
脈衝注射法		

圖 9-23　空氣年齡量測法追蹤氣體濃度隨時間之變化關係

利用上述三種方法測量並記錄追蹤氣體濃度對時間函數之關係，可求得空氣年齡，進而推得室內之氣流型態(flow pattern)，以評估空氣的新鮮程度在空間中不同地點之差異。

為達到方便追蹤與量測並考慮操作人員的安全，追蹤氣體應具備下列特性：

1. 與空氣相似之密度。

2. 測試空間外環境中不常存在。

3. 不具毒性、不具爆炸性、不具可燃性。

4. 不易被其他物質吸收或吸附。

5. 偵測與量測容易。

6. 可靠之低濃度量測精度等特性。

ASTM(American Society for Testing and Materials, 美國材料試驗協會) E741- 00(2006) e1 列出可供參考使用之追蹤氣體如表 9-6，而上述追蹤氣體宜具備之特性經評估幾乎沒有一種氣體可滿足所有條件，一般常使用的追蹤氣體包括 SF_6 與 CO_2。SF_6 作為追蹤氣體的特性為價格高，但其背景濃度幾乎為零，因此具有消耗量小，不易受干擾的特性；而 CO_2 則具有損害性最小的特性，除此之外有研究曾以 N_2O、CO_2 與 SF_6 作為追蹤氣體，結果發現測得之空間平均空氣年齡並無顯著的差異。

表 9-7 一般常用追蹤氣體與偵測範圍

追蹤氣體	分子量	沸點 (°C)	密度 (15°C) (kg/m³)	分析方法	偵測範圍 (ppm)	背景濃度 (ppm)	容許濃度 (ppm)
二氧化碳 CO_2	44	−56.6	1.98	IR	0.05～2,000	300～400	5,000
氧化亞氮 N_2O	44	−88.5	1.85	IR	0.05～2,000	0.03	25
六氟化硫 SF_6	146	−50.8	6.18	IR	0.05～2,000		1,000
				GC-ECD	2×10^{-5}～0.5		
氟硫化物 PFTs	200～400	57.0	−	GC-ECD	10^{-8}		

◎例題 9-4

一個工人吸進 $500cm^3$ 的有害氣膠，內含 25mg 的微粒。以儀器測得微粒粒徑是 $0.45\mu m$，密度是 $1.12g/cm^3$，請計算這個工人吸入有害氣膠的微粒數和有害氣膠的微粒質量濃度。

解

(1) 該工人吸入之有害氣膠的總體積

$$V = \frac{25 \times 10^{-3}(g)}{1.12(g/cm^3)} = 0.0223cm^3$$

因為微粒之粒徑為 $0.45\mu m$，所以每一微粒之體積為：

$$\nu = \frac{4\pi r^3}{3} = \frac{4\pi \left(\dfrac{0.45 \times 10^{-4}}{2}\right)^3}{3} = 4.77 \times 10^{-14} cm^3$$

吸入有害氣膠的微粒數

$$N = \frac{V}{\nu} = \frac{0.0223cm^3}{4.77 \times 10^{-14} cm^3} = 1.47 \times 10^{12}$$

(2) 有害氣膠的微粒質量濃度

$$C = \frac{25}{500} mg/cm^3 = 0.05mg/cm^3$$

9-4 通風系統之自動檢查

設置之局部排氣裝置等通風換氣裝置應實施檢點、重點檢查及自動檢查以維持其性能。

9-4-1 通風設備之檢點

應每週就設置之局部排氣裝置及整體換氣裝置實施檢點並記錄之。應檢點之項目如下：

(一) 局部排氣裝置：

1. 氣罩是否被移動。
2. 有無環境干擾氣流影響氣罩效率。
3. 氣罩中有否堆積塵埃。
4. 氣罩及導管有無凹凸、破損或腐蝕。
5. 氣罩及導管是否妨礙工作。
6. 有附蓋窗之氣罩是否隨手蓋上蓋窗。
7. 馬達是否有故障。
8. 皮帶是否有滑移或鬆弛。
9. 空氣清淨裝置是否正常。
10. 風量調節板是否在適當位置。

(二) 整體換氣裝置

1. 風機是否故障。
2. 有否新增設備影響空氣流動。
3. 作業場所是否造成正負壓。
4. 風機內外側是否受阻礙。

　　檢點結果採取之必要措施亦應記錄。

9-4-2 局部排氣裝置及吹吸型換氣裝置之重點檢查及定期自動檢查

(一) 設置之局部排氣裝置及吹吸型換氣裝置應於開始使用、拆卸、改裝或修理時，就下列規定項目實施重點檢查(檢查紀錄表如表 9-7)：

1. 導管及排(送)氣機之塵埃聚積狀況。

2. 導管接合部分狀況。

3. 吸氣及排氣能力。

4. 其他保持性能之必要事項。

　　吸管及排氣能力應將各測定點標出，並記錄各測定結果。重點檢查如發現異常時應即加以整補，並依規定記錄及保存三年。

表 9-8　局部排氣裝置及吹吸型換氣裝置重點檢查紀錄表

日期	年　月　日	檢查人員	
處所		檢查方法	
項目		檢查結果	
1. 導管或排氣機之塵埃聚積狀況			
2. 導管接合部分狀況			
3. 吸氣及排氣之能力		(應以另表繪出局部排氣裝置、吹吸型換氣裝置之系統線圖，並標明每一測定位置。氣罩外側應記錄控制風速，導管應記錄風速及風量)	
4. 其他保持性能之必要事項			
備註		(採取之措施)	

註：每一局部排氣裝置及吹吸型換氣裝置於開始使用、拆卸、改裝或修理時均應實施重點檢查。

(二) 局部排氣裝置及吹吸型換氣裝置每年定期實施自動檢查。應檢查之項目為(檢查紀錄表如表 9-8)：

1. 氣罩、導管及排氣機之磨損、腐蝕、凹凸及其他損害之狀況及程度。

2. 導管或排氣機之塵埃聚積狀況。

3. 排氣機之注油潤滑狀況。

4. 導管接合部分之狀況。

5. 連接電動機與排氣機之皮帶之鬆弛狀況。

6. 吸氣及排氣之能力。

7. 設置於排放導管上之採樣設施是否牢固、鏽蝕、損壞、崩塌或其他妨礙作業
   安全事項。

8. 其他保持性能之必要事項。

　　吸氣及排氣之能力應將系統及測定點列出，除記錄自動檢查或測定結果
外，下列事項，無論是重點檢查、定期檢查均應依規定記錄並保存三年。

1. 檢查年、月、日。

2. 檢查方法。

3. 檢查部分。

4. 檢查結果。

5. 檢查人員之姓名。

6. 依據檢查結果應採取之改善措施。

表 9-9　局部排氣裝置及吹吸型換氣裝置定期檢查紀錄表

日期	年　月　日	檢查人員	
處所		方法	
項目		檢查結果	
1. 氣罩及導管之磨損、腐蝕、凹凸及其他損害之狀況及程度			
2. 導管或排氣機之塵埃聚積狀況			
3. 排氣機之注油潤滑狀況			
4. 導管接合部分之狀況			
5. 連接電動機與排氣機之皮帶之鬆弛狀況			
6. 吸氣及排氣之能力		(應以另表繪出局部排氣裝置、吹吸型換氣裝置之系統線圖，並標明每一測定位置。氣罩外側應記錄控制風速，導管應記錄風速及風量，如表 9-9)	
7. 設置於排放導管上之採樣設施是否牢固、鏽蝕、損壞、崩塌或其他妨礙作業安全事項。			
8. 其他保持性能之必要事項			
備註(採取之措施)			

註：1. 局部排氣裝置或吹吸型換氣裝置應依系統分別實施檢查及記錄。
　　2. 每年定期實施自動檢查一次以上。

表 9-10　局部排氣裝置及吹吸型換氣裝置吸氣及排氣能力測定、紀錄表

事業單位名稱：	地　址：
檢查年月：　年　月　日	檢查者：
系統所在之場所：	系統略圖

(1) 氣罩

測定孔	氣罩及導管之狀況(凹凸、缺損、閉塞、應加修繕等情形)	氣罩之吸氣			
		檢查時		設計時	
		靜壓 mmH$_2$O	風量 m^3/min	靜壓 mmH$_2$O	風量 m^3/min
A					
B					
C					
D					
E					
F					
G					

(2) 導管

	導管管徑 cm	靜壓 mmH$_2$O	速度壓 mmH$_2$O	風速 m/s	風量 m^3/min
①					
②					
③					
④					
⑤					
⑥					
⑦					

(3) 空氣清淨裝置

型式		污染物收回量	kg
消耗水量		清淨效率	%
壓力損失	mm 水柱高		
運轉時間	小時		

(4) 排氣機及馬達

	型式	(編號)動力 KW	回轉數 r.p.m	電壓(E)	電流(I)	$EI\phi$ 或 $\sqrt{3}\,EI\phi$	排氣機 效率 η_t 或 η_s
排氣機							
馬達							
測定場所	導管 管徑 cm	靜壓 mmH$_2$O	速度壓 mmH$_2$O	全壓 mmH$_2$O	風量 m^3/min	排氣機全壓 mmH$_2$O	排氣機靜壓 mmH$_2$O
排氣機 吸氣側							
排氣機 排氣側							
五、應注意事項或缺陷							
六、備註：							

9-4-3 自動檢查結果之判斷

由導管系之靜壓測定結果可判斷局部排氣系統之缺陷：

(一) 空氣清淨裝置前後導管靜壓值分別有增大、降低之情形：因空氣清淨裝置部分阻塞，致通過空氣清淨裝置氣流之壓力損失增大，此時空氣清淨裝置應加清理，如圖 9-24。

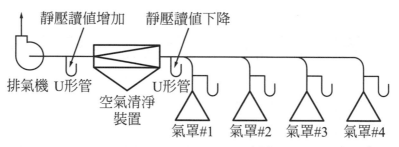

圖 9-24　空氣清淨裝置之一部分阻塞，壓力損失增加故需清除

(二) 空氣清淨裝置前後導管之靜壓均增大情形：因空氣清淨裝置前端之主管堆積粉塵或阻塞，導致主管或支管之壓力損失增大，消除對策為自清潔孔清理導管內蓄積之粉塵等，如圖 9-25。

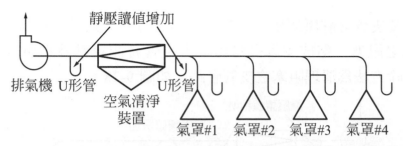

圖 9-25　主導管或歧導管之壓力損失增加：亦即空氣清淨裝置前之主導管中堆積粉塵或異物之故

(三) 空氣清淨裝置前後導管之靜壓值均低下之情形：此情形顯示局部排氣裝置之能力低下，主要原因為漏風所致，而發生漏洩之地點則為排氣機上游接近排氣機之位置，如測定孔被打開或排氣機與導管之接頭鬆脫或破損所致，可將檢點孔、測定孔栓塞、鬆脫或破損之接頭繫牢、修整，如圖 9-26。

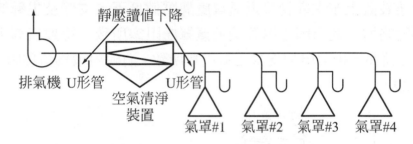

圖 9-26　表示排氣機性能下降：其原因不外是排氣機之檢點孔、測定孔被開啟，亦或是排氣機與導管之接頭脫落

(四) 空氣清淨裝置前後支管之靜壓讀數值略增，部分支管或支管靜壓值低下之情形：此為支管阻塞所致，造成支管無氣流或低氣流，而增加主導管之氣流量，導致主導管各位置氣流量增加，靜壓測值有略為上升情形。消除對策為清理該阻塞之管路，如圖 9-27。

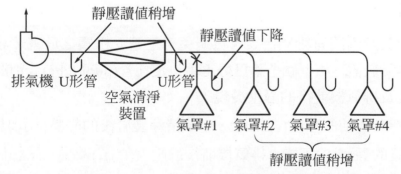

圖 9-27　對左端之支管，其主導管之連接點與測定孔間之某處阻塞

(五) 主導管及支管之靜壓測值均有略為上昇之情形：此為支管測定孔與該支管氣罩間之阻塞，造成支管靜壓值及主導管各測定點靜壓值有略為增大情形。清除方法為清理阻塞之支管管路，如圖 9-28。

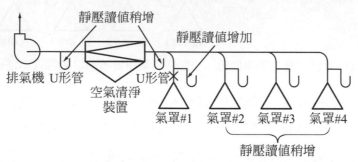

圖 9-28 最左側支管之測定孔與氣罩間之某處阻塞

(六) 空氣清淨裝置上游主導管接近氣罩處靜壓值低下，支管及主導管其他測定點靜壓值略增：此乃因主導管接近氣罩處阻塞所致，導致流經主導管氣罩之氣流量降低，相對增加支管之氣流量所致。消除對策為清理阻塞之管段，如圖 9-29。

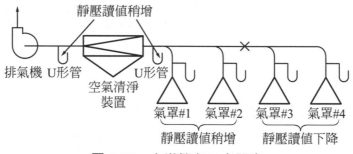

圖 9-29 主導管在 X 處阻塞

◎例題 9-5

　　某公司製造部門有粉塵作業，為避免勞工遭受粉塵之危害，該作業場所設有局部排氣裝置，如下圖，某日勞工甲以皮托管(pitot tube)分別測定空氣清淨裝置前後及排氣機前後的靜壓發現：

(1) 空氣清淨裝置前的靜壓(c_1)降低，空氣清淨裝置後的靜壓(c_2)增加。

(2) 排氣機後的靜壓(f_2)不變，排氣機前後靜壓差(f_2-f_1)減少。試評估該通風系統目前之缺失及應採取之措施。

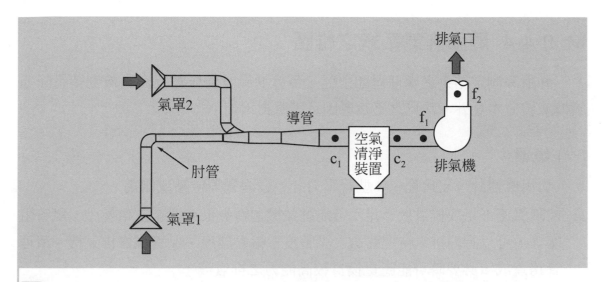

解

該通風系統目前之缺失及應採取之措施：

缺失：

空氣清淨裝置前的靜壓(c_1)降低，空氣清淨裝置後的靜壓(c_2)增加，表示空氣清淨裝置之一部分阻塞，壓力損失增大。

排氣機後的靜壓(f_2)不變，排氣機前後靜壓差(f_2-f_1)減少，表示排氣機可能有動力不足或排氣機前有管路破損發生漏氣的現象。

應採取之措施：

1. 除塵裝置內部堆積塵埃清掃。

2. 濾布式除塵裝置者，檢修濾布破損及安裝部分鬆弛之狀況，排氣機之注油潤滑。

3. 檢修電動機與排氣機之皮帶之鬆弛狀況。

4. 管路查修。

⊘ 9-4-4 局部排氣系統之維護

靜壓等測定結果之處理已如上述，至於通風設備檢點及自動檢查結果除通風換氣裝置本身外，常見之不良原因及因應對策如下：

(一) 氣罩：

利用風速計、皮氏管、U 型管壓力計、發煙管等檢點或測定。

1. 控制風速不足或排氣量不足：可能排氣機迴轉數低或連結皮帶鬆弛、風管阻塞等，可以調高排氣機迴轉數、調整皮帶輪鬆緊度、保養維修排氣機、清理管路達成，必要時可能應更換具較高能力之排氣機。

2. 氣罩與發生源間之距離過遠，或有障礙物阻礙氣罩吸氣氣流之順暢：

   (1) 在不妨礙作業情形下，氣罩應儘量為包圍方式之構造，或接近發生源，如仍無法改善時可於氣罩加裝凸緣，增加吸氣排氣效果。

   (2) 障礙物阻礙空氣排出之順暢時可清除障礙物。

3. 外部氣流影響氣罩吸氣效果：如果是人為的電風扇等所造成之干擾氣流則應移除；機械或開窗、門等原因引起之干擾氣流則應就各別因素消除，必要時裝設導流板或改變氣罩位置或方向以改善。

4. 有害物飛散速度過大無法有效捕集：應改變作業方式或調整氣罩之大小或氣罩加裝凸緣等克服，亦可調整氣罩接受有害物之方向有效捕集。

5. 氣罩型式、大小不符合需求：重行設計、調整。

6. 增加設備，加裝氣罩，致無法達預期效果：重新核算排氣機應具備之能力或馬力數，使其符合要求。

(二) 導管：

1. 管路阻塞：清理除去。

2. 接頭鬆弛：將漏風管段銲接或加裝墊片螺接、破損管段作維修更換。

3. 管路磨耗、凹陷：改用厚度較大或強度較高之導管或以角鋼等補強。

4. 管路腐蝕：改用耐蝕材料。

5. 管路粉塵蓄積無法清除：設置清潔孔處理。

(三) 空氣清淨裝置

1. 過濾式除塵裝置

   (1) 濾袋脫落：整理維修。

   (2) 濾袋或濾布破損：更換。

   (3) 濾布或濾袋阻塞：清理。

   (4) 集塵箱粉塵過量：清理。

   (5) 壓力損失過大：清理。

2. 濕式除塵裝置

   (1) 噴洗或洗滌塔之水量或流量不足：增加流量或調整液面高度。

   (2) 內壁粘附粉塵：清理。

   (3) 腐蝕：更換及維修。

3. 動力沈降室及慣性除塵裝置

   (1) 粉塵堆積過量：清除。

   (2) 排氣未進入二次處理裝置：依需要處理。

4. 離心分離裝置

   (1) 濾塵室堆滿粉塵：清理。

   (2) 管路漏氣：修補。

   (3) 設備磨耗：修理及組件更換。

   (4) 內部不平滑(凹凸)：修整減少逆流。

(四) 排氣機

1. 能力不足：核算需要之輸送風量(Q)及全導管系壓力損失(PR_t)，據以確定應更換之排氣機能力。

2. 材質不符：若有高溫變形或腐蝕，則應依溫度，輸送對象物質特性等選擇適宜型式、材質之排氣機，如含多量粉塵、高溫氣體、腐蝕性氣體等之輸送處理，排氣機及接頭等均應予以特殊考量。

1. Sandberg, m. and m. Sjoberg, The use of moments for assessing air quality in ventilated rooms. Building and Environment, 1983. 18(4): p. 181-197.

2. Sherman, m.H., Walker, Iain S., measured Air Distribution Effectiveness for Residential mechanical Ventilation. HVAC&R RESEARCH, 2009. 15(2): p. 211-229.

3. 黃福全，結合電子通訊技術評估勞工危害之管理研究，行政院勞工委員會勞工安全衛生研究所 100 年度研究計畫，IOSH100-A309。

4. 排放管道中粒狀污染物採樣及其濃度之測定方法，環保署 NIEA A101.75C，中華民國 104 年 7 月 13 日。

5. ASTM E741-00(Reapproved 2006), Standard test method for determining air change in a single zone by means of a tracer gas dilution.

6. The maintenance, examination and testing of local exhaust ventilation, HSG54, HSE Books, 1998.

7. 沼野雄志，局排設計教室，中央勞慟災害防止協會。

8. 中華民國工業安全衛生協會，職業安全衛生管理員訓練教材。

9. 中華民國工業安全衛生協會，職業衛生管理師訓練教材。

10. 中國生產力中心，職業安全衛生管理員訓練教材。

附錄

············

局部排氣系統設計試算表

附錄一 局部排氣系統設計試算表(SI 制)

VELOCITY PRESSURE METHOD CALCULATION SHEET							
Department：_____ Designer：_____ Date：							
1	Duct Segment Identification 管段名稱						
2	Target Volumetric Flow Rate 目標流率		m^3/s				
3	minimum Transport Velocity 最低輸送風速		m/s				
4	maximum Duct Diameter 最大導管直徑		mm				
5	Selected Duct Diameter 選定之導管直徑		mm				
6	Duct Area 導管截面積		m^2				
7	Actual Duct Velocity 實際之導管風速		m/s				
8	Duct Velocity Pressure(VP_d)導管動壓		Pa				
9	Hood Losses / Slots	maximum Slot Area 最大狹縫面積		m^2				
10		Slot Area Selected 選定之狹縫面積		m^2				
11		Slot Velocity 狹縫風速		m/s				
12		Slot Velocity Pressure 狹縫動壓		Pa				
13		Slot Loss Coefficient 狹縫壓損係數						
14		Acceleration Factor 加速因子	(0 or 1)					
15		Slot Loss per VP 狹縫損失換算動壓之倍率	(13 + 14)					
16		Slot Static Pressure 狹縫靜壓	(12 × 15)					
17		Duct Entry Loss Coefficient 導管進入損失係數	(圖 4-9)					
18		Acceleration Factor 加速因子		(1 or 0)				
19		Duct Entry Loss per VP 導管進入損失換算動壓之倍率	(17 + 18)					
20		Duct Entry Loss 導管進入損失	(8 × 19)	Pa				
21		Other Losses 其他損失(如空氣清淨裝置……)		Pa				
22		Hood Static Pressure 氣罩靜壓	(16 + 20 + 21)	Pa				
23	Straight Duct Length 直線導管之總長度		m				
24	Friction Factor(H_f)摩擦損失因子	Eq.(1.26)					
25	Friction Loss per VP 直線導管摩擦損失換算動壓之倍率	(23 × 24)					
26	Number of 90 deg. Elbows 90°肘管數目						
27	Elbow Loss Coefficient 肘管之壓損係數	表 5-3					
28	Elbow Loss per VP 肘管壓損換算動壓之倍率	(26 × 27)					
29	Number of Branch Entries 歧管數目	(1 or 0)					
30	Entry Loss Coefficient 合流導管壓力損失係數						
31	Branch Entry Loss per VP 歧管之壓損換算動壓之倍率	(29 × 30)					
32	Special Fitting Loss Coefficients 特殊管件之壓損係數						
33	Duct Loss per VP 導管壓損換算動壓之倍率	(25 + 28 + 31 + 32)					
34	Duct Loss 導管壓損	(33 × 8)	Pa				
35	Duct Segment Static Pressure Loss 各管件之靜壓損失	(22 + 34)	Pa				
36	Other Losses($VP-VP_r$ etc.)其它壓損		Pa				
37	Cumulative Static Pressure 累積靜壓		Pa				
38	Governing Static Pressure 主導靜壓		Pa				
39	Corrected Volumetric Flow Rate 修正之流率		m^3/s				
40	Corrected Velocity 修正風速		m/s				
41	Corrected Velocity Pressure 修正動壓		Pa				
42	Resultant Velocity Pressure 最終動壓		Pa				

附錄一　局部排氣系統設計試算表(SI 制)(續)

						Temprature _____		Remark：		
						Elevation _____				
						1				
						2	Pertinent Information			
						3				
						4	$Q_{corr} = Q_{design}\sqrt{\dfrac{SP_{gov}}{SP_{duct}}}$			
						5				
						6				
						7				
						8	$VP_r = \dfrac{Q_1}{Q_3}VP_1 + \dfrac{Q_2}{Q_3}VP_2$			
						9				
						10				
						11	Straight Duct Friction Loss			
						12				
						13	$H_f = a\dfrac{V^b}{Q^c}$			
						14				
						15	Duct Material	a	b	c
						16	Galvanized	0.016	0.533	0.612
						17	Black iron, Aluminum, PVC, Stainless steel	0.066	0.465	0.602
						18				
						19	Flexiblc(fabric covered wires)	0.019	0.604	0.639
						20				
						21	Fan Total Pressure			
						22	$FTP = VP_{out} + SP_{out} - SP_{in} - VP_{in}$			
						23				
						24	Branch Entry Loss Coefficients			
						25				
						26	Angle		Loss Coefficients	
						27	15°		0.09	
						28	30°		0.18	
						29	45°		0.28	
						30				
						31	90° Round Elbow Loss Coefficients(5 piece)			
						32				
						33	R/D		Loss Coefficients	
						34	1.5		0.24	
						35	2.0		0.19	
						36	2.5		0.17	
						37	60° elbow = (2/3) loss			
						38	45° elbow = (1/2) loss			
						39	30° elbow = (1/3) loss			
						40				
						41	Adapted from Michigan Industrial Ventilation Conference (8/96)			
						42				

附錄二　局部排氣系統設計試算表(英制)

	VELOCITY PRESSURE METHOD CALCULATION SHEET							
	Department：＿＿＿＿＿　　Designer：＿＿＿＿＿　　Date：							
1	Duct Segment Identification 管段名稱							
2	Target Volumetric Flow Rate 目標流率		cfm					
3	minimum Transport Velocity 最低輸送風速		fpm					
4	maximum Duct Diameter 最大導管直徑		inches					
5	Selected Duct Diameter 選定之導管直徑		inches					
6	Duct Area 導管截面積		ft^2					
7	Actual Duct Velocity 實際之導管風速		fpm					
8	Duct Velocity Pressure(VP$_d$)導管動壓		"H$_2$O					
9	H S maximum Slot Area 最大狹縫面積		ft^2					
10	o l Slot Area Selected 選定之狹縫面積		ft^2					
11	o o Slot Velocity 狹縫風速		fpm					
12	d t Slot Velocity Pressure 狹縫動壓		"H$_2$O					
13	s Slot Loss Coefficient 狹縫壓損係數							
14	L Acceleration Factor 加速因子	(0 or 1)						
15	o Slot Loss per VP 狹縫損失換算動壓之倍率	(13 + 14)						
16	s Slot Static Pressure 狹縫靜壓	(12 × 15)						
17	s Duct Entry Loss Coefficient 導管進入損失係數	(圖 4-9)						
18	e Acceleration Factor 加速因子	(1 or 0)						
19	s Duct Entry Loss per VP 導管進入損失換算動壓之倍率	(17 + 18)						
20	Duct Entry Loss 導管進入損失	(8 × 19)	"H$_2$O					
21	Other Losses 其他損失(如空氣清淨裝置……)		"H$_2$O					
22	Hood Static Pressure 氣罩靜壓	(16 + 20 + 21)	"H$_2$O					
23	Straight Duct Length 直線導管之總長度		ft					
24	Friction Factor(H$_f$)摩擦損失因子	Eq.(1.26)						
25	Friction Loss per VP 直線導管摩擦損失換算動壓之倍率	(23 × 24)						
26	Number of 90 deg. Elbows 90°肘管數目							
27	Elbow Loss Coefficient 肘管之壓損係數	表 5-3						
28	Elbow Loss per VP 肘管壓損換算動壓之倍率	(26 × 27)						
29	Number of Branch Entries 歧管數目	(1 or 0)						
30	Entry Loss Coefficient 合流導管壓力損失係數							
31	Branch Entry Loss per VP 歧管之壓損換算動壓之倍率	(29 × 30)						
32	Special Fitting Loss Coefficients 特殊管件之壓損係數							
33	Duct Loss per VP 導管壓損換算動壓之倍率	(25 + 28 + 31 + 32)						
34	Duct Loss 導管壓損	(33 × 8)	"H$_2$O					
35	Duct Segment Static Pressure Loss 各管件之靜壓損失	(22 + 34)	"H$_2$O					
36	Other Losses(VP-VP$_r$ etc.)其它壓損		"H$_2$O					
37	Cumulative Static Pressure 累積靜壓		"H$_2$O					
38	Governing Static Pressure 主導靜壓		"H$_2$O					
39	Corrected Volumetric Flow Rate 修正之流率		cfm					
40	Corrected Velocity 修正風速		fpm					
41	Corrected Velocity Pressure 修正動壓		"H$_2$O					
42	Resultant Velocity Pressure 最終動壓		"H$_2$O					

附錄二　局部排氣系統設計試算表(英制)(續)

| Temprature | _____ | Remark： |
| Elevation | _____ | |

						1	Pertinent Information		
						2			
						3			
						4	$Q_{corr} = Q_{design}\sqrt{\dfrac{SP_{gov}}{SP_{duct}}}$		
						5			
						6			
						7			
						8	$VP_r = \dfrac{Q_1}{Q_3}VP_1 + \dfrac{Q_2}{Q_3}VP_2$		
						9			
						10			
						11	Straight Duct Friction Loss		
						12	$H_f = a\dfrac{V^b}{Q^c}$		
						13			
						14			
						15	**Duct Material**	**a**	**b**	**c**
						16	Galvanized	0.0307	0.533	0.612
						17	Black iron, Aluminum, PVC, Stainless steel	0.0425	0.465	0.602
						18				
						19	Flexible(fabric covered wires)	0.0311	0.604	0.639
						20				
						21	Fan Total Pressure		
						22	$FTP = VP_{out} + SP_{out} - SP_{in} - VP_{in}$		
						23			
						24	Branch Entry Loss Coefficients		
						25			
						26	**Angle**	**Loss Coefficients**
						27	15°	0.09
						28	30°	0.18
						29	45°	0.28
						30	90° Round Elbow Loss Coefficients(5 piece)	
						31		
						32		
						33	**R/D**	**Loss Coefficients**
						34	1.0	0.37
						35	1.5	0.27
						36	2.0	0.24
						37	60° elbow = (2/3) loss	
						38	45° elbow = (1/2) loss	
						39	30° elbow = (1/3) loss	
						40	Adapted from Michigan Industrial Ventilation Conference (8/96)	
						41		
						42		

附錄三　局部排氣系統設計試算表(公制)

	VELOCITY PRESSURE METHOD CALCULATION SHEET							
	Department：_____　　Designer：_____　　Date：							
1	Duct Segment Identification 管段名稱							
2	Target Volumetric Flow Rate 目標流率			m^3/s				
3	minimum Transport Velocity 最低輸送風速			m/s				
4	maximum Duct Diameter 最大導管直徑			mm				
5	Selected Duct Diameter 選定之導管直徑			mm				
6	Duct Area 導管截面積			m^2				
7	Actual Duct Velocity 實際之導管風速			m/s				
8	Duct Velocity Pressure(VP$_d$)導管動壓			mmH_2O				
9	Hood Losses	Slots	maximum Slot Area 最大狹縫面積		m^2				
10			Slot Area Selected 選定之狹縫面積		m^2				
11			Slot Velocity 狹縫風速		m/s				
12			Slot Velocity Pressure 狹縫動壓		mmH_2O				
13			Slot Loss Coefficient 狹縫壓損係數						
14			Acceleration Factor 加速因子	(0 or 1)					
15			Slot Loss per VP 狹縫損失換算動壓之倍率	(13 + 14)					
16			Slot Static Pressure 狹縫靜壓	(12 × 15)					
17		Duct Entry Loss Coefficient 導管進入損失係數		(圖4-9)					
18		Acceleration Factor 加速因子		(1 or 0)					
19		Duct Entry Loss per VP 導管進入損失換算動壓之倍率		(17 + 18)					
20		Duct Entry Loss 導管進入損失		(8 × 19)	mmH_2O				
21		Other Losses 其他損失(如空氣清淨裝置……)			mmH_2O				
22		Hood Static Pressure 氣罩靜壓		(16 + 20 + 21)	mmH_2O				
23	Straight Duct Length 直線導管之總長度			m				
24	Friction Factor(H$_f$)摩擦損失因子		Eq.(1.26)					
25	Friction Loss per VP 直線導管摩擦損失換算動壓之倍率		(23 × 24)					
26	Number of 90 deg. Elbows 90°肘管數目							
27	Elbow Loss Coefficient 肘管之壓損係數		表5-3					
28	Elbow Loss per VP 肘管壓損換算動壓之倍率		(26 × 27)					
29	Number of Branch Entries 歧管數目		(1 or 0)					
30	Entry Loss Coefficient 合流導管壓力損失係數							
31	Branch Entry Loss per VP 歧管之壓損換算動壓之倍率		(29 × 30)					
32	Special Fitting Loss Coefficients 特殊管件之壓損係數							
33	Duct Loss per VP 導管壓損換算動壓之倍率		(25 + 28 + 31 + 32)					
34	Duct Loss 導管壓損		(33 × 8)	mmH_2O				
35	Duct Segment Static Pressure Loss 各管件之靜壓損失		(22 + 34)	mmH_2O				
36	Other Losses(VP-VP$_r$ etc.)其它壓損			mmH_2O				
37	Cumulative Static Pressure 累積靜壓			mmH_2O				
38	Governing Static Pressure 主導靜壓			mmH_2O				
39	Corrected Volumetric Flow Rate 修正之流率			m^3/s				
40	Corrected Velocity 修正風速			m/s				
41	Corrected Velocity Pressure 修正動壓			mmH_2O				
42	Resultant Velocity Pressure 最終動壓			mmH_2O				

附錄三　局部排氣系統設計試算表(公制)(續)

						Temprature _____	Remark：	
						Elevation _____		
						1		
						2	Pertinent Information	
						3		
						4		
						5	$Q_{corr} = Q_{design} \sqrt{\dfrac{SP_{gov}}{SP_{duct}}}$	
						6		
						7		
						8		
						9	$VP_r = \dfrac{Q_1}{Q_3} VP_1 + \dfrac{Q_2}{Q_3} VP_2$	
						10		
						11	Straight Duct Friction Loss	
						12	$H_f = a \dfrac{V^b}{Q^c}$	
						13		
						14		

Duct Material	a	b	c
Galvanized	0.016	0.533	0.612
Black iron, Aluminum, PVC, Stainless steel	0.066	0.465	0.602
Flexible(fabric covered wires)	0.019	0.604	0.639

Fan Total Pressure
$FTP = VP_{out} + SP_{out} - SP_{in} - VP_{in}$

Branch Entry Loss Coefficients

Angle	Loss Coefficients
15°	0.09
30°	0.18
45°	0.28

90° Round Elbow Loss Coefficients(5 piece)

R/D	Loss Coefficients
1.5	0.42
2.0	0.19
2.5	0.17

60° elbow = (2/3) loss
45° elbow = (1/2) loss
30° elbow = (1/3) loss

Adapted from Michigan Industrial
Ventilation Conference (8/96)

得　分

工業通風
學後評量
CH01　通風基本原理

班級：
學號：
姓名：

1 一玻璃壓力計(U 形管，如圖所示)連接至導管管壁，其內所裝工作流體為水。則 U 形管中之水位應為下圖(a)、(b)中之何者？試解釋之。若氣流之流動方向相反，則 U 形管中之水位又應為下圖(a)、(b)中之何者？

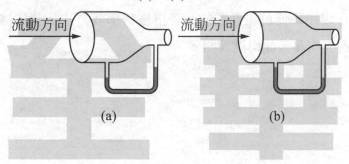

2 一種工業液體含 50% heptane，30% methyl chloroform，20% tetrachloroethylene，其中個別成分的 TLV 分別是 heptane：1,640 mg/m^3，methyl chloroform：1,910 mg/m^3，tetrachloroethylene：170 mg/m^3，請問這個混合液在 25℃、一大氣壓狀況下的 TLV 是多少 ppm？

3 若淨重 0.5 公斤氯氣瓶摔落至地面後裂開，實驗室為一密閉空間，尺寸大小為 12 公尺× 10 公尺× 5 公尺，試問在一大氣壓、溫度為攝氏 25 度時之氯氣濃度為多少 ppm？

4 常用的工作場所降低員工暴露的改善措施有那些方式？請依據職業衛生的基本理念排定優先次序，並舉例說明。

5 某局部排氣系統吸氣側之某段突擴管如下圖所示：

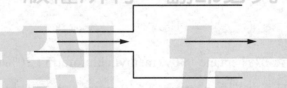

(1) 試描繪出其全壓(P_t)、靜壓(P_s)及動壓(P_v)之分布圖。

(2) 請說明繪製前述分布圖之基本概念。

6　圓形風管之空氣流量為 $10m^3/s$，由直徑 0.5m 突擴(sudden expansion)進入直徑 0.75m，試計算突擴造成的壓力差。若計算結果壓力為上升，試解釋為何在有摩擦損失的情況下壓力會上升？

(參考突擴管之損失係數圖；註：空氣之密度 $1.23kg/m^3$)

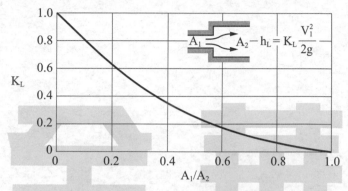

附圖1：突擴管的損失係數圖

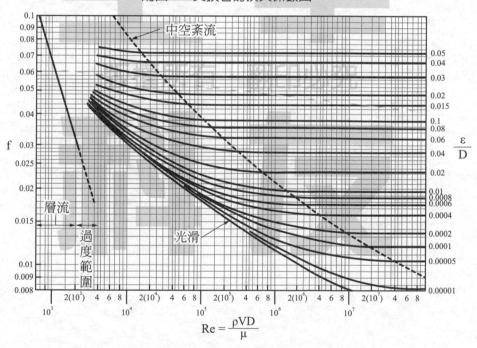

附圖2：圓管的摩擦因子圖(Moody chart for friction factor)

（請沿虛線線撕下）

得　分

工業通風

學後評量

CH02　整體換氣(General Ventilation)

班級：

學號：

姓名：

1　針對一般中央空調系統 60 公分 × 60 公分之進氣口(air supply)，其風量之測定有 2 種方式，請簡述之。

2　請就「粉塵危害預防標準」中對特定粉塵發生源設置局部排氣裝置時的規定說明之。

3　某局部排氣裝置之氣罩是否切合適用，應如何判定，如判定為不適用，則其主要肇因可能有哪些？且其可行之因應對策又是如何？

4 利用內徑為 10mm 的薄壁採樣管進行煙道粒狀物採樣，採樣流量為 8.0L/min，
若微粒粒徑為 20 微米，密度為 5.0g/cm^3，煙道內空氣流速為 10 m/sec，

(1) 試問同軸(iso-axial)時採樣效率(採樣管內外濃度比)為何？

(2) 若採樣管與煙道氣體流向呈 60 度時採樣效率又為何？

(假設黏滯係數為 1.81×10^{-4}dyn・sec/cm^2)

5 於某一風管的入口持續釋放 5×10^{-4} CFM 的示蹤氣體(detection agent gas)。假設
示蹤氣體於風管中與空氣完全混合。於風管的出口處量得示蹤氣體的濃度為
150 ppb，試求風管中的空氣流量為多少 CFM？

6 (1) 某工廠廠房長 10 公尺、寬 6 公尺、高 4 公尺，使用甲苯(第二種有機溶劑)從
事產品之清洗與擦拭，若未裝設整體換氣裝置，則其容許消費量為每小時多
少公克？(請列出計算過程)

(2) 某一室內作業場所，若每小時甲苯之消費量為 0.5 公斤，欲使用整體換氣裝
置以避免該作業環境中甲苯之濃度超過容許濃度，試問其換氣量需多少
m^3/min？(甲苯之分子量為 92；八小時日時量平均容許濃度為 100ppm；設克
分子體積為 24.45 L)

7 某作業場所體積爲 Vm^3，通風換氣率爲 $Q(m^3/min)$，內僅有 A 有害物，其逸散率爲 $G(mg/min)$，假設該場所在 $t0(min)$ 時，現場空氣中 A 有害物之濃度爲 $C_0(mg/m^3)$：

(1) 試證明該場所在 $t(min)$ 時之濃度 $C(t)(mg/m^3)$，可以下式表示之：

$$C(t) = \frac{1}{Q}\left\{G - [(G - QC_o)e^{-\frac{Q}{V}(t-t_0)}]\right\}$$

(2) 在推導前面公式時，其主要假設爲何？

(3) 試證明當 $t_0 = 0min$ 時，$C_0 = 0mg/m^3$，則 $C(t)$ 可以下式表示之：

$$C(t) = \frac{G}{Q}(1 - e^{-\frac{Q}{V}t})$$

(4) 上式中 Q/V 之物理意義爲何？其與 $C(t)$ 有何關係？

8 下列各情境，何者可使用整體換氣即可(A)，何者應使用局部排氣(B)？請依序作答。(10 分，本題各小項均爲單選，答題方式如：(1)A、(2)B……)

(1) 工作場所的區域大，不是隔離的空間。

(2) 在一隔離的工作場所或有限的工作範圍。

(3) 有害物的毒性高或爲放射性物質。

(4) 有害物產生量少且毒性相當低，允許其散布在作業環境空氣中。

(5) 有害物發生源分布區域大，且不易設置氣罩時。

(6) 有害物進入空氣中的速率快，且無規律。

(7) 有害物進入空氣中的速率相當慢，且較有規律。

(8) 含有害物的空氣產生量不超過通風用空氣量。

(9) 產生大量有害物的工作場所。

(10) 工作者與有害物發生源距離足夠遠，使得工作者暴露濃度不致超過容許濃度標準。

得　分	工業通風	班級：
	學後評量	學號：
	CH03　局部排氣系統概論	姓名：

1 假設風扇轉速不變，氣罩(hood)入口有無加設凸緣(flange)會如何影響管道內總壓、動壓與靜壓？(請詳細說明原因)

2 (1) 使用氣罩的時機為何？

(2) 完整氣罩包含哪些配備？

(3) 良好的氣罩設計，在安全方面應有哪些考慮？

3 (1) 依粉塵危害預防標準規定，雇主設置之局部排氣裝置，有關氣罩、導管、排氣機及排氣口之規定，分別為何？

(2) 前項 4 種裝置中，哪一種有例外排除之規定？

4 試述局部排氣裝置之優缺點及常用的不同氣罩型式。

---

5 有毒，污染氣體或粉塵的工作場所必須排氣換氣以確保空氣品質低於容許暴露值(permissible exposure level，PEL)，請問：

(1) 什麼是吸拉式(pull type)和呼推式(push type)？

(2) 設計通風管道時，為何必須採行吸拉式(pull type)而不能呼推式(push type)？

得　分

全華圖書（版權所有，翻印必究）

工業通風
學後評量
CH04　氣罩設計

班級：
學號：
姓名：

---

1 下圖為一自由懸吊式氣罩(free hanging hood)，其氣罩開口直徑為 D 公尺，若想要在距氣罩軸心線 P 點處得一控制風速(capture velocity)為 v 米/秒，則本氣罩所需排風量應為多少立方公尺/分？

(設氣罩開口面中心點到 P 點的距離為 X 公尺，又 X = 1.1D)。

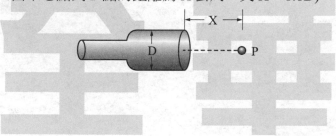

2 一酸洗槽(尺寸如圖)，其上方有一吊車運送物件。欲在其上方設一懸吊型氣罩(canopy)(離槽體高 0.5m 處)，問要達到槽的四周控制風速為 1m/sec 時，所需要的排氣量 Q(單位：m³/min)。並說明此種氣罩設計之缺點。

(提示：Q = 1.4PvH)

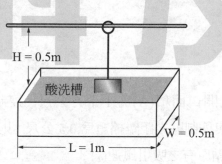

3. 高吊式圓形氣罩大小與高溫排放源特性有關。請說明抽氣量計算過程及所需參數。

D_s：熱源直徑。

D_h：上升煙流於氣罩入口處之直徑。

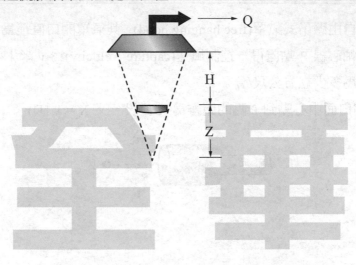

4. 有一圓形外部氣罩，直徑 20cm，假設廢氣在氣罩之捕捉速度為 0.5m/sec，擬將離氣罩面 0.3m 處(沿氣罩面軸線)之污染物吸入，請問此氣罩之最小風量為若干 m³/sec？如氣罩四周裝有凸緣，則吸氣量至少為若干 m³/sec？

5. 某一外裝型氣罩之開口面積(A)為 1 平方公尺，控制點與開口距離(X)為 1 公尺。今將氣罩開口與控制點之距離縮短為 0.5 公尺，則風量(Q)可減為原來之幾倍時，仍可維持控制點原有之吸引風速(v)？

(參考公式 $Q = v(10X^2 + A)$)(請列出計算過程)

6 某汽車車體工廠使用第二種有機溶劑混存物,從事烤漆、調漆、噴漆、加熱、乾燥及硬化作業,若噴漆作業場所設置側邊吸引式外裝氣罩式局部排氣裝置為控制設備,該氣罩的長為 40 公分、寬為 20 公分,距離噴漆點的距離為 20 公分、風速為 0.5 m/s,請問該氣罩應吸引之風量為多少 m³/min?

(請列出計算式,提示:$Q = 60V_c(5r^2 + LW)$)

7 有害物控制設備包括 A.包圍型氣罩、B.外裝型氣罩及 C.吹吸型換氣裝置。
請問下列各圖示分屬上述何者?請依序回答。
(本題各小項均為單選,答題方式如:(1)A、(2)B…)

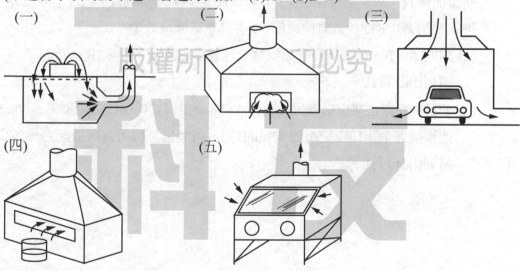

(一)　　　　　　　　　(二)　　　　　　　　　(三)

(四)　　　　　　　　　(五)

8 某鋼鐵廠內有 A、B、C 三座鄰近之相同尺寸長方形熔爐，長及寬分別皆爲 2m 及 1.5 m，熔爐溫度分別爲 800、650、580℃，環境周界平均溫度爲 30℃，在各熔爐上方均有設置懸吊型矩形氣罩，分別與熔爐高度差 0.8、0.65、0.5m，若三座懸吊型矩形氣罩共管連接至同一排氣系統，且互不干擾個別抽氣效率及不考慮共管抽氣壓力損失，請挑選下列適合且正確之公式計算各子題。

公式一：$Q = (W + L)HV$

公式二：$Q = 0.06(LW)^{1.33}(\Delta T)^{0.42}$

公式三：$Q = 0.045(D)^{2.33}(\Delta T)^{0.42}$

公式四：$Q = 1.4PHV$

公式五：$Pwr = \dfrac{Q \times FTP}{6{,}120 \times \eta}$

其中 Q：排氣流率；H：作業面與氣罩開口面之垂直高度差；V：捕捉風速；P：作業面周長；W：氣罩寬度；L：氣罩長度；D：氣罩直徑；ΔT：溫度差；Pwr：排氣扇動力；FTP：排氣扇總壓；η：排氣扇機械效率。

(1) 請問 A、B、C 三座長方形熔爐之理論排氣流率各爲多少 m^3/min？
請列出計算式。

(2) 若排氣系統之排氣扇機械效率爲 0.65，連接排氣扇進口之總壓爲 $-80mmH_2O$，連接排氣扇出口之總壓爲 $45mmH_2O$，請問排氣機所需理論動力爲多少 kW？
請列出計算式。

得　分

工業通風
學後評量
CH05　導管設計

班級：
學號：
姓名：

---

1 有一局部排氣系統，用以捕集製程上研磨作業所產生之粉塵，試運轉時測得導管內某點之全壓為$-8.0mmH_2O$，靜壓為$-12mmH_2O$。

(1) 請計算導管內之空氣平均輸送風速為多少 m/s？

(2) 若此導管為一圓管，導管直徑 20cm，則導管內之空氣流率為多少 m^3/s？

2 某廠房有一正常運作之吸氣導管，請回答下列問題：

(1) 此導管之全壓為正值或負值？

(2) 請指出以下圖示可分別測得全壓、動壓或靜壓。

　　(本題各項均為單選，答題方式如：A =全壓、B =動壓、C =靜壓)

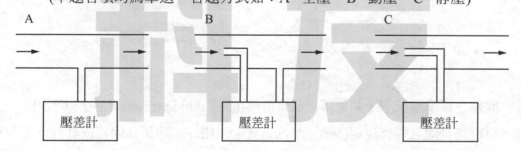

3　根據導管內風扇上下游不同位置測得之空氣壓力(不考慮氣流摩擦損失)，請依題意作答各小題。

風管直徑 5 吋　風扇　　　　　　風管直徑 4 吋

1　2　　　　3　　　4 　→ 空氣流向

位置	空氣壓力(mmH$_2$O)		
	全壓(P$_t$)	靜壓(P$_s$)	速度壓(P$_v$)
1	−7.50	a	+2.50
2	b	−8.10	+2.50
3	+7.40	+4.90	+2.50
4	+8.10	+5.10	c

(1) 請計算 a、b、c 數值。

(2) 請依平均風速計算公式 $v(m/s) = 4.03\sqrt{P_v}$ 計算位置 1 之風量(m^3/hr)。

(3) 請指出上圖那一項數據有誤？並說明理由。

4　假設在標準狀況下，某氣罩之氣罩靜壓(hood static pressure)為−2.5 吋水柱，氣罩靜壓測量處之導管流速(duct velocity)為 4,005fpm。請依此回答或計算下列各項：

(1) 其動壓(velocity pressure)為多少？

(2) 其氣罩進口損失(hood entry loss)為多少？

(3) 其進口係數(coefficient of entry)為多少？

(4) 其氣罩進口損失係數(loss factor for the hood)為多少？

(5) 其氣罩靜壓之量測位置應在距氣罩多遠之處才算合理？

5 局部排氣裝置有一段長度為 5 m 之直線導管，其直徑為 20cm，在連接氣罩之位置量得管內之動壓 $PV_1 = 23mmH_2O$、靜壓 $PS_1 = -32mmH_2O$；直線管另一端之靜壓 $PS_2 = -38mmH_2O$，則：

(1) 該吸氣導管之風量為多少 m^3/min？

(2) 連接該導管之氣罩，其氣罩進入損失係數(entry loss coefficient for hood)與進入係數(coefficient of hood entry)分別為多少？

(3) 在相同風量下，該吸氣導管改採 18cm 直徑導管時，其壓力損失為多少 mmH_2O？

6 10 英吋圓形直管，欲抽除研磨產生之木屑粉塵。設計抽風量 $40m^3/min$，請問搬運風速若干？該搬運風速是否符合木屑粉塵之設計準則？若不合在抽風量不變情況下應如何改善？

7 針對以下工作程序以文字(或輔以繪圖)說明您如何規劃有效之局部排氣設施，並請選出合理之排氣管內搬運風速：(a)10m/s、(b)20m/s 或(c) > 25m/s。

(1) 噴漆技術員在某造船廠全開放式船塢為20公尺高船身內部與外部進行油油漆噴塗，產生大量揮發性有機氣體逸散。

(2) 長、寬、高分別為 8 公尺、2 公尺、3 公尺之膠帶印刷機使用含甲苯之油墨進行彩印，造成大量有機溶劑蒸氣逸散。印刷過程中技術人員必須不定時監看。

8　在多氣罩多導管之局部排氣系統中，常有歧管需匯流入主導管的情形，如下圖中所示。然而，此合流現象也是局部排氣系統部分壓損的來源。試以下表中所提供之數據，並考慮主、歧管合流後之加減所造成之能量損失，推算合流處主導管(即管路 3)之靜壓值為多少 Pa？

(注意：圖示管徑並未依實際尺寸描繪)

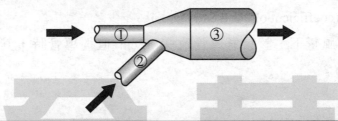

管路編號	直徑(mm)	面積(m²)	流率(m³/s)	風速(m/s)	動壓(Pa)	靜壓(Pa)
1	240	0.045	0.79	17.6	186	−530
2	120	0.011	0.19	17.3	180	−530
3	260	0.053	0.98	18.5	206	?

得　分

工業通風
學後評量
CH06　風機之理論與應用

班級：
學號：
姓名：

---

1 下表爲某一圓形導管內風扇上、下游共 4 個測點所測得空氣壓力
(air pressure)值，請計算或回答下列各項
(請列明計算過程；資訊不完全時，請自行合理假設)。

測點代號	空氣壓力(mmH₂O)			連連看	測點位置
	靜壓(SP)	動壓(VP)	全壓(TP)		
1	(a)	+4.0	+7.0		氣罩與導管連接處
2	+2.0	(b)	+6.1		風扇進口
3	−10.6	(c)	−6.6		風扇出口
4	−8.2	+4.0	(d)		距風扇出口 1 公尺處

(1) 試求表中 a、b、c、d 四處之相關壓力值？

(2) 各測點之代號爲何？請以連連看方式回答。

(3) 有 1 測點之全壓數值可能有誤，該測點代號爲何？正確值應是多少？

(4) 導管內之空氣平均輸送風速(v_d)爲多少 m/s？

(5) 導管直徑(d)20 cm，則空氣流率(Q_1)爲多少 m³/s？(計算至小數點以下 3 位)

(6) 氣罩與風扇間之導管長度(L_1)爲多少公尺？

(7) 氣罩進入係數(hood flow coefficient, C_e)爲多少？(計算至小數點以下 2 位)

(8) 氣罩進入損失係數(hood entry loss coefficient, F_h)爲多少？(有效位數同上題)

(9) 氣罩爲無凸緣(flange)外裝式，開口面積(A)爲 1 m²，請計算距離氣罩開口中心線外 1 m 處(x)之風速(v_1)爲多少 m/s？(計算至小數點以下 3 位)

(10) 風扇之總功率爲 0.82，則其所需功率爲多少 W？(計算至個位數)

(11) 今加一吸氣導管至此系統，於風扇進口前會合，此導管於接合處之靜壓設計値爲 9.7mmH₂O，通風量(Q_2)同 Q_1。請問此導管設計值是否需要校正？如要，校正後流量($Q_{2, new}$)爲多少 m³/s？(計算至小數點以下 3 位)

(12) 爲同時達成此二吸氣導管之效能，風扇之轉速(rpm)需增加爲原來之幾倍？(計算至小數點以下 2 位)

(13) 耗電量爲原來之幾倍？(計算至小數點以下 1 位)

2 設計某局部排氣設施,其必要排氣量 $Q = 200m^3/min$,全系統壓力損失 $P_{tr} = 100mmH_2O$。所選擇的風機在 300rpm,全壓效率 $\eta_1 = 0.6$;風機與馬達間傳動效率 $\eta_2 = 0.9$

(1) 求該系統所需之動力(kW)。

(2) 依設計安裝後發現風量僅有 $180m^3/min$,應如何調整至 $200m^3/min$?

(3) 調整後所需之動力應為若干 kW?

3 設某礦坑之風扇在轉速 $N_1 = 1,000rpm$ 時之曲線如下圖。今欲使該風扇在風壓 $H_1 = 6$" (in)情況下,能供應風量 $Q = 30,000cfm$,試求該風扇之新轉速(N_2),並繪出此轉速 N_2 之風扇曲線。

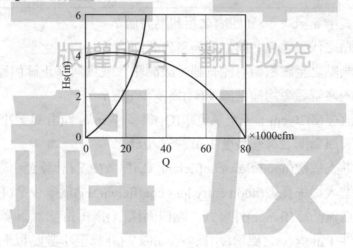

4 兩種幾何相似之空氣壓縮機,在相同的實驗室中操作,一壓縮機為另一個壓縮機之 3 倍大,較小的壓縮機以 3 倍於較大壓縮機的角速度運轉,不計摩擦效應,若兩壓縮機機械操作效率相同,試計算下列諸比:

(1) 它們的質量流率比。

(2) 它們的流動壓力比。

(3) 它們所需輸入的功率比。

5 一局部排氣系統由連接到離心式風機入口的 6 英吋圓形導管和連接到風機出口的 8 英吋圓形煙囪組成。如果系統靜壓為 9.10in.H_2O，風扇靜壓為 8.22in. H_2O，則：

(1) 入口導管中的平均速度是多少？

(2) 系統氣流是多少？

(3) 出口導管中的平均速度是多少？

6 某一局部排氣系統有一個離心式風機，風機入口連接一直徑為 4 英吋的導管，其出口連接一直徑為 6 英吋的導管。若 4 英吋導管中的動壓為 0.93in. H_2O，風扇入口處的靜壓為 4.81in. H_2O，且風扇靜壓為 5.11in. H_2O，試求風機出口處的靜壓是多少？

7 某一局部排氣系統，當系統靜壓損失 1in. H_2O 時，流量等於 1,000cfm、系統靜壓損失為 4in. H_2O 時，流量等於 2,000cfm。若將一無送風靜壓(Static No Delivery, SND)為 8in. H_2O 而無壓自由送風量(Free Delivery No Pressure, FDNP)為 4,000cfm 的前傾葉片式離心風機連接到此系統，並以 523rpm 的轉速運轉：

(1) 請畫出風扇曲線和系統曲線圖，並估算系統操作點(流量和靜壓)。為簡單起見，假設風扇靜壓等於系統靜壓。

(2) 若將風扇速度增加到 607rpm，請繪製新的風扇曲線並估算新的系統操作點。

全華

版權所有‧翻印必究

科友

得　分　**全華圖書**（版權所有，翻印必究）

工業通風
學後評量
CH07　空氣清淨裝置

班級：

學號：

姓名：

1 主要分為防潑水層、不織布層及皮膚接觸層，若此 3 層對粉塵的過濾效率分別為 30.0%、60.0%、30.0%。此口罩對粉塵的總過濾效率為多少%？

2 利用靜電集塵器去除工業廢氣中之粒狀物，廢氣流量為 10,000m³/min，有效飄移速度(Drift velocity)為 6.0m/min。若去除率欲達 98%，則總集塵板面積為若干？當集塵板高 6m、長 3m，則需多少片集塵板平行並排？

3 有一種懸浮在空氣中之粒子，粒徑為 1.0μm 帶有 3×10^{-16} 庫倫(Coulombs)之電量，粒子之密度為 1,000kg/m³，此種粒子受到 100,000volts/m 電場強度之影響，溫度為 298K，壓力一大氣壓，請計算：

(1) 此種粒子之終端速度(Terminal velocity)。

(2) 此粒子所受靜電力和重力之比為若干？

(3) 假設此種粒子要用管狀靜電集塵器(Tubular ESP)來處理，其收集電極之直徑為 2.9m，長 5m，假設此種廢氣之流量為 2.0m³/s，若空氣之粘度(Viscosity)為 1.84×10^{-5}kg/sec-m，其處理效率為若干？

4　靜電集塵器常用於火力發電廠及水泥廠的排氣微粒控制，微粒的充電機制及控制效率的理論公式爲何？微粒的去除效率何以和粒徑呈現 U 字型的曲線關係？效率最低的微粒範圍爲何？

5　控制微粒排放的脈衝噴氣式(pulse-jet)濾袋屋的空氣－濾布比(A/C 比，air-to-cloth ratio)如何計算？A/C 比對濾袋屋體積、除塵效率、濾袋壽命及粉塵餅的壓力降的影響如何？

6　某工廠針對其裝設的濾袋集塵器擬進行測試以獲得最佳操作條件。已知其濾材及濾餅的阻力係數分別爲 $K_1 = 5 \times 10^4$ N·s/m^3 及 $K_2 = 7 \times 10^4$ s^{-1}，濾袋面積爲 5,000 m^2，氣體流量爲 50 m^3/s，而塵粒的濃度爲 0.02 kg/m^3。

(1) 若操作一天爲 8 小時，此濾袋壓力降爲何？

(2) 若壓力降達到 2,000 Pa 時需進行清洗，則多久應清洗一次？

(3) 此濾袋集塵器的氣布比(air to cloth ratio)爲何？並說明合理範圍？

得　分

工業通風
學後評量
CH08　局部排氣系統設計

班級：

學號：

姓名：

1　為有效排除冶金可旋轉融爐冶煉過程產生之燻煙，乃欲設計一局部排氣系統。下圖為其設計線圖，相關設計資料如下：

(1) 排氣量 $Q = 200\,\text{cfm/ft}^2$

(2) 最低風管搬運速度 $= 3,500\,\text{fpm}$

(3) 氣罩進入損失係數 $= 0.2$

(4) 所有肘管均為 $90°$，且 $\dfrac{R}{D} = 2.0$

(5) 假設所有管路位於同一平面

(6) 氣罩開口尺寸為 $4\text{ft} \times 5\text{ft}$

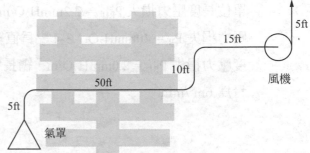

2　有個局部排氣系統，具有開口圓形氣罩直徑 1m，依序連接(1)圓形導管，(2)空氣清淨裝置，(3)圓形排氣導管，(4)離心式排氣扇，及煙囪；氣罩口風速 $= 10\,\text{m/sec}$，氣罩進口總損失為 $1P_V + 0.75P_V$，風管摩擦係數 $H_f = 0.1/\text{m}$；風管長 10 m，風管平均風速 $15\,\text{m/sec}$；總共有 3 個 $\dfrac{R}{D} = 2$，90 度肘管損失係數 $K = 0.27$；空氣清淨器(air cleaner)壓損為 $\Delta P_{cleaner} = 50\,\text{mmH}_2\text{O}$；煙囪 5 m，煙囪平均風速 $15\,\text{m/sec}$；而排氣扇之機械效率為 0.56，動力單位轉換係數為 4500，試計算：

(1) 該局部排氣裝置排氣量為多少 m^3/sec？

(2) 該局部排氣裝置全壓損為多少 mmH_2O？

(3) 該局部排氣裝置排氣機所需之理論動力為多少馬力(hp)？

(提示：$V = \sqrt{\dfrac{2g}{\rho} \times P_V} = \sqrt{\dfrac{2 \times 9.8}{1.2} \times P_V} = 4.04\sqrt{P_V}\ (\text{mmH}_2\text{O})(\text{m}/\text{sec})$

$BHP = \dfrac{Q_{(CMM)} \times \sqrt{P_{T(\text{mmH}_2\text{O})}}}{4,500 \times \eta}\ (\text{hp})$

3 試由下圖所提供資料，計算該局部排氣裝置排氣機所需之理論動力(kW)。

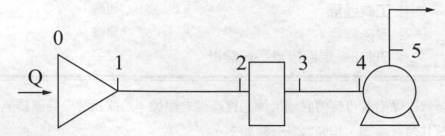

0-1 點為氣罩，其流入係數 $C_e = 0.98$；1-2 點為直線導管，其速度壓 $P_v = 50mmH_2O$，單位長度壓力損失 $P_{RU} = 2.2mmH_2O/m$，總長度 5m；2-3 點為空氣清淨裝置，其壓力損失 $P_R = 40mmH_2O$；3-4 點為直線導管，其速度壓 $P_v = 25mmH_2O$；單位長度壓力損失 $P_{RU} = 2.0mmH_2O/m$，總長度 4m；第 5 點全壓 $P_{TO} = 15mmH_2O$；Q 流量為 $6m^3/min$。

4 下表為某一圓形導管內風扇上、下游共 4 個測點所測得空氣壓力(air pressure)值，請計算或回答下列各項 (請列明計算過程；資訊不完全時，請自行合理假設)。

測點代號	空氣壓力(mmH$_2$O)			連連看	測點位置
	靜壓(SP)	動壓(VP)	全壓(TP)		
1	(a)	+4.0	+7.0		氣罩與導管連接處
2	+2.0	(b)	+6.1		風扇進口
3	−10.6	(c)	−6.6		風扇出口
4	−8.2	+4.0	(d)		距風扇出口 1 公尺處

(1) 試求表中 a、b、c、d 四處之相關壓力值？

(2) 各測點之代號為何？請以連連看方式回答。

(3) 有 1 測點之全壓數值可能有誤，該測點代號為何？正確值應是多少？

(4) 導管內之空氣平均搬運風速(v_d)為多少 m/s？

(5) 導管直徑(d)20cm，則空氣流率(Q_1)為多少 m^3/s？(計算至小數點以下 3 位)

(6) 氣罩與風扇間之導管長度(L_1)為多少公尺？

(7) 氣罩進入係數(hood flow coefficient, C_e)為多少？(計算至小數點以下 2 位)

(8) 氣罩進入損失係數(hood entry loss coefficient, F_h)為多少？(有效位數同上題)

(9) 氣罩為無凸緣(flange)外裝式，開口面積(A)為 1m^2，請計算距離氣罩開口中心線外 1m(x)處之風速(v_1)為多少 m/s？(計算至小數點以下 3 位)

(10) 風扇之總功率為 0.82，則其所需功率為多少 W？(計算至個位數)

(11) 今加一吸氣導管至此系統，於風扇進口前會合，此導管於接合處之靜壓設計值為 9.7mmH$_2$O，通風量(Q_2)同 Q_1。請問此導管設計值是否需要校正？如要，校正後流量($Q_{2,\ new}$)為多少 m^3/s？(計算至小數點以下 3 位)

(12) 為同時達成此二吸氣導管之效能，風扇之轉速(rpm)需增加為原來之幾倍？(計算至小數點以下 2 位)

(13) 耗電量為原來之幾倍？(計算至小數點以下 1 位)

5 主風管①與支管②合流如下圖，假設合流後無靜壓損失，求合流之後主風管③之風量(Q_3)、動壓(PV_3)以及靜壓(PS_3)，所有壓力請以 inchH$_2$O 爲單位表示。

主風管 1：$Q_1 = 1,935 \text{ft}^3/\text{min}$, D = 10 inch, $PS_1 = -2.11 \text{inchH}_2\text{O}$

支　管 2：$Q_2 = 340 \text{ft}^3/\text{min}$, D = 4inch, $PS_2 = -2.11 \text{inchH}_2\text{O}$

主風管 3：D = 10inch

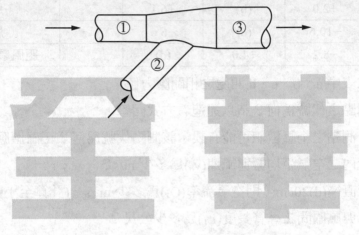

得　分

工業通風
學後評量
CH09　工業通風系統測定與維護

班級：

學號：

姓名：

1 利用 1 公尺長及內徑為 5 公釐之導電矽膠管，在流量控制為 2.0L/min 下進行氣懸微粒採樣，其中有部分長度需形成四分之一圓(Elbow)的彎管才可便於採樣的進行。若改變此四分之一圓的半徑由 30 公分減小成 20 公分，試問對氣懸微粒的慣性衝擊沉積損失(Deposition loss due to inertial impaction)有何影響？
(請以公式證明)

2 利用 SF_6 追蹤氣體進行換氣率量測，若房間體積大小為 900m³，並假設起始濃度為 2.0ppb，房間的滲入率(Infiltration Rate)為 0.2air changes/小時，試問 3 小時後，SF_6 的濃度為何？

3 根據美國家電協會室內空氣清淨機效能測試，若以燻煙為測試物質時，其建議數目濃度約每立方公分在 30,000 顆微粒左右，請問設置此濃度數據的根據為何？

（請沿虛線撕下）

4 利用內徑爲 10mm 的薄壁採樣管進行煙道粒狀物採樣，採樣流量爲 8.0L/min，
若微粒粒徑爲 20 微米，密度爲 5.0g/cm³，煙道內空氣流速爲 10 m/sec，

(1) 試問同軸(iso-axial)時採樣效率(採樣管內外濃度比)爲何？

(2) 若採樣管與煙道氣體流向呈 60 度時採樣效率又爲何？

(假設黏滯係數爲 $1.81×10^{-4}$dyn · sec/cm²)

5 有一局部排氣系統如圖所示：

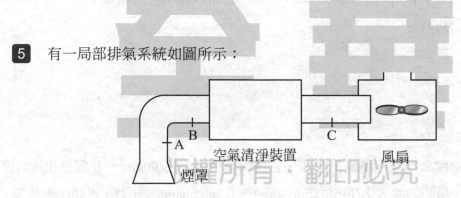

請回答下列問題：

(1) 設導管直徑爲 12 吋(inch)，A 點靜壓爲 2 吋水柱高，煙罩之 entrance coefficient
爲 0.78，求風量。

(2) 承上題，求導管內風速及 A 點之動壓。

(3) 設 B、C 點定期檢查之結果，發現動壓比原始設計降低 10～20%，請評論這
種狀況。

6 於某一風管的入口持續釋放 5×10^{-4} CFM 的示蹤氣體(detection agent gas)。假設示蹤氣體於風管中與空氣完全混合。於風管的出口處量得示蹤氣體的濃度為 150 ppb，試求風管中的空氣流量為多少 CFM？

（請田此線剪下）

歡迎加入 全華會員

● 會員享

會員享購書折扣、紅利積點、生日禮金、不定期優惠活動…等。

● 如何加入會員

掃 QRcode 或填妥讀者回函卡直接傳真 (02) 2262-0900 或寄回，將由專人協助登入會員資料，待收到 E-MAIL 通知後即可成為會員。

如何購買 全華書籍

1. 網路購書

全華網路書店「http://www.opentech.com.tw」，加入會員購書更便利，並享有紅利積點回饋等各式優惠。

2. 實體門市

歡迎至全華門市（新北市土城區忠義路21號）或各大書局選購。

3. 來電訂購

(1) 訂購專線：(02) 2262-5666 轉 321-324
(2) 傳真專線：(02) 6637-3696
(3) 郵局劃撥（帳號：0100836-1　戶名：全華圖書股份有限公司）
※ 購書未滿 990 元者，酌收運費 80 元。

OpenTech.com.tw 全華網路書店

全華網路書店 www.opentech.com.tw
E-mail: service@chwa.com.tw

※ 本會員制如有變更則以最新修訂制度為準，造成不便請見諒。

（請由此線剪下）

讀者回函卡

掃 QRcode 線上填寫 ▶▶

姓名：　　　　　　　生日：西元　　　年　　　月　　　日　性別：□男 □女

電話：（　　　）　　　　　　　手機：

e-mail：（必填）

註：數字零，請用 Φ 表示，數字 1 與英文 L 請另註明並書寫端正，謝謝。

通訊處：□□□□□

學歷：□高中・職　□專科　□大學　□碩士　□博士

職業：□工程師　□教師　□學生　□軍・公　□其他

學校/公司：　　　　　　　　　　　　科系/部門：

・需求書類：

□ A. 電子 □ B. 電機 □ C. 資訊 □ D. 機械 □ E. 汽車 □ F. 工管 □ G. 土木 □ H. 化工 □ I. 設計

□ J. 商管 □ K. 日文 □ L. 美容 □ M. 休閒 □ N. 餐飲 □ O. 其他

・本次購買圖書為：　　　　　　　　　　　　　　　書號：

・您對本書的評價：

封面設計：□非常滿意　□滿意　□尚可　□需改善，請說明

內容表達：□非常滿意　□滿意　□尚可　□需改善，請說明

版面編排：□非常滿意　□滿意　□尚可　□需改善，請說明

印刷品質：□非常滿意　□滿意　□尚可　□需改善，請說明

書籍定價：□非常滿意　□滿意　□尚可　□需改善，請說明

整體評價：請說明

・您在何處購買本書？

□書局　□網路書店　□書展　□團購　□其他

・您購買本書的原因？（可複選）

□個人需要　□公司採購　□親友推薦　□老師指定用書　□其他

・您希望全華以何種方式提供出版訊息及特惠活動？

□電子報　□DM　□廣告（媒體名稱　　　　　　　　　　　）

・您是否上過全華網路書店？（www.opentech.com.tw）

□是　□否　您的建議

・您希望全華出版哪些書籍？

・您希望全華加強哪些服務？

感謝您提供寶貴意見，全華將秉持服務的熱忱，出版更多好書，以饗讀者。

填寫日期：　　　/　　　/

2020.09 修訂

親愛的讀者：

感謝您對全華圖書的支持與愛護，雖然我們很慎重的處理每一本書，但恐仍有疏漏之處，若您發現本書有任何錯誤，請填寫於勘誤表內寄回，我們將於再版時修正，您的批評與指教是我們進步的原動力，謝謝！

全華圖書　敬上

勘　誤　表

書　號				
頁　數	行　數	書　名		作　者
		錯誤或不當之詞句		建議修改之詞句

我有話要說：（其它之批評與建議，如封面、編排、內容、印刷品質等・・・）